新疆石河子职业技术学院现代学徒制试点项目教材
高职农业机械装备应用技术专业系列教材

拖拉机构造与维修

主　编　董　斌
副主编　江鲁安　杨继芳

内 容 提 要

本书根据新疆石河子职业技术学院农机装备应用技术专业现代学徒制试点项目对高职农机人才培养目标的要求编写。全书按照拖拉机的结构，分为四大模块，其中：模块一是拖拉机认知，由3个任务组成；模块二是柴油机结构与检修，由6个项目组成，包括22个任务；模块三是拖拉机底盘结构与检修，由5个项目组成，包括14个任务；模块四是拖拉机电气设备结构与检修，由2个项目组成，包括8个任务。每个任务均遵循现代学徒的成长规律编写。各项目均按照任务描述，任务目标，任务所需设备、工具和材料，任务相关知识和任务实施进行编写，通过项目引领和任务驱动，有利于培养学生的职业能力。

本书适合各类职业院校农机装备应用技术专业师生使用，也可作为培训机构对农机从业人员的培训教材。

图书在版编目(CIP)数据

拖拉机构造与维修 / 董斌主编. -- 天津：天津大学出版社，2020.12

新疆石河子职业技术学院现代学徒制试点项目教材
高职农业机械装备应用技术专业系列教材

ISBN 978-7-5618-6861-4

Ⅰ. ①拖… Ⅱ. ①董… Ⅲ. ①拖拉机－构造－高等职业教育－教材②拖拉机－车辆修理－高等职业教育－教材
Ⅳ. ①S219

中国版本图书馆CIP数据核字(2021)第000992号

出版发行 天津大学出版社
地　　址 天津市卫津路92号天津大学内(邮编: 300072)
电　　话 发行部:022-27403647
网　　址 www.tjupress.com.cn
印　　刷 北京盛通商印快线网络科技有限公司
经　　销 全国各地新华书店
开　　本 185 mm×260 mm
印　　张 14.25
字　　数 356千
版　　次 2021年1月第1版
印　　次 2021年1月第1次
定　　价 46.00元

前　　言

2014 年 8 月，教育部印发《关于开展现代学徒制试点工作的意见》。2015 年 8 月 5 日，教育部遴选 165 家单位作为首批现代学徒制试点单位和行业试点牵头单位。新疆石河子职业技术学院是第一批试点牵头单位之一。2015 年 8 月，新疆石河子职业技术学院制定了现代学徒制试点工作实施方案，并确定了农机装备应用技术专业为学院现代学徒制试点专业，新疆石河子职业技术学院与新疆科神农业装备科技开发股份有限公司开展合作办学，成立新疆石河子职业技术学院科神学院。科神学院通过现代学徒制形式全面开展校企合作。科神学院探索建立校企联合招生、联合培养、一体化育人的长效机制，完善学徒培养的教学文件、管理制度及相关标准，推进专兼结合、校企互聘互用的"双导师"师资队伍建设，建立有学校、企业、行业和社会中介机构参与的评价机制，切实提升学生的岗位技能。通过建设试点专业，科神学院建立起政府引导、行业参与、社会支持、企业和职业院校双主体育人的现代学徒制人才培养模式。

《拖拉机结构与检修》是农机装备应用技术专业的核心课程教材之一。2015 年 10 月，新疆石河子职业技术学院的专业教师与新疆科神农业装备科技开发股份有限公司、新疆石河子金开元农机有限公司的专业技术人员组成教材开发小组，共同制定了课程标准并撰写了教材编写大纲。本教材遵循"现代学徒"的成长规律，以学习性工作任务实施作为主线，分为四大模块，其中：模块一是拖拉机认知，由 3 个任务组成；模块二是柴油机结构与检修，由 6 个项目组成，包括 22 个任务；模块三是拖拉机底盘结构与检修，由 5 个项目组成，包括 14 个任务；模块四是拖拉机电气设备结构与检修，由 2 个项目组成，包括 8 个任务。每个任务均遵循"现代学徒"的成长规律，按照任务描述，任务目标，任务所需设备、工具和材料，任务相关知识和任务实施进行编写，通过项目引领和任务驱动，培养学生的职业能力。

本教材由新疆石河子职业技术学院董斌、江鲁安、杨继芳执笔，董斌任主编并统稿，江鲁安、杨继芳任副主编，由新疆石河子金开元农机有限公司冯军任主审。

由于编者水平有限，书中不妥之处，恳请广大读者批评指正。

编　者

2020 年 4 月

目　　录

模块一　拖拉机认知

模块二　柴油机结构与检修

模块三　拖拉机底盘结构与检修

模块四　拖拉机电气设备结构与检修

模块一　拖拉机认知

任务1　拖拉机发展历史认知

【任务描述】

通过上网查资料和阅读各企业的拖拉机产品的说明书，认知拖拉机的发展历史。

【任务目标】

（1）能够了解国外拖拉机的发展历史。
（2）能够了解中国拖拉机的发展历史。

【任务所需设备、工具和材料】

（1）各类型拖拉机实物。
（2）各类型拖拉机维修手册。
（3）拖拉机视频资料及网络资料。

【任务相关知识】

一、国外拖拉机的发展历史

1856 年，法国的阿拉巴尔特发明了最早的蒸汽动力拖拉机。

1889 年，美国芝加哥的查达发动机公司制造出了世界上第一台使用汽油机的农用拖拉机——“巴加”号。

20 世纪初，瑞典、德国、匈牙利、英国几乎同时制造出了以柴油机为动力的拖拉机。

20 世纪 50 年代，拖拉机的主要功能已趋完善。

1950 年后，高压共轨技术、计算机控制技术、全球定位系统（GPS）等许多高新技术运用在拖拉机上，使拖拉机技术水平不断提高。

2000 年后，无人驾驶、激光平地、电控发动机、自动变速器等技术运用在拖拉机上，使拖拉机的自动化和智能化水平达到一个新阶段。

目前，国外主要的拖拉机制造商有美国的约翰·迪尔公司和凯斯纽荷兰公司、德国的克拉斯公司、意大利的赛迈道依茨公司、日本的久保田公司、芬兰的维美德公司、白俄罗斯的明斯克拖拉机制造集团等。

二、中国拖拉机的发展历史

1959 年，中国建成洛阳第一拖拉机制造厂，开启了中国的拖拉机工业。

20 世纪 60 年代，中国相继在天津、江西、上海、鞍山、长春、沈阳、哈尔滨等地建立各类拖拉机厂，国产拖拉机逐步取代了进口拖拉机。

20 世纪 70 年代，中国自己生产的拖拉机占据了市场主要地位，形成了以履带式拖拉机为主，中小型轮式拖拉机为辅的产业结构，在数量上和技术上都得到了发展。

20 世纪 80 年代，由于农村经济体制的改革、家庭联产承包责任制的发展，10 kW 左右的小型拖拉机迅速发展，促进了农村的经济发展。第一拖拉机厂开始大量生产东方红 –802 型（东方红 –1002 型）履带式拖拉机，并逐步替代了原东方红 –75 型拖拉机。此外，一批拖拉机制造厂引进国外技术，与国外公司合营生产大功率轮式拖拉机。

20 世纪 90 年代以来，世界知名拖拉机制造商与中国拖拉机制造商建立合资企业。同时，我国一些民营企业开始投资拖拉机制造，拖拉机制造行业竞争加剧。目前，我国大中型拖拉机生产企业主要有第一拖拉机集团、福田雷沃、上海纽荷兰、天拖迪尔、东风农机、清江拖厂和山东拖厂等；小四轮拖拉机生产企业主要有时风、一拖、福田雷沃、山潍拖和阜阳拖厂；手扶拖拉机生产企业主要有山东常林、东风农机、浙江四方、安徽长江等。

目前，进入中国并成立合资企业的跨国拖拉机公司有约翰·迪尔公司、凯斯纽荷兰公司、赛迈道依茨公司及明斯克拖拉机制造集团等。

【任务实施】

上网查资料，填写表 1 –1，列出拖拉机制造商名称及其主要产品。

表 1 –1　拖拉机制造商名称及其主要产品

序号	制造商名称		主要产品
1	国外公司		
2			
3			
4			
5	国内公司		
6			
7			
8			

任务 2　拖拉机类型和型号认知

【任务描述】

通过拖拉机实物和资料认知拖拉机常用分类方法和主要特点。

【任务目标】

（1）能够了解拖拉机常用分类方法和各类型拖拉机的主要特点。

（2）能够识别农业拖拉机的类型。

(3)能够了解拖拉机型号的含义。

【任务所需设备、工具和材料】

(1)各类型拖拉机实物。

(2)各类型拖拉机维修手册、零件图册。

(3)拖拉机视频资料。

【任务相关知识】

一、拖拉机在农业中的作用和用途

拖拉机在现代化农业中具有举足轻重的作用,拖拉机是用于牵引、推动和驱动配套机具进行工作的自走式动力机械。拖拉机与相应的农机具配合,可以完成耕地、整地、播种、中耕、施肥、撒药、收获等各种农田作业;可通过动力输出驱动脱粒机、水泵、发电机等机具进行固定作业;可牵引拖车进行运输作业,是农、林、牧、副、渔各产业生产过程中的重要运载工具之一;还可用于工程建设。总之,拖拉机的用途十分广泛。

二、拖拉机的分类及其特点

拖拉机按用途可分为工业拖拉机、农业拖拉机、林业拖拉机三大类,其中农业拖拉机最为重要。

1. 不同用途拖拉机的类型及主要特点

1)工业拖拉机

工业拖拉机主要用于工程施工和土石方作业,如道路、矿山、水利、石油和建筑等工程的建设,也可用于农田基本建设作业。它的特点是前后可悬挂机具、正倒梭形作业,具有良好的牵引性能,适应变负荷、繁重的作业条件。工业拖拉机的地隙和行走装置接地压力比一般用途拖拉机稍高。沼泽地用工业拖拉机采用宽履带,接地压力为 10 ~ 20 kPa。

2)农业拖拉机

农业拖拉机用于农业(种植业)耕作、管理、农田基本建设和运输等作业。按其用途可分为一般用途拖拉机、中耕拖拉机、水田拖拉机、坡地拖拉机等,分别介绍如下。

(1)一般用途拖拉机。它适用于耕地、整地、播种、收获和运输等作业。其特点是行走装置较宽、接地压力较低、地隙不高、轮(轨)距一般不调整或调整范围不大,具有良好的平地通过性、牵引性和稳定性。

(2)中耕拖拉机。它适用于农作物行间中耕管理作业,如除草、松土、追肥和喷药等。其特点是行走装置较窄、农艺地隙较高、轮距可在较大范围内调整,具有良好的行间通过性、转向操作性和视野。万能中耕拖拉机兼有中耕拖拉机和一般用途拖拉机的功能,农艺地隙为 400 ~ 800 mm。高地隙中耕拖拉机的农艺地隙达 800 ~ 1 000 mm。

(3)水田拖拉机。它适用于在水田中作业,主要用于整田、收获及运输等作业。通常由柴油机、船体、耕作机具三大部分组成,适合平原、湖区、丘陵、山区等各种不同类型的深泥田、水稻田、荒田和沿海地区的滩涂田作业。

(4)坡地拖拉机。它适用于丘陵、山区、坡地作业。其特点是轮(轨)距较宽、质心较低、能梭形作业或具有机体垂直平衡装置，在横坡作业条件下具有较好的牵引性、横向稳定性和行驶直线性。

(5)果园、葡萄园拖拉机。它主要用于果园、葡萄园、茶园和苗圃耕作及管理，如在株间或树冠下进行耕耘、施肥和喷药等作业。其特点是轮(轨)距小、地隙低、外形窄矮，有良好的转向机动性和较好的牵引性能，可骑跨在作物上方进行行间作业。其农艺地隙达1 200～1 500 mm。

(6)草坪、园艺拖拉机。它主要用于草坪修剪、庭园(场地)管理作业，如草坪修剪、耕耘平地及抛雪等作业。其特点是轮胎宽、直径小，机体矮小、轴间可装割草机，草坪作业装菱形花纹轮胎。专用于草坪修剪作业的拖拉机也称为草坪拖拉机。

3)林业拖拉机

林业拖拉机是主要用于林区集运材和营造林作业的拖拉机。集材拖拉机用于伐倒树木的集材和运输，如J－80 型拖拉机。营林拖拉机配有专用机具，可进行植树、造林和伐木作业。林业拖拉机一般带有绞盘、搭载板和清障装置等，其特点是前部装有清障器，后部装有集材和搭载装置，地隙较高，具有良好的牵引性能、爬坡能力、越野能力和较高的运输作业速度。

三、拖拉机型号

1. 拖拉机型号的组成和编制规则

拖拉机型号主要反映产品的类别和主要特征，如用途、结构特点、尺寸和性能参数等。我国的《农林拖拉机 型号编制规则》(JB/T 9831—2014)标准规定了农林拖拉机型号的组成和编制方法。

拖拉机型号的组成及其排列顺序，如图 1－1 所示。

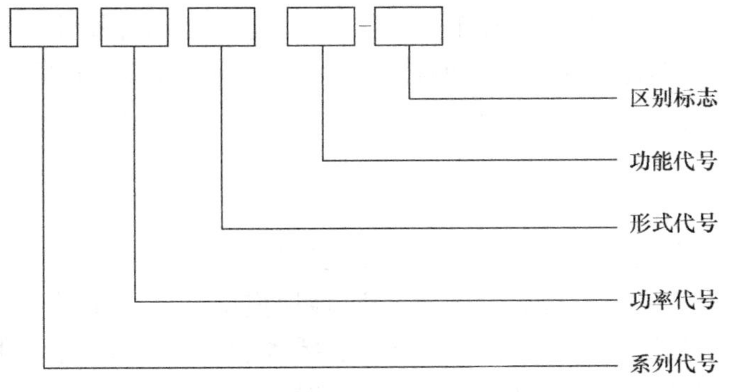

图 1－1 拖拉机型号组成

(1)系列代号用不多于两个大写汉语拼音字母表示(后一个字母不得用 I 和 O)，用以区别不同系列或不同设计的机型。如无必要，系列代号可省略。

(2)功率代号用发动机标定功率值(单位：kW)乘以 1.36 后，所得结果附近的整数表示。

(3)形式代号采用下列数字表示：

0——后轮驱动四轮式；

1——手扶式(单轴式)；

2——履带式；

3——三轮式或并置前轮式；
4——四轮驱动式；
5——自走底盘式；
6、7、8——无；
9——船形。
(4)功能代号采用下列字母符号表示：
空白——一般农业用；
G——果园用；
H——高地隙中耕用；
J——集材用；
L——营林用；
P——坡地用；
S——水田用；
T——运输用；
Y——园艺用；
Z——沼泽地用。
(5)区别标志用阿拉伯数字表示。结构经重大改进后，可加注区别标志。

2. 拖拉机型号示例

(1)121 表示 9 kW 左右的手扶拖拉机。
(2)150 -1 表示 11 kW 左右的后轮驱动四轮式拖拉机，第一次改进。
(3)502J -2 表示 36 kW 左右的履带式集材拖拉机。
(4)121T 表示 9 kW 左右的手扶拖拉机变型运输机。

【任务实施】

(1)农业拖拉机分为________、________、________、________、________和________六种。

(2)拖拉机按结构分为________、________、________、________和________五种。轮式拖拉机按驱动方式分为________和________。手扶拖拉机分为________、________和________。拖拉机按功率分为________、________和________。

(3)简述各类型拖拉机的主要特点。

(4)试解释表 1 -2 中拖拉机型号的含义

表 1 -2　拖拉机型号的含义

序号	型号	含义
1	东方红 -150	
2	时风 121	
3	东方红 -1002	
4	约翰迪尔 750	
5	约翰迪尔 1204	

任务3　拖拉机总体结构认知

【任务描述】

通过拖拉机实物和资料，认知拖拉机的主要组成及其功用。

【任务目标】

(1)能够熟悉拖拉机的主要组成及其功用。
(2)能够了解拖拉机的常用操纵件及其功用。
(3)能够了解拖拉机的常用仪表指示的功用。

【任务所需设备、工具和材料】

(1)各类型拖拉机实物。
(2)各类型拖拉机维修手册、零件图册。
(3)拖拉机视频资料。

【任务相关知识】

拖拉机虽然类型繁多，结构各异，但其总体构造通常包括发动机、底盘和电气设备三大部分。

1. 发动机

发动机是拖拉机的动力装置，其作用是将燃料燃烧产生的热能转变为机械能向外输出动力，使拖拉机行驶、驱动农具、牵引工作装置进行作业。目前，国产拖拉机的发动机大多为柴油机，小型拖拉机多用单缸和双缸柴油机，大、中型拖拉机用四缸和六缸柴油机。柴油机一般由曲柄连杆机构、配气机构、燃料供给系、润滑系、冷却系等组成。

2. 底盘

除发动机和电气设备以外的所有其他系统和装置，统称为拖拉机底盘。底盘构成拖拉机的骨架和身躯，其功用是将发动机的动力传递给驱动轮和工作装置，使拖拉机行驶，并完成移动作业或固定作业。底盘构造及功用见表1－3。

表1－3　底盘构造及功用

名称	主要构造			功用
	轮式拖拉机	履带式拖拉机	手扶拖拉机	
传动系	离合器、变速箱、中央传动、差速器和最终传动	离合器、变速箱、中央传动、转向离合器和最终传动	离合器、变速箱、转向机构和最终传动	传输扭矩，改变行驶速度、方向和牵引力
行走系	机架、导向轮、驱动轮和前桥	机架、导向轮、驱动轮、支重轮、张紧装置、托带轮、履带	驱动轮和尾轮	支撑重量，将扭矩转化为驱动力，减少地面冲击

续表

名称	主要构造			功用
	轮式拖拉机	履带式拖拉机	手扶拖拉机	
转向系	方向盘、差速器、转向器、转向传动机构	转向离合器、操纵机构	牙嵌式转向机构	改变和控制拖拉机的行驶方向
制动系	制动器及其操纵机构	单端拉紧式制动器	盘式或环形内胀式制动器	减速或停车、驻车，协助转向，减小转弯半径
工作装置	液压悬挂装置(液压泵、分配器、液压缸、悬挂装置)； 牵引装置； 动力输出装置(动力输出轴、动力输出皮带轮、链轮)			挂接、控制农具升降，牵引挂车和动力输出固定作业

此外，有的拖拉机还有安全防护装置。

3. 电气设备

拖拉机电气设备具有起动发动机、夜间照明、工作检视、故障报警、自动控制和行驶时提供信号等功能。其组成见表1－4。

表1－4　拖拉机电气设备的组成

拖拉机电气设备		
电源系统	用电设备	配电装置
1. 蓄电池	1. 起动系统	1. 导线
2. 发电机	2. 照明装置	2. 开关
	3. 信号装置	3. 保险装置
	4. 仪表装置	4. 继电器
	5. 刮水装置	
	6. 空调系统	

【任务实施】

(1)拖拉机由________、________、________三大部分组成。

(2)拖拉机底盘由________、________、________、________和________等部分组成。

(3)拖拉机电气设备由________、________和________等部分组成。

(4)简述轮式拖拉机和履带式拖拉机在结构上的不同之处。

(5)查资料说明约翰迪尔1204拖拉机的主要特点。

模块二　柴油机结构与检修

项目一　柴油机认知

任务1　柴油机型号认知

【任务描述】

通过柴油机实物和资料,认知柴油机的型号和性能指标。

【任务目标】

(1)能正确说明柴油机型号的含义。
(2)能了解柴油机主要性能指标的含义。

【任务所需设备、工具和材料】

(1)柴油发动机实物。
(2)柴油发动机维修手册、零件图册。
(3)柴油发动机视频资料。

【任务相关知识】

一、内燃机的分类

内燃机是燃料在气缸内部燃烧并将热能转变成机械能的动力装置。按燃料类型分类,内燃机主要有汽油机和柴油机。

内燃机的结构形式很多,现代拖拉机的发动机以及农用固定式发动机可按下列方法分类。

(1)按采用的燃料可分为柴油机、汽油机、煤气机和天然气发动机等。
(2)按完成一个工作循环的冲程数可分为四冲程发动机和二冲程发动机。
(3)按气缸冷却方式可分为水冷发动机和风冷发动机。
(4)按发动机气缸数可分为单缸发动机和多缸发动机。
(5)按燃料在气缸内的着火方式可分为压燃式发动机和点燃式发动机。
(6)按进气方式可分为增压发动机和非增压发动机。
(7)按气缸排列方式可分为直列式、平卧式和V形发动机等。
(8)按用途可分为固定式发动机和移动式发动机。

拖拉机的动力源大多采用四冲程、水冷式、直列式柴油机。柴油机采用压燃式着火方式，其利用气缸内被压缩的空气所产生的高温高压使燃料自行着火燃烧。汽油机采用点燃式着火方式，其利用外界热源（如电火花）点燃燃料，使其着火燃烧。

二、内燃机名称和型号编制规则

1. 内燃机名称和型号的组成及编制规则

为方便内燃机的生产管理和使用，我国对内燃机名称和型号编制方法做了统一规定（GB/T 725—2008）。

内燃机的名称按其所采用的主要燃料命名，如柴油机、汽油机和煤气机等。

内燃机的型号能反映内燃机的主要结构特性及性能。其型号由表示以下四项内容的符号所组成。

（1）气缸数。其用阿拉伯数字表示。

（2）机型系列。其用内燃机气缸直径（mm）值表示；用文字汉语拼音的首位字母表示完成一个工作循环的行程数，如 E 表示二冲程，四冲程则不表示。

（3）变型符号。其表示该机型经过改型后，在结构和性能上有所改变，用阿拉伯数字表示改型顺序，并与前面的符号用短横线隔开。

（4）用途及结构特点。必要时，在短横线前可增加机器的特征符号，用于表示内燃机的主要用途和不同结构特点。

内燃机型号的排列顺序及符号所代表的意义，如图 2－1－1 所示。

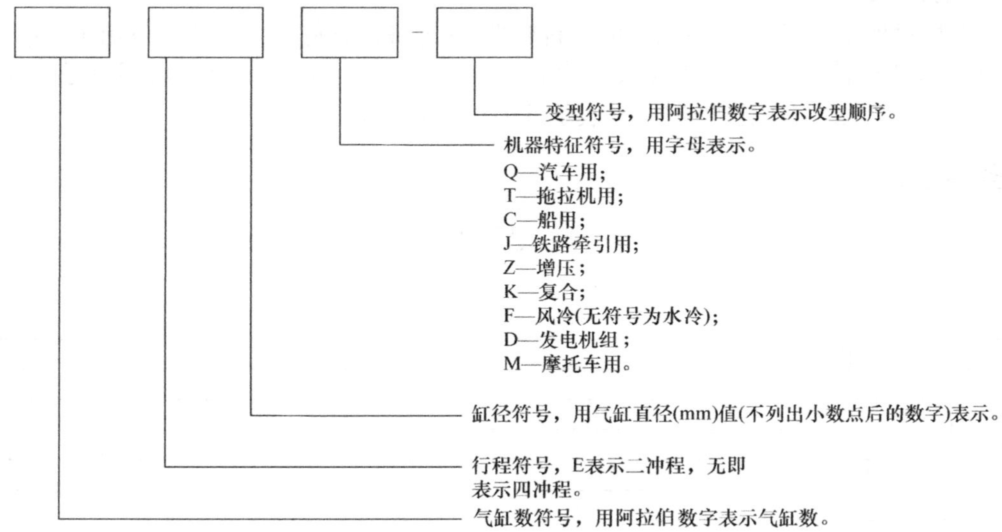

图 2－1－1　内燃机型号

2. 内燃机型号示例

1E56F 汽油机——单缸，二冲程，缸径 56 mm，风冷。

195 柴油机——单缸，卧式，四冲程，缸径 95 mm，水冷，通用式。

485 柴油机——四缸，四冲程，缸径 85 mm，水冷，通用式。

4125 柴油机——四缸，四冲程，缸径 125 mm，水冷，通用式。

6110 柴油机——六缸，四冲程，缸径 110 mm，水冷，通用式。

还应指出，有些内燃机的型号编制与上述规定不符合，举例如下。

S1100 柴油机——S 表示双轴平衡系统，1 表示单缸四冲程，100 表示缸径为 100 mm。

YT4130 柴油机——YT 为一拖公司的企业代号，4 表示四缸，130 表示缸径为 130 mm

LR4105 柴油机——LR 表示东方红品牌，4 表示四缸、四冲程，105 表示缸径为 105 mm。

三、内燃机的主要性能指标

内燃机的性能通常用它的动力性和经济性来表达。下面介绍几种主要性能指标。

1. 有效转矩

内燃机飞轮对外输出的转矩，称为有效转矩，用符号 M_e 表示（N·m），它指燃料在气缸内的燃烧发热、膨胀做功所产生的力，除了克服各部分摩擦阻力和驱动各部分装置（水泵、液压泵、风扇和发电机等）之外，最后在飞轮上可以供给外界使用的转矩。

2. 有效功率

内燃机单位时间内对外做功的量，称为有效功率，用符号 P_e 表示（kW）。

有效功率是内燃机最主要的性能指标之一。在产品的铭牌和使用说明书中，都明确规定有效功率的最大使用界限，按照国家标准称为标定功率。

我国根据内燃机的不同用途，规定有四种标定功率，即 15 min 功率、1 h 功率、12 h 功率和持续功率。鉴于拖拉机用内燃机常在全负荷下工作，所以拖拉机用内燃机常用 12 h 功率作为标定功率。同时，在标定任一功率时，必须标定出相应的转速，称为标定转速。

3. 有效燃油消耗率

内燃机对外做相同的功，所消耗的燃料越少，其经济性越好。内燃机每发出 1 kW 有效功率，在 1 h 内所消耗的燃料量（g），称为有效燃油消耗率（又称比油耗），用符号 g_e 表示（g/(kW·h)）。很明显，比油耗越低，表示该内燃机的经济性越好。

【任务实施】

通过查看拖拉机柴油机实物或查资料，记录柴油机型号，填入表 2-1-1，并说明其具体含义。

表 2-1-1　柴油机型号的含义

序号	型号	含义
1		
2		
3		
4		
5		
6		
7		

任务 2　柴油机构造和工作原理认知

【任务描述】

通过柴油机实物和资料，认知柴油机的构造和工作原理。

【任务目标】

(1)了解柴油机的分类和常用术语。

(2)能正确说明柴油机的总体构造和工作原理。

【任务所需设备、工具和材料】

(1)柴油发动机实物。

(2)柴油发动机维修手册、零件图册。

(3)柴油发动机视频资料。

【任务相关知识】

一、柴油机的总体构造

柴油机通常由两大机构和四大系统组成,包括曲柄连杆机构、配气机构、燃料供给系、润滑系、冷却系、起动系。由于柴油机是压燃的,所以它与汽油机相比少了点火系。柴油机的外部结构如图2-1-2所示。单缸四冲程柴油机的内部结构如图2-1-3所示。

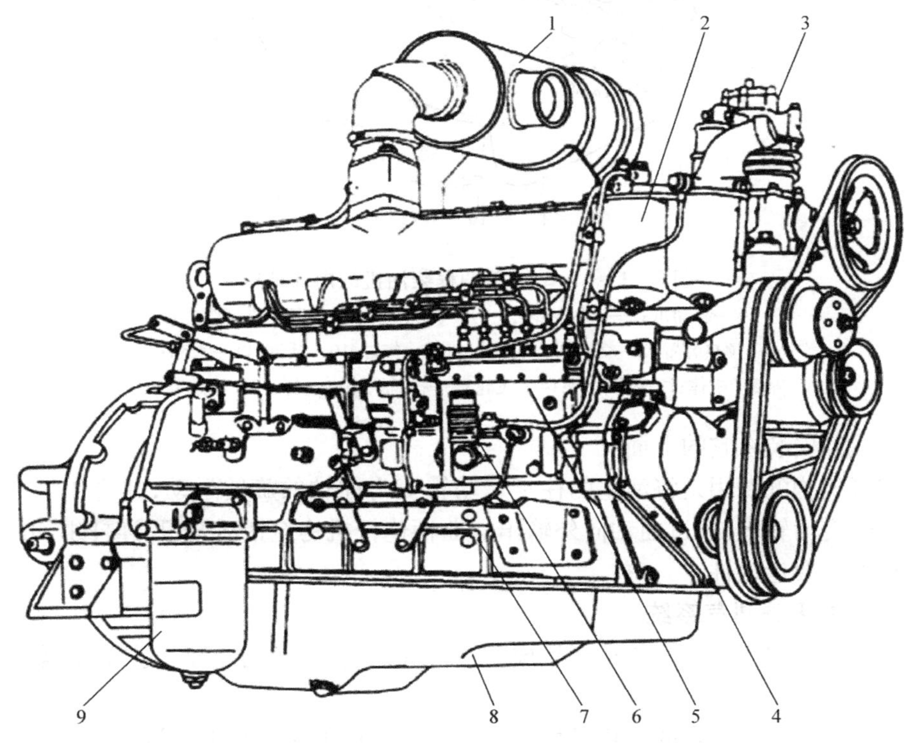

图2-1-2　柴油机的外部结构

1—空气滤清器;2—柴油滤清器;3—空气压缩机;4—调速器;5—喷油泵;
6—输油泵;7—气缸体;8—油底壳;9—柴油粗滤器

1. 曲柄连杆机构及机体

机体是由气缸体、曲轴箱和气缸盖组成的固定件,它是内燃机的骨架,所有运动件和辅

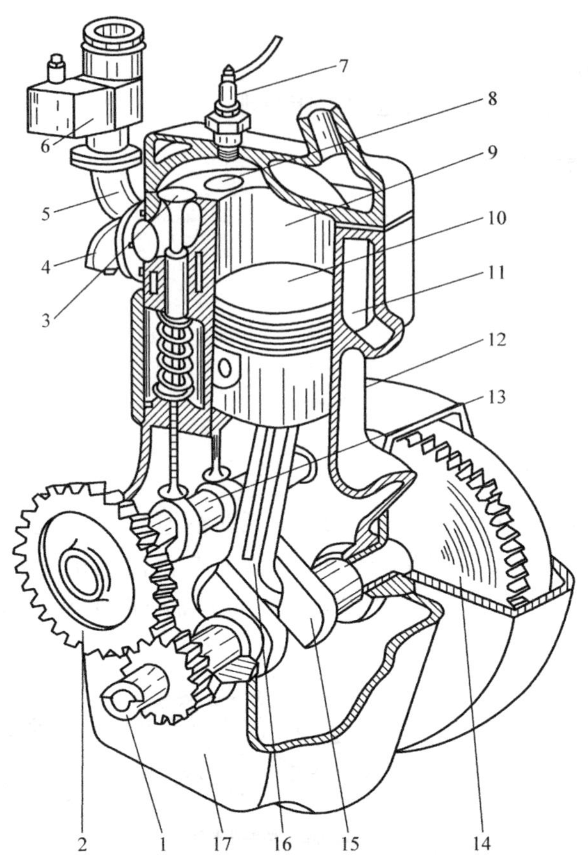

图 2－1－3　单缸四冲程柴油机的内部结构

1—起动爪；2—正时齿轮；3—进气门；4—排气管；5—进气管；
6—预热装置；7—喷油器；8—排气门；9—气缸；10—活塞；11—水套；
12—机体；13—凸轮轴；14—飞轮；15—曲轴；16—连杆；17—油底壳

助系统都支承和安装在它的上面。

曲柄连杆机构的功用是将活塞的往复运动转变为曲轴的旋转运动，并将作用在活塞上的燃气压力转变为转矩，通过曲轴向外输出。曲柄连杆机构包括活塞组、连杆组和曲轴飞轮组等内燃机的主要运动件。

2. 配气机构及进排气系统

配气机构由气门组和气门传动组组成。进排气系统由空气滤清器、进气管、排气管与消声器等组成。

配气机构及进排气系统的作用是按一定要求定时排出废气并吸入新鲜空气。

3. 燃料供给系

燃料供给系的功用是向内燃机气缸内供给燃料。柴油机燃料供给系的功用是定时、定量且定压地向燃烧室内喷入燃料，并创造良好的燃烧条件，满足燃烧过程的需要。燃料供给系由柴油箱、输油泵、柴油滤清器、喷油泵、喷油器及调速器等组成。

4. 润滑系

润滑系的功用是将润滑油送到内燃机各运动件的摩擦表面，起减摩、冷却、净化、密封和防锈等作用，以减小摩擦阻力和磨损，并带走摩擦产生的热量，从而保证内燃机的正常工作并延长其使用寿命。润滑系主要由机油泵、机油滤清器、机油散热器及润滑油道等组成。

5. 冷却系

冷却系的功用是将受热零件所吸收的多余热量及时传导出去，以保证内燃机工作时温度正常，不致因过热而损坏机件、影响内燃机的工作。按所用冷却介质的类型，冷却系可分为水冷却系及空气冷却系两类。水冷却系主要由气缸体及气缸盖内的冷却水套、水泵、风扇、散热器和节温器等组成；空气冷却系则主要由散热片、导流罩和风扇等组成。

6. 起动系

起动系的功用是使静止的柴油机起动并转入自行运转，当发动机正常工作后，起动系不再起作用。现代柴油机多采用电起动系统。

二、发动机的名词术语及公式

发动机的常用术语如图 2－1－4 所示。

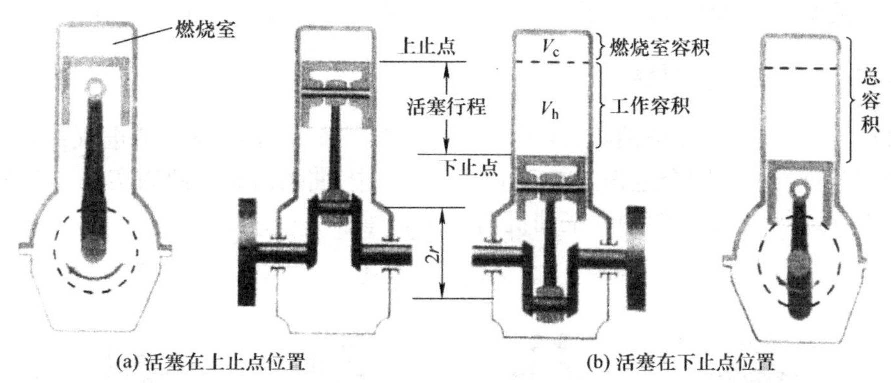

(a) 活塞在上止点位置　(b) 活塞在下止点位置

图 2－1－4　发动机的基本术语示意图

1. 上止点

活塞离曲轴回转中心最远的位置。

2. 下止点

活塞离曲轴回转中心最近的位置。

3. 活塞行程

上、下止点之间的距离，用符号 s 表示。

4. 曲柄半径

曲轴旋转中心到曲柄销中心的距离，用符号 r 表示，$s=2r$。

5. 气缸工作容积

活塞从上止点移动到下止点时，它所扫过的空间容积，用符号 V_h 表示。

6. 燃烧室容积

活塞位于上止点时，活塞顶部上方的容积，用符号 V_c 表示。

7. 气缸最大容积

活塞位于下止点时，活塞顶部上方的容积，用符号 V_a 表示。它等于燃烧室容积与气缸工作容积之和，即 $V_a = V_c + V_h$。

8. 内燃机排量

多缸内燃机（指具有两个或两个以上气缸的内燃机）所有气缸工作容积的总和。

9. 压缩比

气缸最大容积与燃烧室容积的比值，用符号 ε 表示，则

$$\varepsilon = V_a/V_c = (V_c + V_h)/V_c = 1 + V_h/V_c$$

压缩比表示活塞由下止点移动到上止点时，气缸内的气体被压缩的程度。压缩比越大，表示气体在气缸内受压缩的程度就越大，压缩终点气体的压力和温度就越高，燃烧后产生的压力则越大。柴油机为保证柴油自燃，其最小压缩比约为 12。现代柴油机压缩比一般为 12 ~ 22，汽油机压缩比一般为 6 ~ 10，近年来有不断增大的趋势。

10. 工作循环

在气缸内进行的每一次燃料燃烧并将热能转化为机械能的连续过程（进气、压缩、做功、排气）称为发动机的工作循环。活塞经过四个行程完成一个工作循环的发动机称为四冲程发动机；活塞经过两个行程完成一个工作循环的发动机称为二冲程发动机。

三、四冲程柴油机工作原理

拖拉机广泛采用四冲程柴油机，四冲程柴油机的一个工作循环包括进气冲程、压缩冲程、做功冲程和排气冲程四个过程。在一个工作循环中，曲轴需旋转两周实现一次能量的转换。图 2 - 1 - 5 所示为单缸四冲程柴油机的工作原理。

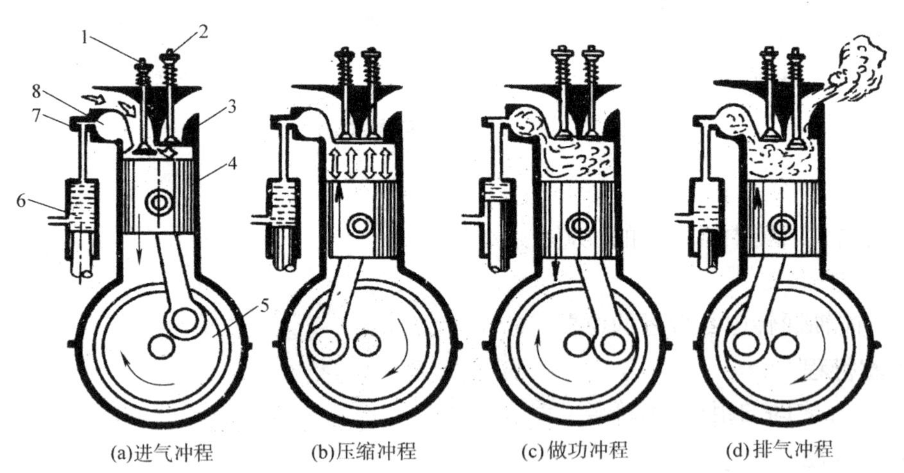

图 2 - 1 - 5　单缸四冲程柴油机工作原理示意图

1—进气门；2—排气门；3—气缸盖；4—活塞；5—曲轴；
6—高压油泵；7—喷油器；8—燃烧室

1. 进气冲程

这一冲程开始时，活塞位于上止点，进气门打开，排气门关闭。活塞向下运动，气缸容积

增大，当气缸内压力低于大气压力时，在内外压力差的作用下，新鲜空气便开始被吸入气缸。当活塞到达下止点时，进气冲程结束，曲轴转半圈，即由0°到180°。

2. 压缩冲程

活塞由下止点向上止点移动，此时进、排气门都关闭，气缸内气体被压缩。压缩终了前，喷油器向气缸内喷油，柴油和空气混合，气缸内压力和温度随之增高。当活塞到达上止点时，压缩冲程结束，曲轴又转半圈，即由180°到360°。

3. 做功冲程

在这一冲程中，进、排气门仍然保持关闭，柴油燃烧使气缸内气体压力和温度急速上升，高压气体作用在活塞顶上，推动活塞从上止点向下止点移动，通过连杆带动曲轴旋转并对外输出机械功。当活塞下行至下止点做功终了时，曲轴又转半圈，即由360°到540°。

4. 排气冲程

这一冲程开始时，活塞位于下止点，做功冲程已结束，排气门已开，但进气门仍关闭，活塞自下止点向上运动，废气从排气门排出，由于排气存在阻力，所以整个排气过程中气缸内气体压力总是稍大于大气压力。当活塞到达上止点后，排气门关闭，排气结束。至此，曲轴又转了半圈，即由540°到720°。

排气终了以后，活塞又向下运动，接着进行下一个工作循环的进气冲程。

四、柴油机和汽油机的比较

(1)柴油机压缩比较大，可燃混合气膨胀较充分，膨胀终了的可燃混合气温度较低，热量利用程度较好，比汽油机省燃料。同时，柴油的价格比汽油便宜，因此柴油机比汽油机的经济性更好。

(2)柴油机的混合气在气缸内部形成，汽油机的混合气在气缸外部形成。

(3)柴油机没有点火系统，所以故障较少、保养容易、工作可靠。

(4)柴油机气缸内压力较高，机件受力较大，刚度和强度要求较高。因此，与相同功率的汽油机相比，其体积较大，质量也大一些。

(5)柴油机中喷油泵和喷油器的精度高，加工比较困难，制造成本较高。

(6)柴油机运转时，转速较低、噪声较大；汽油机运转时，转速较高、噪声较小。

(7)柴油机借助于压缩终了时空气的高温来使柴油着火，所以较难起动。

因此，柴油机广泛应用于农用动力、拖拉机、载重汽车和工程机械等；而汽油机则具有结构轻巧、制造方便、工作平稳且起动容易等优点，常用于小客车、轻型载重汽车等。

五、多缸四冲程内燃机工作顺序

单缸柴油机的四个冲程中只有一个冲程做功，其余三个冲程不做功，即曲轴转两圈，只有半圈做功，所以运转平稳性较差。

多缸内燃机各个气缸发生同名冲程的顺序称为气缸工作顺序。多缸柴油机各缸按照一定的顺序交替做功，即曲轴转两圈所有气缸都要完成一个工作循环，且各气缸所有的工作循环完全相同，多缸柴油机的工作顺序交替进行，所以它比单缸柴油机工作平稳很多，如四缸四冲程柴油机通常的工作顺序为1—3—4—2，如表2-1-2所示；六缸四冲程柴油机通常的工作顺序为1—5—3—6—2—4，如表2-1-3所示。

表 2－1－2　四缸四冲程柴油机工作循环(工作顺序 1—3—4—2)

曲轴转角(°)	第一缸	第二缸	第三缸	第四缸
0～180	做功	排气	压缩	进气
180～360	排气	进气	做功	压缩
360～540	进气	压缩	排气	做功
540～720	压缩	做功	进气	排气

表 2－1－3　六缸四冲程柴油机工作循环(工作顺序 1—5—3—6—2—4)

<table>
<tr><th colspan="2">曲轴转角(°)</th><th>第一缸</th><th>第二缸</th><th>第三缸</th><th>第四缸</th><th>第五缸</th><th>第六缸</th></tr>
<tr><td rowspan="3">0～180</td><td>60</td><td rowspan="3">做功</td><td rowspan="2">排气</td><td>进气</td><td>做功</td><td rowspan="2">压缩</td><td rowspan="3">进气</td></tr>
<tr><td>120</td><td rowspan="3">压缩</td><td rowspan="3">排气</td></tr>
<tr><td>180</td><td rowspan="3">进气</td><td rowspan="3">做功</td></tr>
<tr><td rowspan="3">180～360</td><td>240</td><td rowspan="3">排气</td><td rowspan="3">压缩</td></tr>
<tr><td>300</td><td rowspan="3">做功</td><td rowspan="3">进气</td></tr>
<tr><td>360</td><td rowspan="3">压缩</td><td rowspan="3">排气</td></tr>
<tr><td rowspan="3">360～540</td><td>420</td><td rowspan="3">进气</td><td rowspan="3">做功</td></tr>
<tr><td>480</td><td rowspan="3">排气</td><td rowspan="3">压缩</td></tr>
<tr><td>540</td><td rowspan="3">做功</td><td rowspan="3">进气</td></tr>
<tr><td rowspan="3">540～720</td><td>600</td><td rowspan="3">压缩</td><td rowspan="3">排气</td></tr>
<tr><td>660</td><td rowspan="2">进气</td><td rowspan="2">做功</td></tr>
<tr><td>720</td><td>排气</td><td>压缩</td></tr>
</table>

【任务实施】

一、填写柴油机构造表

通过学习,填写柴油机构造表(表 2－1－4),并说明各总成的具体功用。

表 2－1－4　柴油机构造表

序号	主要总成	功用
1		
2		
3		
4		
5		
6		
7		

二、填写柴油机工作过程表

通过学习,填写柴油机工作过程表(表 2－1－5)。

表2－1－5　柴油机工作过程表

序号	冲程名称	曲轴转动角度	活塞运动方向	进气门状态	排气门状态	气缸内气体压力
1						
2						
3						
4						

项目二　机体与曲柄连杆机构的结构与检修

任务1　机体与曲柄连杆机构解体

【任务描述】

使用工具对发动机机体与曲柄连杆机构进行拆卸和分解。

【任务目标】

(1)通过拆卸和分解,熟悉发动机机体与曲柄连杆机构主要零部件的构造。

(2)掌握发动机解体的步骤和操作方法。

(3)掌握发动机拆装专用工具的操作和使用方法。

【任务所需设备、工具和材料】

(1)柴油发动机实物。

(2)发动机常用和专用工具。

(3)拆装工作台、零件摆放架。

【任务相关知识】

一、曲柄连杆机构的功用与组成

曲柄连杆机构的功用是通过燃气作用在活塞顶上的压力使曲轴的旋转运动,进而对外输出动力。

曲柄连杆机构是往复活塞式发动机将热能转换为机械能的主要机构。在发动机工作过程中,燃料燃烧产生的气体压力直接作用在活塞顶上,推动活塞做往复直线运动。经活塞销、连杆和曲柄,将活塞的往复直线运动转化为曲轴的旋转运动。发动机产生的动力,大部分经由曲轴后端的飞轮输出,还有一部分用以驱动发动机的其他机构和系统。

曲柄连杆机构由机体组、活塞连杆组和曲轴飞轮组三部分组成。

1. 机体组

机体组主要包括气缸体、曲轴箱、气缸盖、气缸套、气缸垫、油底壳等不动件。

2. 活塞连杆组

活塞连杆组主要包括活塞、活塞环、活塞销和连杆等动件。

3. 曲轴飞轮组

曲轴飞轮组主要包括曲轴和飞轮等机件。

曲柄连杆机构的主要零部件及相互连接关系如图2－2－1所示。

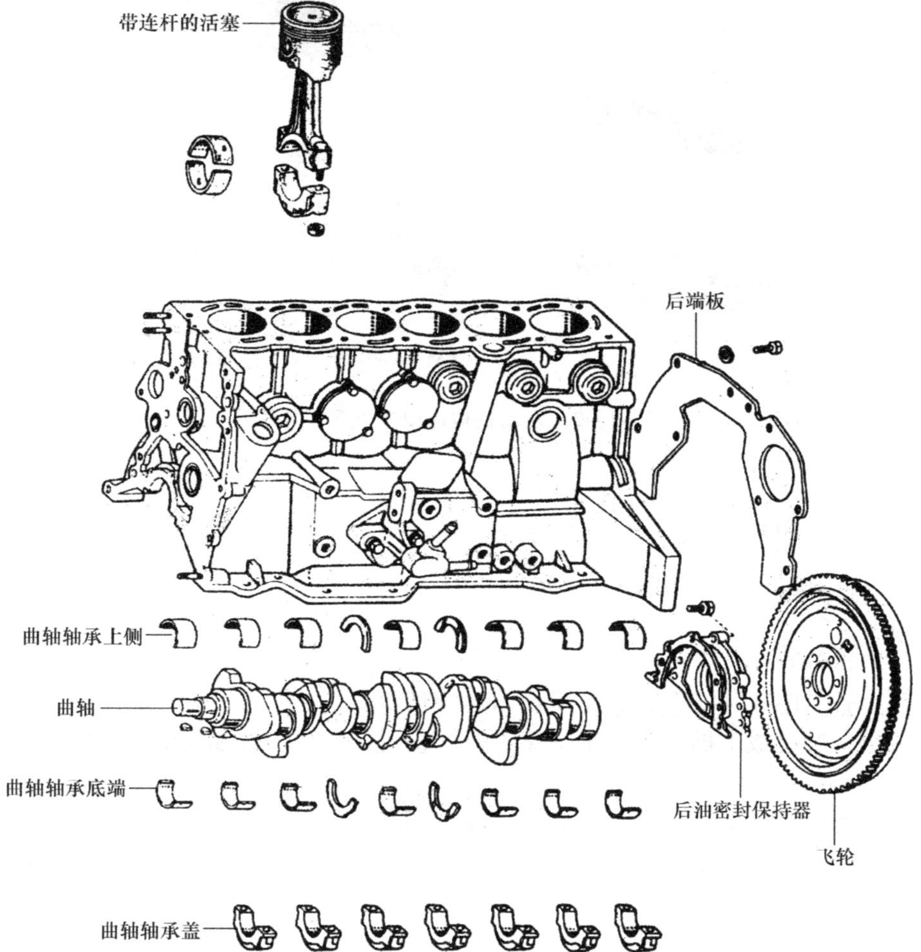

图2－2－1　曲柄连杆机构的主要零部件

二、机体组的功用与组成

机体组是发动机的骨架，是曲柄连杆机构、配气机构和发动机各系统主要零部件的装配基体。气缸盖用来封闭气缸顶部，并与活塞顶和气缸壁一起形成燃烧室。另外，气缸盖和气缸体内的水套、油道以及油底壳又是冷却系统（水套）和润滑系统（油道、油底壳）的组成部分。

发动机机体组主要由气缸体、气缸盖、气缸盖罩、气缸衬垫、主轴承盖和油底壳等组成。镶气缸套的发动机机体组还包括干式或湿式气缸套。

发动机机体组的主要零部件及相互关系如图2－2－2所示。

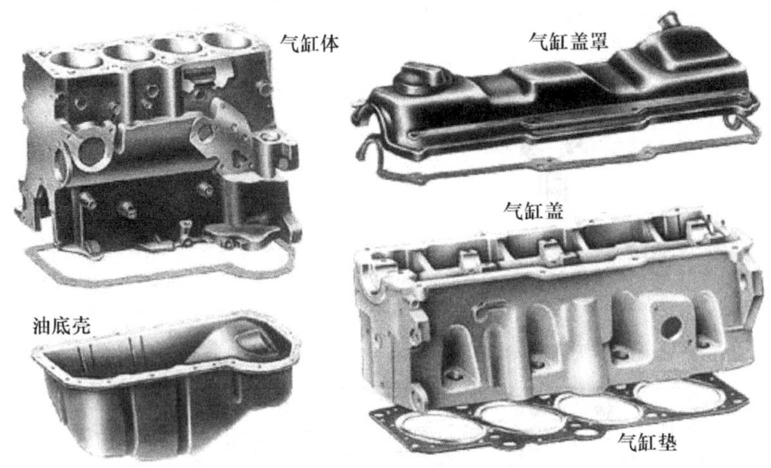

图 2-2-2　发动机机体组的主要零部件

【任务实施】

一、气缸盖拆卸

(1)拆下气缸盖前后罩盖。

(2)拆下各气阀摇臂轴支座螺栓,卸下摇臂轴总成。

(3)从摇臂轴总成上拆下摇臂轴支座、进排气阀摇臂、定位弹簧、摇臂轴等零件,并依次放妥。

(4)做好推杆与缸盖之间的装配标记,再取出推杆。

(5)按从四周向中央的拆卸顺序拆下气缸盖螺栓,卸下气缸盖,并取下气缸盖垫片放妥。

二、活塞连杆组拆卸和分解

1. 活塞连杆组总成拆卸

(1)转动翻转装卸台使气缸体平卧,抽出油量尺,并拆下油量尺导管。

(2)拆下机油盘固定螺栓,卸下机油盘。

(3)拆下机油泵总成。

(4)转动曲轴使某活塞处于下止点位置,再用扭力扳手及相应的套筒拆下连杆盖上的紧固螺母,取下连杆盖。

(5)用锤柄或木棒将连杆组件推出气缸,取出后将连杆盖及连杆螺栓、螺母装回连杆。

以相同的方法拆下其他活塞连杆组件。

2. 活塞连杆组总成分解

(1)用活塞环拆装钳拆下活塞环。

(2)用尖嘴钳拆下活塞销两端的锁环,然后用锤子和专用铜棒打出活塞销,使活塞与连杆分离。

(3)拆下连杆大头的螺栓和螺母,取下连杆盖,并将连杆盖、轴承及调整垫片(装配轴承无调整垫片)依次放妥。

三、曲轴飞轮组与凸轮轴拆卸

1. 曲轴飞轮组的拆卸

(1)拆下起动爪,用顶拔器拉出带轮扭转减振器总成。

(2)拧松各主轴承盖螺栓,转动发动机拆装台,使曲轴朝上,做好各道主轴承盖上的装配标记。

(3)将气缸体固定在拆装台中部的支架上,分别拆下前悬置支架和飞轮壳的固定螺栓,卸下前悬置支架和拆装台的支承座。

(4)拆下正时齿轮盖螺栓,卸下正时齿轮盖。

(5)用撬棒抵住曲轴,拆下飞轮固定螺栓的锁紧垫圈及螺栓,卸下飞轮。

(6)拆下飞轮壳固定螺栓,卸下飞轮壳。

(7)拆下曲轴后油封挡片固定螺栓,取下油封挡片。

(8)拆下各道曲轴主轴承盖螺栓,卸下曲轴总成,并将各主轴承盖及轴承依次放妥。

(9)用专用工具拆下曲轴后油封。

(10)拆下曲轴正时齿轮。

(11)用锤子和铜棒从飞轮上击下齿圈(如齿轮无损坏可不拆下)。

(12)拆下分电器传动轴锁止螺栓,再取出分电器传动轴。

(13)拆下前后挺柱室盖,取出挺柱。

(14)松开挺柱导向体紧固螺栓,分别卸下前后挺柱导向体总成。

2. 凸轮轴的拆卸

(1)转动凸轮轴使正时齿轮的两孔与止推突缘的两固定螺栓对准。

(2)拆下凸轮轴止推突缘的固定螺栓。

(3)取出凸轮轴总成。如凸轮轴取不出,应适当转动后再取出。

任务2　气缸体和气缸盖检修

【任务描述】

进行发动机气缸体和气缸盖的检修。

【任务目标】

(1)掌握气缸体及气缸盖常见损伤的检验方法和步骤。

(2)培养学生对量缸表、外径千分尺、百分表、厚薄规等常用发动机检测量具的正确使用能力。

(3)培养学生测量气缸磨损的操作能力和计算能力。

【任务所需设备、工具和材料】

(1)柴油发动机气缸体、气缸套、气缸盖。

(2)游标卡尺、直尺、厚薄规、外径千分尺、量缸表、百分表。

(3)常用工具。

【任务相关知识】

一、气缸体

1. 气缸体的基本结构与功用

发动机中通常将气缸体与上曲轴箱铸成一体,称为气缸体－曲轴箱,简称气缸体。气缸体上部有一个或数个为活塞在其中运动作导向的圆柱形空腔,称为气缸;下部为支撑曲轴的曲轴箱,其内腔为曲轴运动的空间,如图 2－2－3 所示。

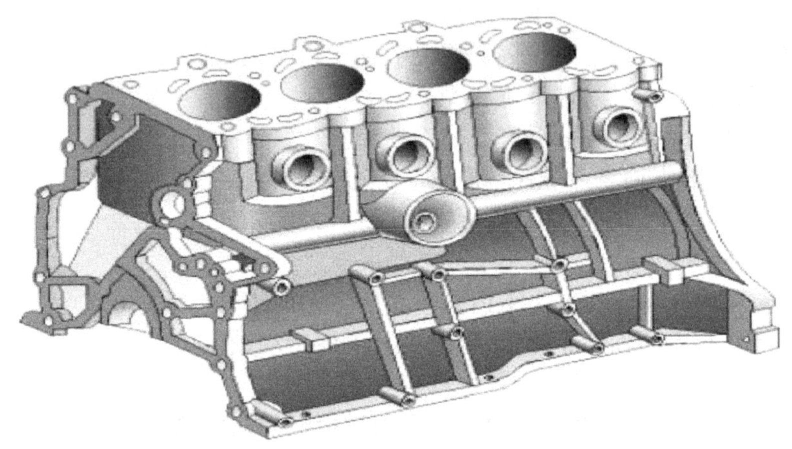

图 2－2－3　气缸体的构造

气缸体是发动机各个机构和系统的装配机体,并由它来保持发动机各运动件相互之间的准确位置关系。

为了使气缸散热,在气缸体内部制有水套(水冷式发动机),或气缸外部制有散热片(风冷式发动机)。

气缸体一般用灰铸铁和铝合金铸成。气缸体应具有足够的强度和刚度。

2. 气缸体的结构形式

气缸体有三种基本结构形式,如图 2－2－4 所示。

1)平分式气缸体

曲轴轴线与气缸体下平面在同一平面上的为平分式气缸体。这种结构便于加工,但刚度小,且前后端呈半圆形,与油底壳结合面的密封较困难,给维修造成不便,多用于中小型发动机。

2)龙门式气缸体

曲轴轴线高于气缸体下平面的为龙门式气缸体。这种结构刚度较高,且下曲轴箱前后端为同一平面,密封简单可靠,维修方便,但工艺性较差,在大中型发动机中被广泛采用。

3)隧道式气缸体

这种气缸体的主轴承座孔不分开,结构刚度最大,主轴承同轴度易保证,但拆装较困难,

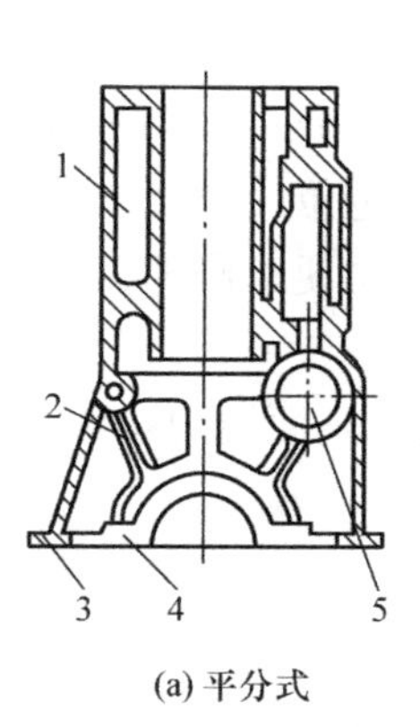

(a) 平分式

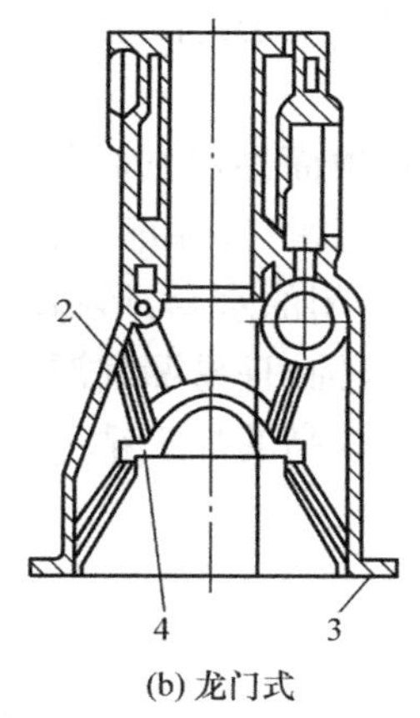

(b) 龙门式

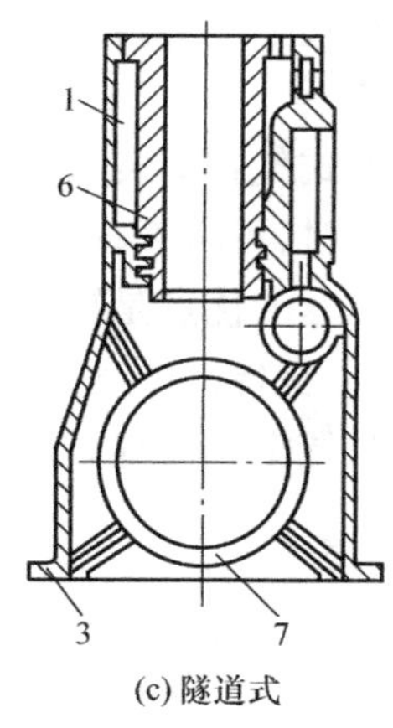

(c) 隧道式

图 2－2－4　气缸体的形式

1—水套；2—加强筋；3—安装油底壳的加工面；4—安装主轴承座孔的加工面；
5—凸轮轴座孔；6—湿式气缸套；7—主轴承座孔

多用于机械负荷较大的、主轴承采用滚动轴承的发动机。

二、气缸套

气缸直接镗在气缸体上称为整体式气缸，整体式气缸的强度和刚度都好，能承受较大的载荷，但对材料要求高、成本高。如果将气缸制造成单独的圆筒形气缸套，然后再装到气缸体内，气缸套采用耐磨的优质材料制成，气缸体可用价格较低的一般材料制造，从而降低制造成本。同时，气缸套可以从气缸体中取出，因而便于修理和更换，并可大大延长气缸体的使用寿命。

气缸套有干式和湿式两种形式，如图 2－2－5所示。

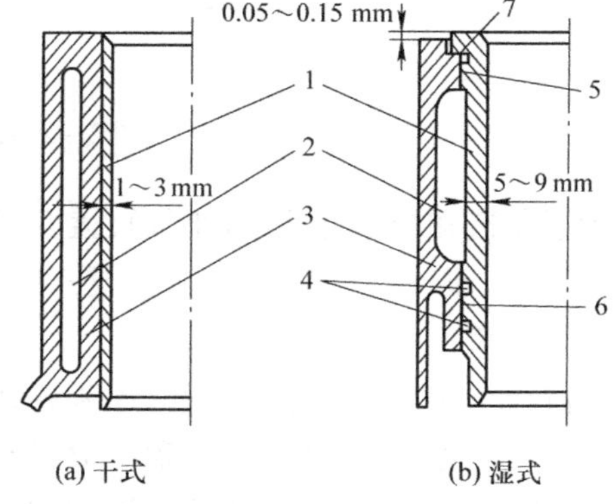

(a) 干式　　(b) 湿式

图 2－2－5　气缸套的形式

1—气缸套；2—水套；3—气缸体；4—橡胶密封圈；
5—上支承定位带；6—下支承定位带；7—定位凸缘

1. 干式气缸套

干式气缸套的特点是气缸套装入气缸体后，其外壁不直接与冷却水接触，而和气缸体的壁面直接接触，壁厚较薄，一般为 1 ~ 3 mm。它具有整体式气缸体的优点，强度和刚度都较好，但加工比较复杂，内、外表面都需要进行精加工，拆装不方便，散热不良。

2. 湿式气缸套

湿式气缸套则与冷却水直接接触，壁厚一般为 5 ~ 9 mm。该气缸套的外表面有两个保证径向定位的圆带，分别称为上支承定位带和下支承定位带，缸套的轴向定位利用上端的定位凸缘实现。为了更好地密封，有的缸套凸缘下面还装有紫铜垫片。

气缸套的上支承定位带直径略大，与缸套座孔配合较紧密；下支承定位带与座孔配合较松，常装有 1 ~ 3 道耐热、耐油橡胶密封圈来封水。密封形式有两种，使用较广泛的一种是将密封环槽开在气缸套上，将具有一定弹性的密封圈装入环槽内；另一种是将安置密封圈的环槽开在气缸体上。

大多数湿式气缸套装入座孔后，其顶面高出气缸体上平面 0.05 ~ 0.15 mm。这样当紧固气缸盖螺栓时，可将气缸盖衬垫压得更紧，以保证气缸更好地定位。

湿式气缸套的优点是缸体上没有封闭的水套，铸造较容易，又便于修理、更换，且散热效果较好；缺点是缸体的刚度差，易产生穴蚀，且易漏气漏水。

为了减少气缸的磨损，气缸壁要有较高的加工精度和较低的表面结构参数（粗糙度）。

三、气缸盖

气缸盖的主要功用是封闭气缸上部，并与气缸和活塞顶部共同构成燃烧室。气缸盖内有冷却水孔，其与气缸体的冷却水孔相通，以便利用循环水来冷却燃烧室等高温部分。

气缸盖上有进、排气门座及气门导管孔和进、排气通道等。气缸盖的结构如图 2－2－6 所示。

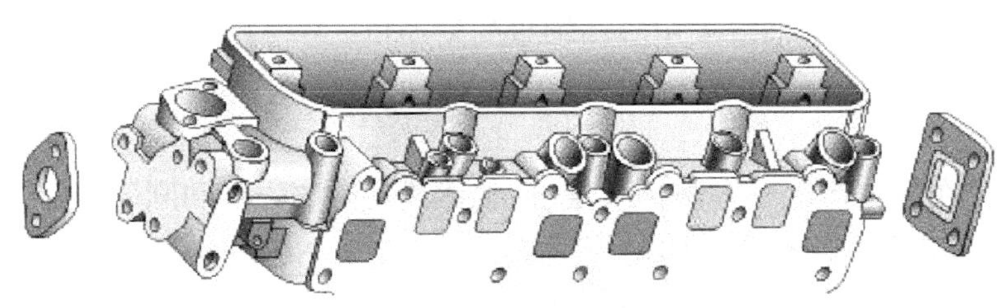

图 2－2－6　气缸盖的结构

为了制造和维修方便，减小气缸盖变形对气缸密封的影响，缸径较大的发动机多采用分开式气缸盖，即一缸一盖、二缸一盖或三缸一盖；缸径较小、气缸盖负荷较轻的汽油机多采用整体式气缸盖。

气缸盖由于形状复杂，一般采用灰铸铁或合金铸铁铸造。

安装气缸盖时，为防止气缸盖变形，拧紧气缸盖螺栓时应从中间向两边按对角线顺序，分2 ~ 3 次逐步拧紧到规定扭矩。拆卸时顺序与安装时相反，分 2 ~ 3 次逐步拧松。

四、气缸衬垫

气缸衬垫是机体顶面与气缸盖底面之间的密封件，其作用是保持气缸密封不漏气，保持由机体流向气缸盖的冷却液和机油不泄漏。

按所用的材料，气缸衬垫可分为金属－石棉衬垫、金属－复合材料衬垫和全金属衬垫等。气缸衬垫的结构如图 2－2－7 所示。

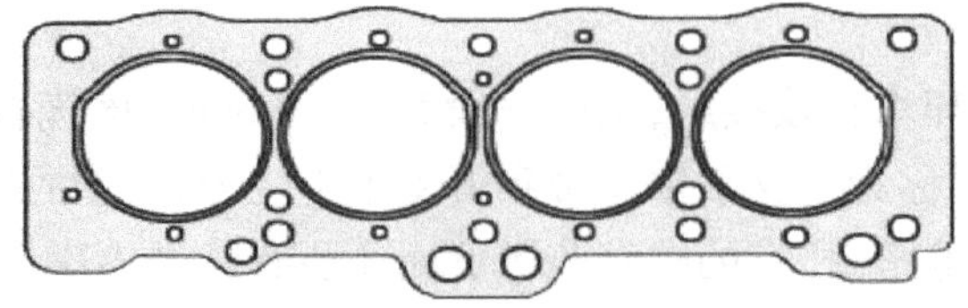

图 2－2－7　气缸衬垫的结构

五、曲轴箱

气缸体下部用来安装曲轴的部位称为曲轴箱,曲轴箱分上曲轴箱和下曲轴箱。上曲轴箱与气缸体铸成一体,下曲轴箱用来贮存润滑油,并封闭上曲轴箱,故又称为油底壳。

柴油机工作时,会有少量的燃烧气体漏入曲轴箱,这会使曲轴箱内压力升高,导致机油外漏和变质。目前,柴油机广泛采用曲轴箱强制通风(Positive Crankcase Ventilation,PCV)。PCV阀是一个单向阀,它从曲轴箱抽出气体导入发动机的进气管,气体吸入气缸再燃烧,通过这种强制通风,废气被排出,保证了发动机的正常运行。

六、气缸磨损规律

气缸的磨损程度是衡量发动机是否需要大修的重要依据之一。

1. 气缸磨损的特点

在正常磨损情况下,气缸磨损的特点是不均匀磨损。气缸沿工作表面在活塞环运动区域内呈上大下小的不规则锥形磨损,如图2-2-8所示。磨损的最大部位是活塞在上止点位置时第一道活塞环相对应的气缸壁,在活塞环接触到的地方磨损是不均匀的,形成不规则的椭圆形。气缸的最大磨损部位往往随气缸结构、使用条件不同而异,一般是前后左右方向磨损最大。

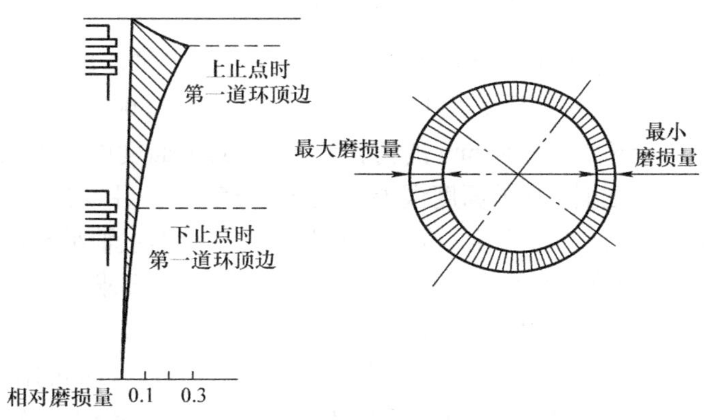

图2-2-8　气缸的磨损规律示意图

2. 气缸磨损的原因

气缸是在润滑不良、高温、高压、交变负荷和腐蚀性物质作用的恶劣环境中工作的,同时由于活塞、活塞环在气缸内做高速往复运动,也会使气缸工作表面发生磨损。

气缸的最大磨损位置是第一道活塞环在上止点的部位,该部位磨损最大的主要原因如下。

(1)由于活塞环换向,该处的活塞运动速度几乎为零,活塞环的布油能力最差,油膜不易建立;此时活塞环的背压最大,使其接触面的油膜形成困难。因此,气缸壁形成了上大下小的机械磨损。

(2)可燃混合气燃烧产生的酸性物质对气缸壁起腐蚀作用,如发动机燃用高硫分燃油和发动机长期低温使用,以及在低温状态下频繁起动,这种腐蚀磨损更为严重。

(3)进气中的灰尘在此处缸壁上附着量较大,加剧了此处的磨料磨损。

(4)燃烧产生的高温、高压,使活塞承受的侧向力加大且冷却不够,气缸与活塞可能由于干摩擦使两者熔融黏着或剥落,造成黏着磨损。

【任务实施】

一、气缸体与气缸盖变形的检修

在检查气缸体与气缸盖的平面变形时,可用直尺放在平面上,然后用厚薄规测量直尺与平面间的间隙,即平面度误差,如图 2-2-9 所示。

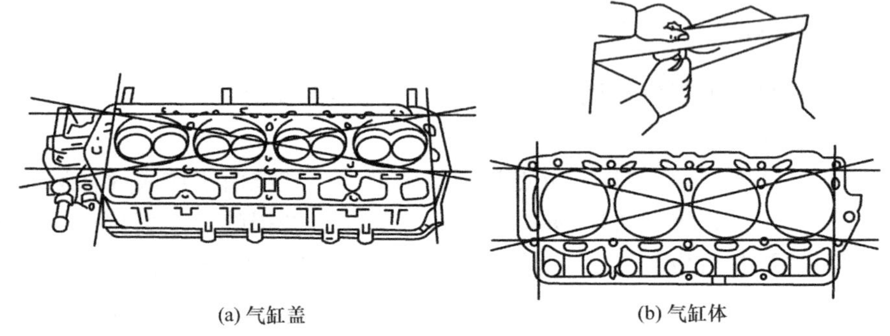

(a) 气缸盖　　(b) 气缸体

图 2-2-9　检查气缸盖与气缸体的平面变形

气缸体与气缸盖结合平面的平面度要求如下。气缸体上平面的平面度误差,在任意位置,每 50 mm×50 mm 范围内应不大于 0.05 mm。全长不大于 600 mm 的气缸体,其平面度误差不大于 0.15 mm;全长大于 600 mm 的铸铁气缸体,其平面度误差不大于 0.25 mm;全长大于 600 mm 的铝合金气缸体,其平面度误差不大于 0.35 mm。用高度规检查气缸两端的高度,以确定气缸体上、下平面的平行度;检查气缸下平面至曲轴主轴承孔的距离,以确定主轴承孔与气缸下平面的平行度,这些平行度误差应符合原厂技术要求。在镗缸时,这些平面是主要的定位基准,直接影响气缸中心线与主轴承孔中心线的垂直度。

气缸体平面局部不平,可用铲削的方法修平。平面变形较大时,可用平面磨床进行磨削加工修理,但总切削量不宜过大,一般为 0.24~0.50 mm,否则将影响气缸的压缩比。

气缸盖可根据情况采用磨削等方法予以修平。气缸盖平面度要求:全长上应不大于 0.10 mm;在 100 mm 长度上应不大于 0.03 mm。

二、气缸磨损的测量

测量气缸的磨损程度是确定发动机技术状况的重要手段。通过测量,主要是确定气缸磨损后的圆度、圆柱度,根据气缸的磨损程度,确定发动机是否需要进行大修以及修理尺寸。

测量气缸磨损通常使用量缸表,测量方法如下。

(1)根据气缸的直径尺寸,选择合适的接杆,装入量缸表的下端,接杆装好后,活动伸缩杆的总长度应与被测气缸尺寸相适应。

(2)校正量缸表的尺寸。将外径千分尺校准到被测气缸的标准尺寸,再将量缸表校准到外径千分尺的尺寸,并使伸缩杆有 1~2 mm 的压缩行程,旋转表盘使表针对准零位。

(3)将量缸表的伸缩杆伸入气缸内的上部,根据气缸磨损规律,测量第一道活塞环在上止点位置(s_1)时所对应的气缸壁(见图 2－2－10)。

(4)使量缸表下移,测量气缸中部和下部的磨损。气缸中部为上、下止点中间的位置(s_2),气缸下部为距离气缸下边缘 10～20 mm 处的位置(s_3)。

用量缸表进行测量时,应注意使伸缩杆与气缸轴线保持垂直,以保证测量的准确性。当摆动量缸表,其指针指示到最小读数时,即表示伸缩杆已垂直于气缸轴线,这时才能记录读数,否则测量不准确,如图 2－2－11 所示。测量后,将数据填入气缸磨损测量记录表,见表 2－2－1。

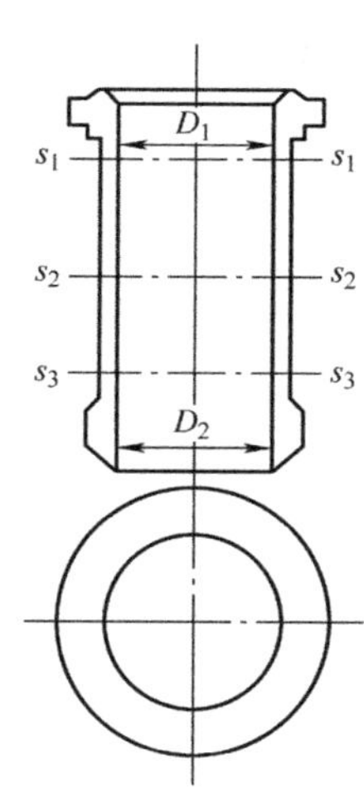

图 2－2－10　气缸磨损的测量部位

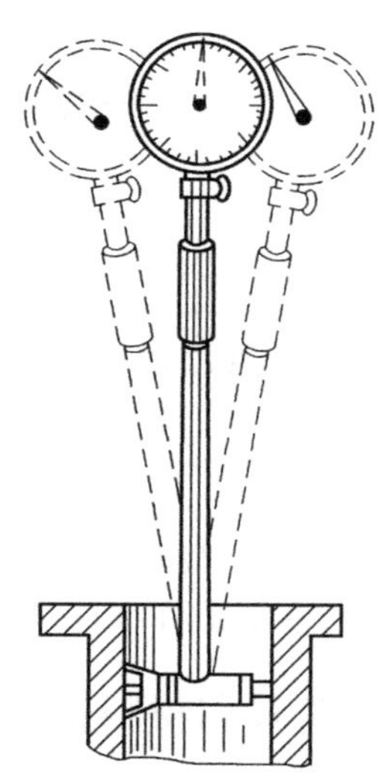

图 2－2－11　量缸表测量法

圆度误差是同一横截面上磨损的不均匀性,其数值是同一横截面上不同方向测得的最大与最小直径差值的一半。

圆柱度误差是沿气缸轴向截面上磨损的不均匀性,其数值是被测气缸表面任意方向所测得的最大与最小直径差值的一半。

气缸圆度公差:汽油机为 0.05 mm,柴油机为 0.065 mm。气缸圆柱度公差:汽油机为 0.20 mm,柴油机为 0.25 mm。如超出此范围,则应进行镗缸修理。

表 2－2－1　气缸磨损测量记录表

气缸号	位置	纵向直径	横向直径	圆度	圆柱度
	上部				
	中部				
	下部				
	上部				
	中部				
	下部				

三、气缸的修理

当气缸磨损后,其圆度或圆柱度误差超过允许的限度时,须对磨损的气缸进行机械加工，使其通过尺寸的改变，恢复气缸正确的几何形状和配合性质，这种方法称为修理尺寸法。扩大后的尺寸称为修理尺寸。

气缸经多次修理，当直径超过最大修理尺寸，或气缸壁上有特殊损伤时，可对气缸作圆整加工，用过盈配合的方式镶上新的气缸套，使气缸恢复到原来的尺寸，这种方法称为镶套修复法。

气缸的修理就是按修理尺寸法或镶套修复法，通过镗削或磨削加工，使气缸达到原来的技术要求。

任务 3　活塞组件检修

【任务描述】

对发动机活塞组件进行检修。

【任务目标】

(1)掌握活塞组件的分解、检修、选配、组装的基础知识。

(2)培养学生对活塞组件零件进行检修选配的操作能力。

【任务所需设备、工具和材料】

(1)套筒扳手、扭力表、活动扳手、尖嘴钳。

(2)虎钳、活塞环钳、锉刀、可调铰刀、刮刀。

(3)平台、厚薄规、外径千分尺、游标卡尺。

(4)机油、清洗剂、油盆、棉纱、砂纸、热水等。

(5)活塞组件及零件。

【任务相关知识】

活塞连杆组的功用是在发动机工作时，燃烧室内可燃混合气燃烧产生的压力作用在活塞顶上，通过活塞销和连杆传给曲轴，使发动机产生动力。活塞连杆组主要由活塞、活塞环、活塞销、连杆、连杆盖、连杆螺栓、连杆轴瓦等零件组成。

一、活塞

1. 活塞的功用及工作条件

活塞的主要功用是承受燃烧气体的压力，并将此力通过活塞销传给连杆以推动曲轴旋转。此外，活塞顶部与气缸盖、气缸壁共同组成燃烧室。

活塞是发动机中工作条件最严酷的零件。作用在活塞上的力有气体力和往复惯性力。活塞顶与高温燃气直接接触，使活塞顶的温度很高。现代发动机广泛采用铝合金活塞。

2. 活塞的结构

活塞由顶部、头部和裙部 3 部分组成，其结构如图 2 - 2 - 12 所示。

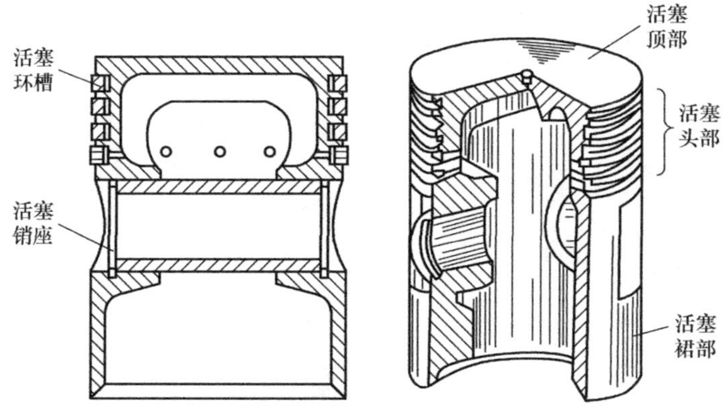

图 2－2－12 活塞的结构

1）活塞顶部

活塞顶部是燃烧室的组成部分，用来承受气体压力。为了提高刚度和强度，并加强其散热能力，活塞顶部背面多有加强筋。根据不同的目的和要求，活塞顶部被制成各种不同的形状，它的选用与燃烧室形式有关。汽油机活塞顶部多采用平顶活塞、凸顶活塞、凹顶活塞。柴油机活塞顶部多采用凹顶活塞，这种活塞顶部呈凹陷形。

2）活塞头部

活塞头部指第一道活塞环槽到活塞销孔以上的部分。其主要作用包括：承受气体压力，并传给连杆；与活塞环一起实现对气缸的密封；将活塞顶所吸收的热量通过活塞环传给气缸壁。

活塞头部有若干道用以安装活塞环的环槽。活塞一般有 3～4 道环槽，上面 2～3 道用以安装气环，下面一道用以安装油环。在油环槽底面上钻有许多径向小孔，可使被油环从气缸壁上刮下来的多余机油经过这些小孔流回油底壳。

3）活塞裙部

活塞裙部指从油环槽下端面起至活塞底面的部分，其作用是为活塞在气缸内做往复运动作导向和承受侧压力。

3. 活塞的结构特点

发动机工作时，活塞在气体力和侧向力的作用下发生机械变形，而活塞受热膨胀时还发生热变形。这两种变形都会使活塞裙部在活塞销孔轴线方向的尺寸增大。因此，为使活塞工作时裙部接近正圆形与气缸相适应，在制造时应将活塞裙部的横断面加工成椭圆形，并使其长轴与活塞销孔轴线垂直。现代发动机的活塞均为椭圆裙形式。

另外，沿活塞轴线方向活塞的温度是上高下低，活塞的热膨胀量自然是上大下小，因此为使活塞工作时裙部接近圆柱形，须把活塞制成上小下大的圆锥形或桶形。

活塞裙部开有隔热槽和膨胀槽。

二 、活塞环

1. 活塞环的工作条件与分类

活塞环在高温、高压、高速的条件下工作，且润滑条件较差，要求它具有良好的耐热性、导热性、耐磨性、磨合性、韧性，以及足够的强度、弹性等。目前，广泛采用的活塞环材料是优质灰铸铁、球墨铸铁或合金铸铁，组合式油环还采用弹簧钢片制造。

活塞环按其主要功用可分为气环和油环两类，如图 2－2－13 所示。

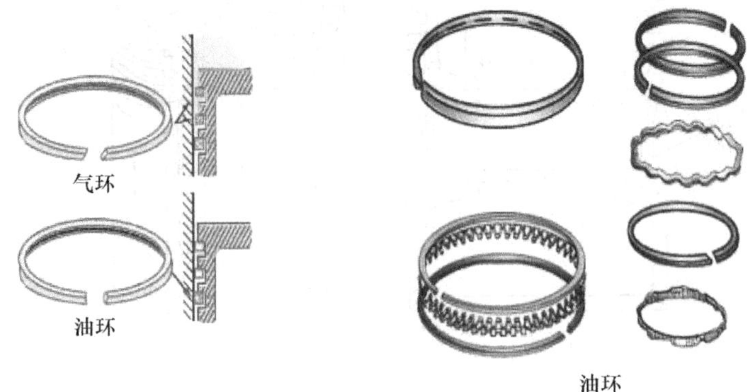

图 2－2－13　活塞环类型

2. 气环

气环的功用是保证活塞与气缸壁间的密封，防止气缸中的气体窜入曲轴箱；同时还将活塞头部的热量传给气缸，再由冷却水或空气带走；另外，还起到刮油、布油的辅助作用。

气环是一种具有切口的弹性环。在自由状态时，气环的外径大于气缸直径。装入气缸后，依靠本身的弹性紧密地与气缸壁贴合，而活塞环与环槽之间形成一个断面很小的曲折通道，起到良好的密封作用。

1）活塞环间隙

发动机工作时，活塞和活塞环会受热而膨胀，为防止活塞环膨胀而卡死，活塞环安装时应具有开口间隙（端隙）、侧隙和背隙，如图 2－2－14 所示。

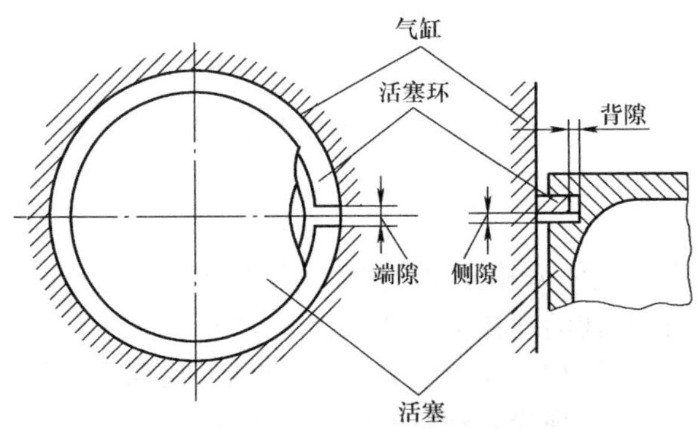

图 2－2－14　活塞环的间隙

端隙是活塞环装入气缸后开口处的间隙，一般为 0.20～0.80 mm。

侧隙又叫边隙，是活塞环与环槽在活塞轴向的间隙。气环的侧隙一般为 0.04～0.09 mm；油环的侧隙较小，一般为 0.025～0.070 mm。

背隙是活塞及活塞环装入气缸后，活塞环背面与环槽底面的间隙。

2）气环的密封原理

如图 2－2－15 所示，活塞环在自由状态下不是正圆形，其外廓尺寸比气缸直径大。当活塞环装入气缸后,在其自身的弹力作用下,活塞环的外圆面与气缸壁贴紧形成第一密封面,使气缸内的高压气体不能通过第一密封面泄漏。

高压气体可能通过活塞顶岸与气缸壁之间的间隙进入活塞环的侧隙和径向间隙(背隙)中。进入侧隙中的高压气体使环的下侧面与环槽的下侧面贴紧,形成第二密封面,高压气体也不可能通过第二密封面泄漏。进入径向间隙中的高压气体只能使环的外圆面与气缸壁更加贴紧。这时漏气的唯一通道就是活塞环的端隙。如果几道活塞环的开口相互错开,那么就形成了迷宫式漏气通道。由于侧隙、背隙和端隙都很小,气体在通道内的流动阻力很大,致使气体压力迅速下降,最后漏入曲轴箱内的气体就很少,一般仅为进气量的0.2%~1.0%。

3)活塞环的泵油作用

由于侧隙和背隙的存在,当发动机工作时,活塞环便产生了泵油作用,如图2-2-16所示。其原理如下:当活塞下行时,环靠在环槽的上方,环从缸壁上刮下来的机油充入环槽下方;当活塞上行时,环又靠在环槽的下方,同时将机油挤压到环槽上方;如此反复运动,就将缸壁上的机油泵入燃烧室。

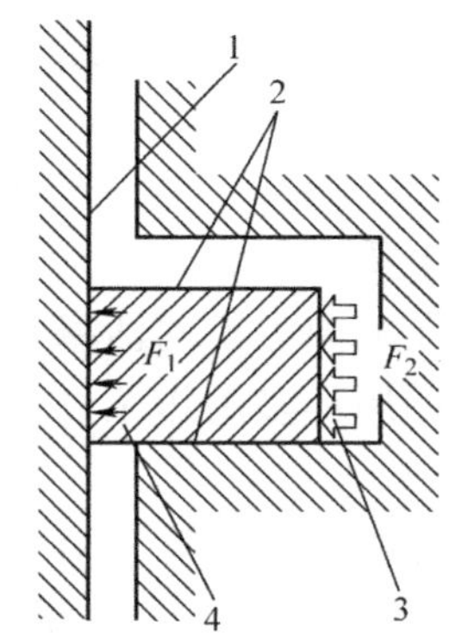

图2-2-15　活塞环的密封机理

1—第一密封面;2—第二密封面

3—背压力;4—活塞环自身弹力

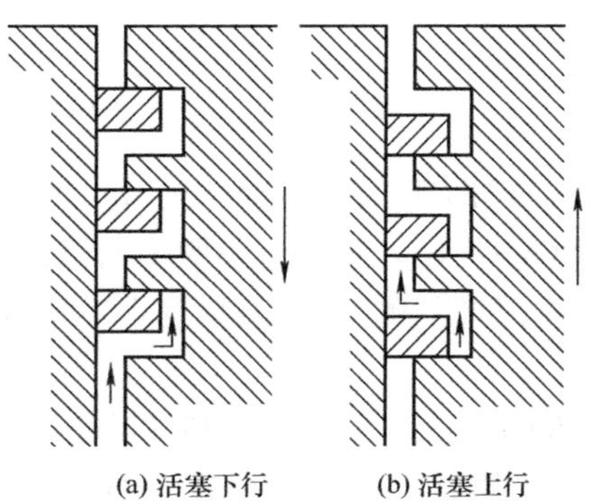

图2-2-16　活塞环的泵油作用

对于活塞环的泵油作用,一方面其对气缸上部的润滑有利;另一方面由于机油窜入燃烧室,其会使燃烧室内形成积炭和增加机油消耗,并且还可能在环槽(尤其是第一道气环槽)中形成机油结焦,使环卡死,失去密封作用,甚至折断活塞环。

4)气环的种类

根据发动机的结构特点和强化程度,应选择不同断面形状的气环,以得到更好的密封效果和使用性能。根据气环的断面形状,活塞环分为矩形环、锥形环、扭曲环、梯形环、桶面环等。

(1)矩形环[图2-2-17(a)]的断面为矩形,其结构简单,加工方便,与气缸壁接触面积大,有利于活塞散热。但矩形环的磨合性差,而且在与活塞一起做往复运动时,在环槽内上下窜动,把气缸壁上的机油不断地挤入燃烧室中,产生“泵油作用”(泵油作用如图2-2-16所示),使机油消耗量增加,在活塞顶及燃烧室壁面产生积炭。

(2)锥形环[图2-2-17(b)]的锥角通常为0.5°~1°,有利于密封。该种环在活塞下行时起刮油作用，上行时起布油作用，减少磨损。锥形环如装反会加速窜机油，使机油消耗明显增大。锥形环有方向性，向上的面有“TOP”或“向上”记号。在安装锥形环时，将有标记的面向上，锥面向下，不得装反。

(3)扭曲环[图2-2-17(c)]是将矩形环内环上方或外环下方切成台阶或倒角。扭曲环装入活塞环槽后，由于扭曲环的断面形状不对称，而产生扭曲变形使环的上端面与环槽的上端面接触，环的下端面与环槽的下端面接触，提高了环表面的接触应力，减小了环在环槽中上下窜动而产生的泵油作用，同时也增加了密封作用。扭曲环的线接触有利于密封和走合，能刮油、布油和形成楔形油膜，目前在发动机上得到广泛应用。

安装扭曲环时，必须注意断面形状和方向：内切口向上，外切口向下，不得装反。如两道气环均为扭曲环，则装配特点：第一道内圆切槽扭曲环的切口朝上；第二道外圆切槽扭曲环的切口朝下。

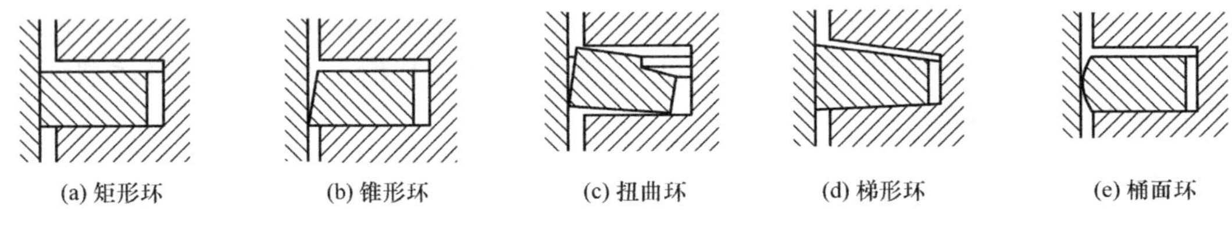

(a) 矩形环　(b) 锥形环　(c) 扭曲环　(d) 梯形环　(e) 桶面环

图2-2-17　气环的断面形状

(4)梯形环[图2-2-17(d)]的断面为梯形。其主要优点是抗黏结性好。当活塞头部温度很高时，窜入第一道环槽中的机油容易结焦并将气环粘住。在侧向力换向活塞左右摆动时，梯形环的侧隙、背隙都发生变化，可将环槽中的胶质挤出。梯形环多用作柴油机的第一道气环。

(5)桶面环[图2-2-17(e)]的外圆面为外凸圆弧形。其密封性、磨合性及对气缸壁表面形状的适应性都比较好，但加工较困难。桶面环在气缸内不论上行或下行均能形成楔形油膜，使环浮起，从而减轻环与气缸壁的磨损。

如气环用桶面环和锥形环，则第一道为桶面环，因为桶面环与锥形环相比，承受压力和高温气体腐蚀的能力强；第二道为锥形环(锥形环只能装在第二道)。

3. 油环

油环的功用是将气缸壁上多余的机油刮回油底壳，并在气缸壁上均匀地布油，这样既可以防止机油窜入燃烧室，又可以减小活塞、活塞环与气缸的摩擦和磨损。此外，油环也兼起密封的作用。油环的结构如图2-2-18所示。

油环可分为组合油环和整体油环两种。组合油环有钢片式和螺旋撑簧式两种。钢片式组合油环由衬环、刮片环组成，具有刮油能力强、密封良好、使用寿命长等优点。螺旋撑簧式组合油环是在整体油环内径环面内安装一个螺旋弹簧，以增强对缸壁的接触压力，具有刮油能力好和使用寿命长等优点。

三、活塞销

活塞销的功用是连接活塞与连杆小头，将活塞承受的气体作用力传给连杆。

活塞销通常制成空心圆柱体。活塞销一般用低碳钢、合金钢制造，再经表面渗碳处理，以提高表面硬度，并保证心部具有一定的冲击韧性，最后进行精磨和抛光。

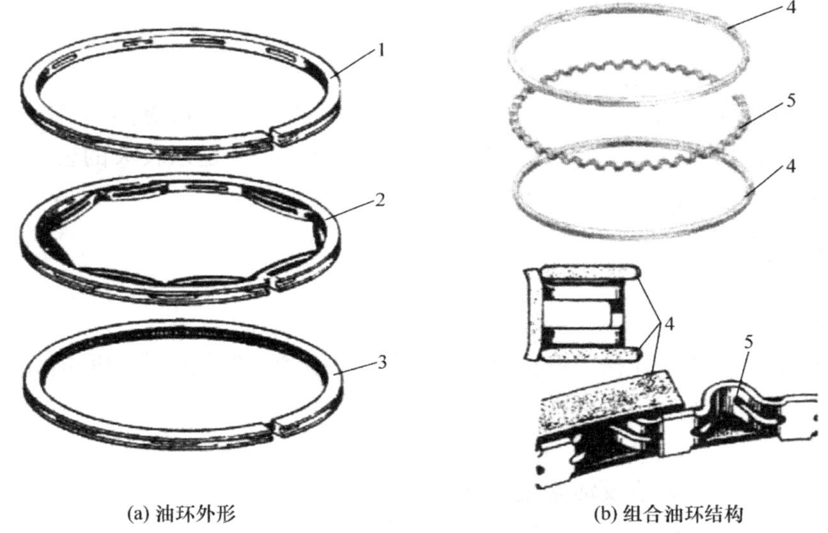

图 2－2－18　油环

1—整体油环;2—带胀圈油环;3—带卷簧胀圈油环;4—刮片;5—衬簧

活塞销与活塞销座孔和连杆小头的连接方式如图 2－2－19 所示,一般有如下两种形式。

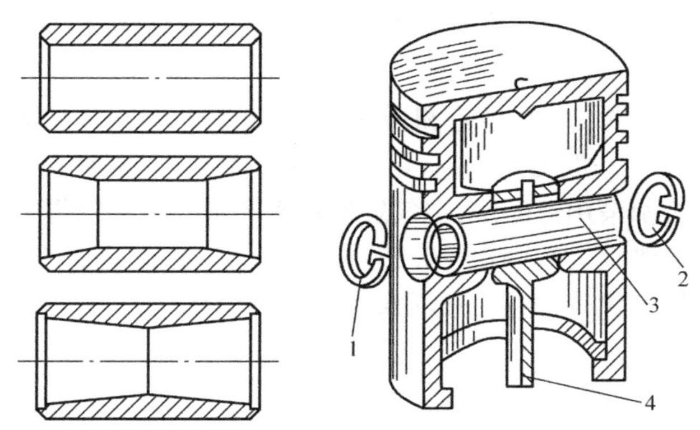

图 2－2－19　活塞销及其连接方式

1、2—卡簧;3—活塞销;4—连杆

1. 全浮式

在发动机正常工作时,活塞销能在连杆衬套和活塞销座中自由转动,因而增大了实际接触面积,减小了磨损且使磨损均匀,所以被广泛采用。

采用铝活塞时,活塞销座的热膨胀量大于钢活塞销。为保证工作时有正常的工作间隙,在冷状态时活塞销与活塞销座孔为过渡配合。装配时,应先将活塞在温度为 343 ~ 363 K 的水或油中加热,然后将活塞销装入。为防止活塞销的轴向窜动而刮伤气缸壁,在活塞销座两端用卡环施加轴向定位。

2. 半浮式

半浮式连接就是活塞销与活塞销座和连杆小头形成两处连接,一处固定,一处浮动。其中,大多数活塞采用活塞销与连杆小头的固定方式。这种连接方式省去了连杆小头衬套的修理作业，维修方便。但要完全保证发动机的冷起动，活塞与销座间必须要有一定的装配间隙。

【任务实施】

在发动机大修过程中，活塞、活塞环和活塞销等是作为易损件被更换的，这些零件的选配是一项重要的工艺技术措施。所谓选配，即不完全互换性，就是以较大的公差加工零件，通过分组选用来得到较高配合精度的工艺。

一、活塞的选配

1. 活塞的失效形式

活塞的磨损主要有活塞环槽的磨损、活塞裙部的磨损和活塞销座孔的磨损等。

活塞的异常损坏主要有活塞刮伤和顶部烧蚀等。

2. 活塞的选配

当气缸的磨损超过规定值及活塞发生异常损坏时，必须对气缸进行修复，并且要根据气缸的修理尺寸选配活塞。选配活塞时要注意以下几点。

(1)选用同一修理尺寸和同一分组尺寸的活塞。活塞裙部的尺寸是镗磨气缸的依据，即气缸的修理尺寸是哪一级，也要选用哪一级修理尺寸的活塞。由于活塞的分组，只有在选用同一分组活塞后，才能按选定活塞的裙部尺寸进行气缸镗磨。

(2)同一发动机必须选用同一厂牌的活塞，活塞应成套选配，以保证其材料和性能的一致性。

(3)在选配的成套活塞中，尺寸差和质量差应符合要求。成套活塞的尺寸差一般为0.020～0.025 mm，质量差一般为4～8 g，销座孔的涂色标记应相同。

活塞与气缸的配合都采用选配法，在气缸的技术要求确定的前提下，重点是选配相应的活塞。活塞的修理尺寸级别一般分为+0.25 mm、+0.50 mm、+0.75 mm、+1.00 mm共四级。活塞的修理尺寸级别代号常打印在活塞底部。

二、活塞环的选配

1. 活塞环的失效形式

活塞环的常见损伤主要是活塞环的磨损、弹性减弱和折断等。

2. 活塞环的选配

在发动机大修时，活塞环是被当作易损件更换的。活塞环设有修理尺寸，但不因气缸和活塞的分组而分组。

活塞环选配时，以气缸的修理尺寸为依据，同一台发动机应选用与气缸和活塞修理尺寸等级相同的活塞环。当发动机气缸磨损后，也应选配与气缸同一级的活塞环，严禁选择加大一级修理尺寸的活塞环经锉端隙来使用。

对活塞环的要求：与气缸、活塞的修理尺寸一致；具有规定的弹力，以保证气缸的密封性；活塞环的漏光度、端隙、侧隙和背隙应符合原厂规定。

3. 活塞环“三隙”的检验

活塞环的“三隙”是端隙、侧隙和背隙。一般说来，活塞环“三隙”的特点是上环大于下环；柴油机环大于汽油机环；气缸直径大的环大于直径小的环；大压缩比发动机的环小于小压缩比发动机的环。

（1）端隙的检测。将活塞环装到活塞上放入气缸内，并用倒置的活塞环顶部将环推平（对未加工的气缸推至下止点，即磨损最小处），然后用厚薄规测量，如图2－2－20(a)所示。若端隙大于规定值，则应重新选配活塞环；若端隙小于规定值，应用细平锉刀对环的端口进行锉修。锉修后，只能锉削一段环口且应平整，如图2－2－20(b)所示。锉修后，应去除毛刺，以免在工作时刮伤气缸壁。

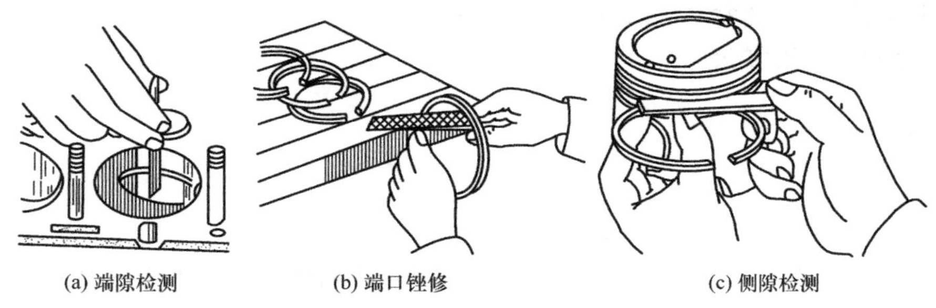

(a) 端隙检测　(b) 端口锉修　(c) 侧隙检测

图2－2－20　活塞环"三隙"的检验

（2）侧隙的检测。将活塞环放在槽内，围绕环槽滚动一周，应能自由滚动，既不能松动，又不能有阻滞现象，用厚薄规检测应符合要求，如图2－2－20(c)所示。

（3）背隙的检测。为测量的方便，通常是将活塞环槽环装入活塞环槽内，以环槽深度与活塞环径向厚度的差值来衡量。测量时，将活塞环落入环槽底，再用深度游标卡尺测出活塞环外圆柱面沉入环岸的数值，该数一般为0～0.35 mm。

在实际操作中，通常是以经验法来判断活塞环的侧隙和背隙。将活塞环置入环槽内，环应低于环岸，且能在槽中滑动自如，无明显松旷的感觉即可。

三、活塞销的选配

活塞销选配的原则：同一台发动机应选用同一厂牌、同一修理尺寸的成组活塞销；活塞销表面应无任何锈蚀和斑点；表面结构要求（表面粗糙度）不大于0.2 μm，圆柱度误差不大于0.002 5 mm，质量差在10 g范围内。

为了适应修理的需要，活塞销设有四级维修尺寸，可以根据活塞销座和连杆衬套的磨损程度选择相应修理尺寸的活塞销。

任务4　连杆组件检修

【任务描述】

对发动机连杆组件进行检修。

【任务目标】

（1）掌握连杆组的分解、检修、选配、组装的基础知识。

（2）培养学生对连杆组零件进行检修选配的操作能力。

(3)培养学生掌握连杆变形的校正方法并具有操作能力。

【任务所需设备、工具和材料】

(1)套筒扳手、扭力表、活动扳手、尖嘴钳。
(2)虎钳、活塞环钳、锉刀、可调铰刀、刮刀。
(3)平台、厚薄规、外径千分尺、游标卡尺。
(4)机油、清洗剂、油盆、棉纱、砂纸、热水等。
(5)活塞连杆组及零部件。

【任务相关知识】

一、连杆组的组成

活塞连杆组主要由活塞、活塞环、活塞销、连杆、连杆盖、连杆螺栓、连杆轴瓦等零件组成。

连杆组包括连杆体、连杆盖、连杆螺栓和连杆轴承等零件。

二、连杆组的功用及工作条件

连杆组的功用是将活塞承受的力传给曲轴,并将活塞的往复运动转变为曲轴的旋转运动。

连杆小头与活塞销连接,同活塞一起做往复运动;连杆大头与曲柄销连接,同曲轴一起做旋转运动。因此,在发动机工作时连杆做复杂的平面运动。连杆组主要受压缩、拉伸和弯曲等交变负荷。最大压缩载荷出现在做功行程上止点附近,最大拉伸载荷出现在进气行程上止点附近。在压缩载荷和连杆组做平面运动时产生的横向惯性力的共同作用下,连杆体可能发生弯曲变形。

连杆体和连杆盖由优质中碳钢或中碳合金钢,如45、40Cr、42CrMo或40MnB等,模锻或辊锻而成。

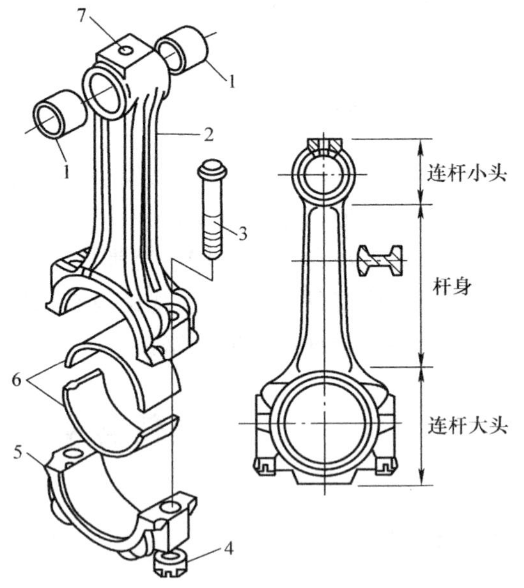

图2-2-21　连杆组结构

1—连杆衬套;2—连杆体;3—连杆螺栓;4—连杆螺母;5—连杆盖;6—连杆轴承;7—集油孔

三、连杆构造

连杆由连杆小头、杆身和连杆大头三部分组成,如图2-2-21所示。

1. 连杆小头

连杆小头用来安装活塞销以连接活塞。在全浮式连接的连杆小头孔内,压装有减摩性较好的青铜衬套或铁基粉末冶金衬套。在连杆小头和衬套上开有油槽或油孔,以储存飞溅的润滑油,以便润滑衬套与活塞销。

2. 杆身

连杆杆身多制成“工”字形断面，以满足用较少的材料获得较大的刚度和强度。有的连杆在杆身内钻有纵向润滑油道，用来润滑连杆小头衬套，并冷却活塞头部。

3. 连杆大头

连杆大头与曲轴的连杆轴颈相连。为便于安装，连杆大头做成剖分式，上半部与杆身为一体，下半部称为连杆盖，两者用特制的连杆螺栓连接。

连杆大头的切口形式有平切口和斜切口两种。平切口连杆大头的剖分面与连杆轴线方向垂直，如图2－2－22所示。其结构简单，制造工艺性好，连杆大头外形尺寸小于气缸直径，多用于汽油机。一般柴油机由于曲柄销直径较大，因此连杆大头的外形尺寸相应较大，如果在拆卸时能从气缸上端取出连杆体，必须采用斜切口连杆大头。如图2－2－23所示，斜切口连杆大头的剖分面与连杆轴线方向一般成30°～60°夹角，以防止连杆大头外形尺寸大于气缸直径，便于从气缸上部拆装，这种形式多用于柴油机。

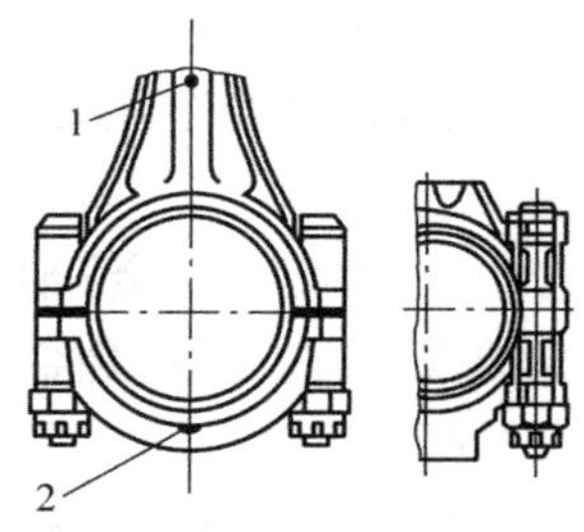

图2－2－22　平切口连杆大头及其定位方式

1—连杆装配标记；2—连杆盖装配标记

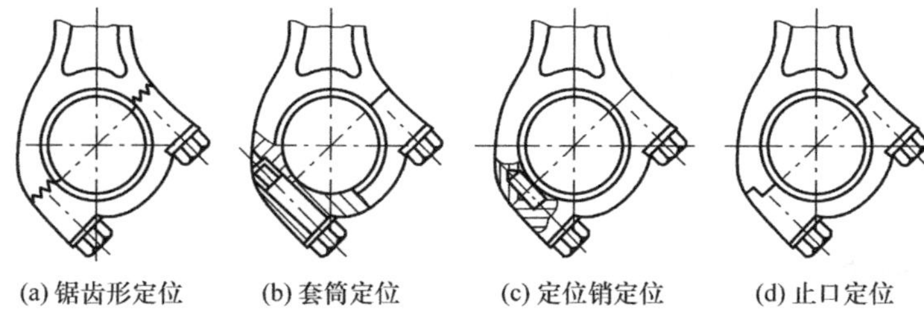

图2－2－23　斜切口连杆大头及其定位方法

剖分式的连杆大头在装配时必须有定位措施，以防止连杆盖错位。平切口连杆盖利用连杆螺栓上一段精加工的圆柱面与经过精加工的螺栓孔来保证定位，如图2－2－22所示。斜切口的连杆盖，由于连杆螺栓在切口方向受较大的横向力，为避免连杆螺栓受到附加的剪切应力作用，采用能够承受横向力的定位方法。锯齿形定位如图2－2－23(a)所示，其锯齿接触面积大，定位可靠，结构紧凑，因此在斜切口的连杆上应用广泛；套筒定位如图2－2－23(b)所示，可实现多向定位，定位可靠；定位销定位如图2－2－23(c)所示，与套筒定位基本相同；止口定位如图2－2－23(d)所示，其利用连杆盖与连杆体大端的止口进行定位，由止口承受横向力，工艺简单。

由于连杆螺栓不断受到拉伸并承受交变的冲击性载荷作用，通常采用优质合金钢制造。连杆大头在安装时必须保证连杆体和连杆盖上同侧的标记对齐，连杆螺栓按规定的拧紧力矩拧紧后，利用自锁螺母或采用开口销、双螺母等装置锁紧，以防止螺栓松动。

四、连杆轴承

连杆轴承也称连杆轴瓦（俗称小瓦），装在连杆大头内，用以保护连杆轴颈和连杆大头孔。连杆轴承的工作条件苛刻，如承受着较大的交变载荷、高速摩擦、低速大负荷时润滑困难等。为此，要求轴承具有足够的强度、良好的减摩性和耐腐蚀性。

现代发动机所用的连杆轴承是由钢背和减摩层组成的分开式薄壁轴承，如图 2－2－24 所示。钢背由厚 1～3 mm 的低碳钢带制成，是轴承的基体。其既有足够的强度，以承受近乎冲击性的载荷；又有合适的刚度，以便与轴承孔良好贴合。在钢背的内圆面上浇铸0.3～0.7 mm 厚的减磨合金层，用以减小摩擦阻力、加速磨合和保持油膜。目前，常用的轴承减摩合金主要有白合金、铜铅合金和高锡铝合金。

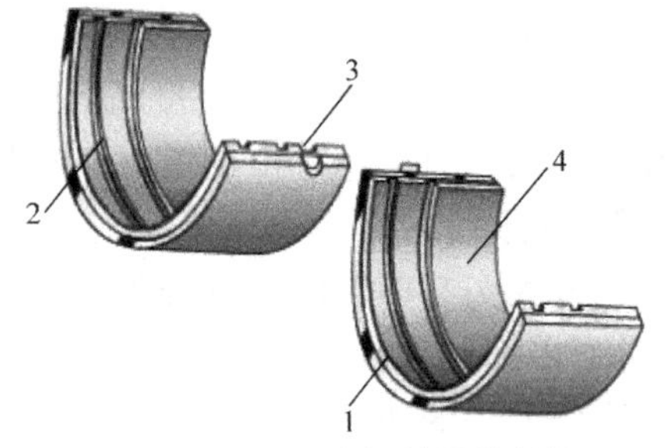

图 2－2－24　连杆轴承的结构

1—钢管；2—油槽；3—定位凸键；4—减摩合金

白合金（也称巴氏合金）轴承的减摩性好，但是疲劳强度较低，且耐热性差，因此常用于负荷不大的发动机。铜铅合金和高锡铝合金均具有较高的承载能力和耐疲劳性，含锡量 20% 以上的高锡铝合金轴瓦，在汽油机和柴油机上均得到广泛采用。

连杆轴承背面有较低的表面结构要求，且当轴承装入连杆大头时有一定的过盈，故能均匀地紧贴在大头孔壁上，具有很好的承载能力和导热能力。这样可以提高其工作可靠性和延长使用寿命。

为了防止连杆轴承在工作中发生转动或轴向移动，在两个连杆轴承的剖分面上，分别冲压出高于钢背面的两个定位凸键，装配时将其分别嵌入连杆大头和连杆盖上的相应凹槽中，在连杆轴承内表面上还加工有油槽，用于贮油和保证可靠润滑。

【任务实施】

一、连杆组的检修

连杆组的检修主要有连杆变形的检验与校正、连杆小头衬套的压装与铰削和连杆大头与下盖结合平面损伤的修理等。

1. 连杆变形的检验

连杆变形的检验在连杆校验仪上进行，如图 2－2－25 所示。连杆校验仪能检验连杆的弯曲、扭曲、双重弯曲的程度及方位。校验仪上的菱形支承轴能保证连杆大头轴承孔轴向与检验平板相垂直。检验时，首先将连杆大头的轴承盖装好，不装连杆轴承，并按规定的拧紧力矩将连杆螺栓拧紧，同时将心轴装入小头衬套的轴承孔中。然后将连杆大头套装在支承轴上，通过调整定位螺钉使支承轴扩张，并将连杆固定在校验仪上。测量工具是一个带有“V”形槽的三点规。三点规上的三点构成的平面与“V”形槽的对称平面垂直，两下测点的距离为 100 mm，三点规上测点与两个下测点连线的距离也是 100 mm。

测量时，将三点规的“V”形槽靠在心轴上并推进检验平板。如三点规的三个测点都与校验仪的平板接触，说明连杆不变形。如上测点与平板接触，两个下测点不接触且与平板的间隙一致，或两个下测点与平板接触，而上测点不接触，表明连杆弯曲。可用厚薄规测出测点与平板之间的间隙，即为连杆在 100 mm 长度上的弯曲度，如图 2－2－26（a）所示。若只有一个下测点与平板接触，另一个下测点与平板不接触，且间隙为上测点与平板间隙的两倍，这时下测点与平板的间隙，即为连杆在 100 mm 长度上的扭曲度，如图 2－2－26（b）所示。

有时在测量连杆变形时,会遇到下面两种情况。一是连杆同时存在弯曲和扭曲,反映在一个下测点与平板接触,但另一个下测点与平板的间隙不等于上测点间隙的两倍。这时,下测点与平板的间隙为连杆扭曲度,而上侧点间隙与下测点间隙的一半的差值为连杆弯曲度。二是连杆存在如图 2 -2 -27 所示的双重弯曲,检验时先测量出连杆小头面与平板的距离,再将连杆翻转 180°后,按同样的方法测出此距离。若两次测出的距离数值不等,即说明连杆有双重弯曲,两次测量的数值之差为连杆双重弯曲度。

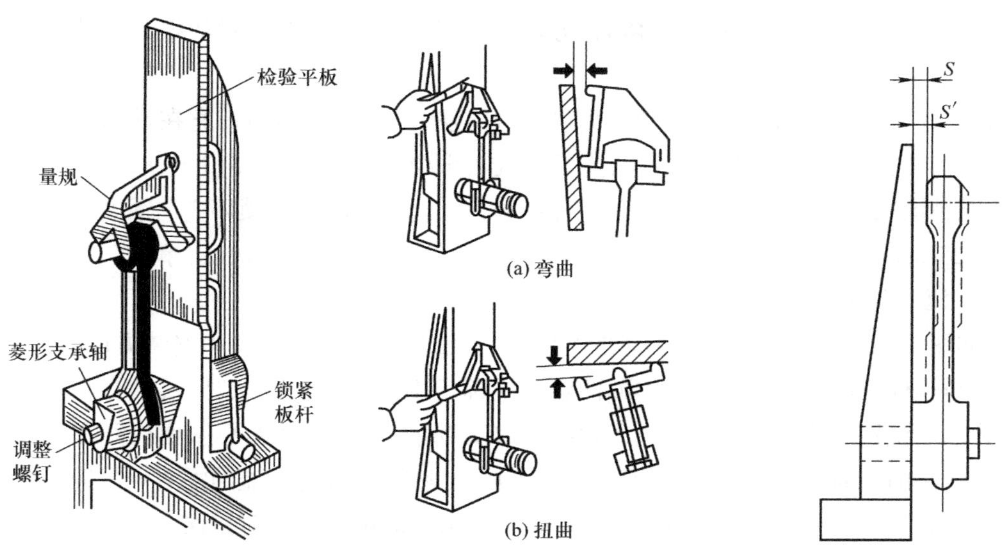

图 2 -2 -25　连杆校验仪　　图 2 -2 -26　连杆弯扭的检验图　图 2 -2 -27　连杆双重弯曲的检验图

2. 连杆变形的校正

在校正连杆时,首先要记下连杆弯曲与扭曲的方向和数值,用连杆校正器进行校正。通常是先校正扭曲,再校正弯曲。校正时,应避免反复的过校正。

校正扭曲时,先将连杆下盖按规定装配和拧紧,然后用台钳(钳口垫以软金属垫片)夹紧连杆大头侧面,使用专用扳钳在连杆杆身上、下部位校正扭曲变形,如图 2 -2 -28 所示。

校正弯曲时,将弯曲的连杆置入专用的压器(图 2 -2 -29),弯曲凸起部位朝上,扳转丝杠使连杆产生反向变形并停留一定时间,待金属组织稳定后再卸下,检查连杆的复位量,经反复校正,直至将连杆校正至合格为止。

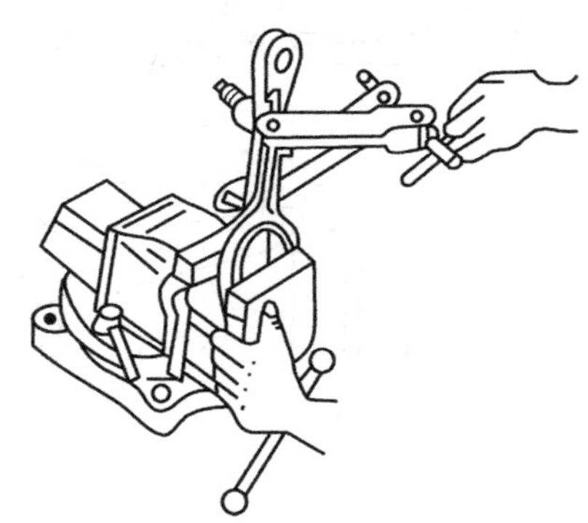

图 2 -2 -28　连杆扭曲的校正

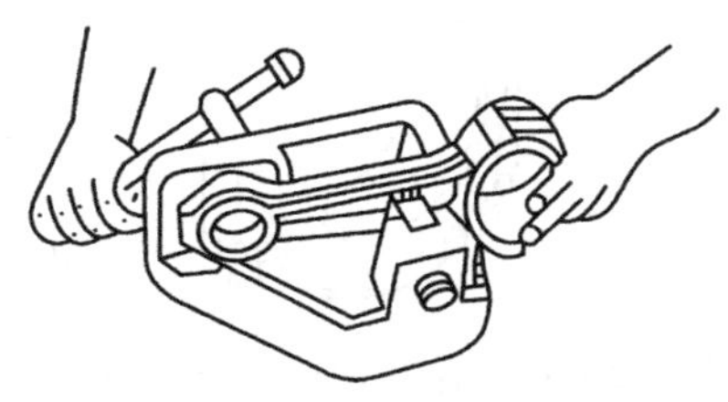

图 2 -2 -29　连杆弯曲的校正

在常温下校正连杆,由于材料弹性后效的作用,在卸去负荷后连杆有恢复原状的趋势,从而影响连杆的正常使用。因此,变形量较大的连杆在校正后,必须进行时效处理。处理时,将连杆加热至 573 K,保温一定时间即可。对于变形量较小的连杆,只需要施加校正负荷并保持一定时间,不必进行时效处理。

二、活塞连杆组的组装

活塞连杆组的零件经修复、检验合格后,方可进行组装。组装前,应对待组装零件进行清洗,并用压缩空气吹干。

首先,进行活塞与连杆的装配,通常采用热装合方法,因为活塞销与销座在常温下有微量的过盈,所以装合时一定要加热。方法:将活塞放入水中加热至 353 ~ 373 K,取出后迅速擦净,将活塞销涂以机油,插入活塞销座和连杆衬套,然后装入锁环,两锁环应与活塞销端面有 0. 10 ~ 0. 25 mm 的间隙,否则活塞销受热膨胀时,易把锁环顶出,造成拉缸事故。锁环嵌入环槽中的深度,应不少于丝径的 2/3。

其次,如图 2 - 2 - 30 所示,进行活塞与连杆组装,要注意两者的缸序和安装方向,不得错乱。活塞与连杆一般标有装配标记。如两者装配标记不清或不能确认时,可结合活塞与连杆的结构加以识别。活塞顶部的箭头或边缘缺口应朝前;活塞裙部的膨胀槽应开在做功冲程侧压力较小的一面;连杆杆身的圆形凸点应朝前。此外,连杆与下盖的配对记号应一致对正。安装时,杆身与下盖承孔的凸槽应在同一侧,以避免装配时的配对错误。

最后,安装活塞环。安装时,应采用专用工具,以免将活塞环折断,如图 2 - 2 - 31 所示。由于各道活塞环的结构有差异,所以在安装活塞环时,要特别注意各道活塞环的类型和规格、顺序及安装方向。

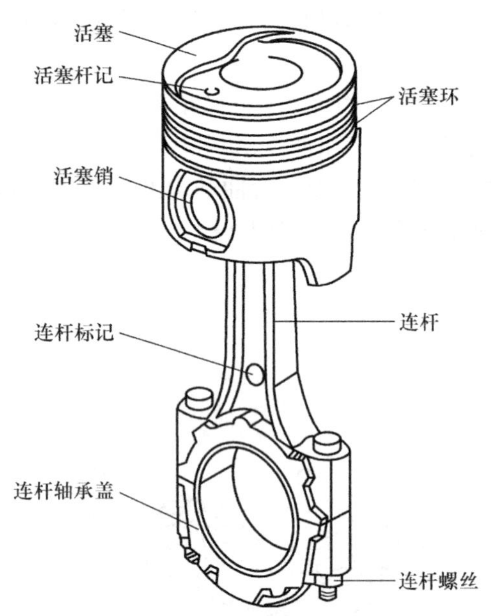

图 2 - 2 - 30 活塞连杆组的正确安装

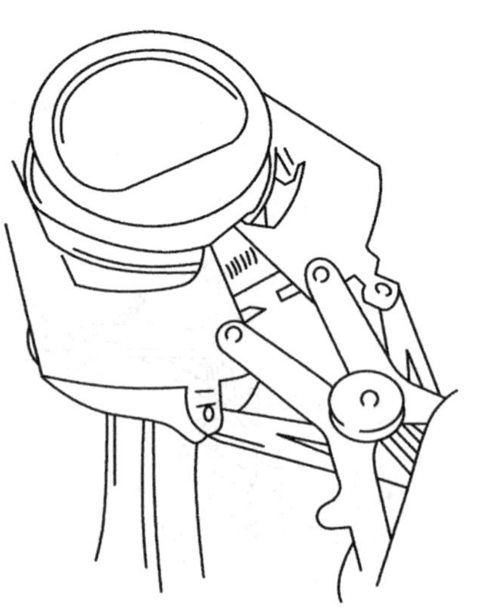

图 2 - 2 - 31 活塞环的正确安装

安装气环时，有镀铬的活塞环一般装在第一道；扭曲环安装方向视该环的缺口而定；其内缺口或内倒角朝上，外缺口或外倒角朝下，否则活塞环的泵油作用将得到加强从而使机油大量窜入燃烧室而导致积炭。各种环的组合和安装方向要按该型号发动机说明书要求进行，不得随意改变。

为了提高气缸的密封性，避免高压气体的泄漏，要求活塞环的开口应交错布置。一般是第一道活塞环的开口位置为始点，其他各环的开口布置成迷宫状走向。第一道环应布置在做功冲程侧压力较小的一侧，其他环包括油环依次间隔 90° ~ 180°。例如：三道环的发动机，则每道环间隔 120°；四道环的发动机，第二环与第一环间隔 180°，第三环与第二环间隔 90°，第三环与第四环间隔 180°。安装组合油环的上、下刮片，也要交错排列，两道刮片间隔 180°。各环的开口布置都应避开活塞销座和膨胀槽位置。

任务5　曲轴组件检修

【任务描述】

对发动机曲轴和曲轴轴承进行检修。

【任务目标】

(1)掌握曲轴和轴承修理的方法和工作步骤。
(2)培养学生检验曲轴变形和磨损的实际操作能力。
(3)培养学生掌握曲轴轴承的修配方法。

【任务所需设备、工具和材料】

(1)百分表、外径千分尺、高度游标卡尺。
(2)平台、V 形架、K 形规。
(3)发动机曲轴。

【任务相关知识】

曲轴飞轮组主要是由曲轴、飞轮、扭转减振器、正时齿轮和曲轴带轮等组成，如图 2-2-32所示。

一、曲轴

1. 曲轴的功用和工作条件

曲轴的主要功用是把活塞连杆组传来的气体压力转变为转矩并对外输出。另外，曲轴还用来驱动发动机的配气机构和其他各种辅助装置。

曲轴在工作时，要承受周期性变化的气体压力、往复惯性力和离心力，以及它们产生的转矩和弯矩的共同作用。在上述载荷的作用下，会引起扭转振动和弯曲振动而产生附加应力；转速和负荷经常变化，导致轴颈处有时不易形成良好的油膜，而曲轴与轴承的相对滑动速度又很高；在紧急制动等情况下，曲轴还会产生轴向窜动。

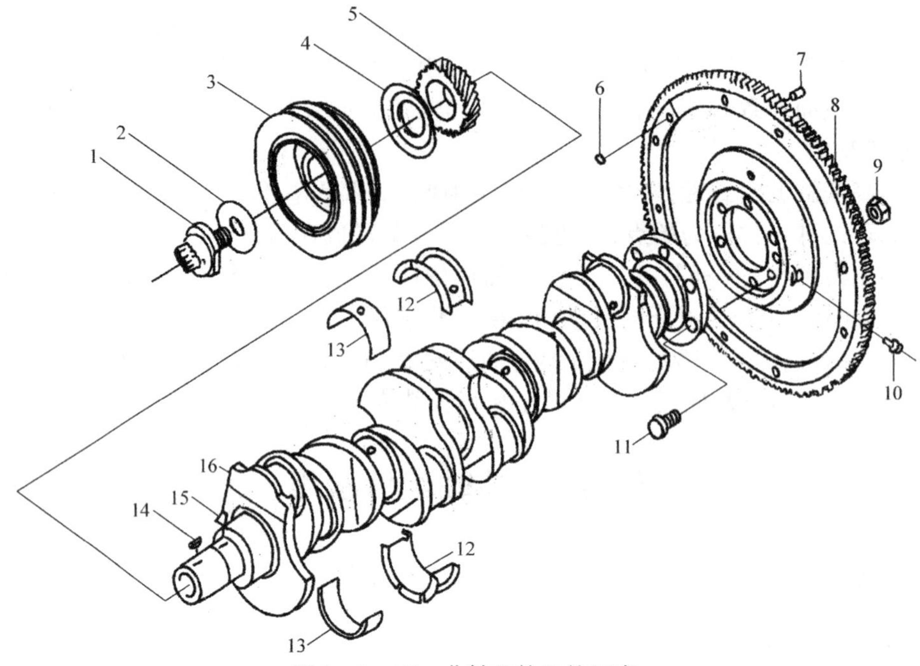

图 2－2－32　曲轴飞轮组的组成

1—起动爪；2—起动爪锁紧垫片；3—扭转减振器、带轮；4—挡油片；5—正时齿轮；6—第一、第六缸活塞上止点记号；7—圆柱销；8—齿环；9—螺母；10—黄油嘴；11—曲轴与飞轮连接螺栓；12—中间轴承上下轴瓦；13—主轴承上下轴瓦；14、15—半圆键；16—曲轴

为保证工作可靠，要求曲轴具有足够的刚度和强度以及一定的耐磨性，并需要很好的平衡。为此，曲轴要求用强度、冲击韧性和耐磨性都比较高的材料制造，一般采用中碳钢或中碳合金钢，用模锻工艺制造。

2. 曲轴结构与平衡

曲轴的基本组成包括前端轴、主轴颈、连杆轴颈、曲柄、平衡重和后端凸缘等，如图 2－2－33所示。一个连杆轴颈与它两端的曲柄及主轴颈构成一个曲拐。曲轴的曲拐数取决于气缸的数目和排列方式。直列发动机曲轴的曲拐数等于气缸数；V 形发动机曲轴的曲拐数等于气缸数的一半。

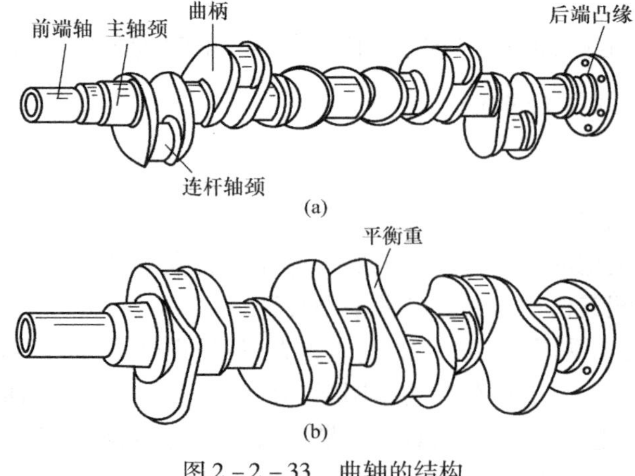

图 2－2－33　曲轴的结构

1）主轴颈

主轴颈是曲轴的支承部分。每个连杆轴颈两边都有一个主轴颈的曲轴，称为全支承曲轴，显然全支承曲轴的主轴颈数比连杆轴颈数多一个；主轴颈少于连杆轴颈的曲轴，称为非全支承曲轴。全支承曲轴的优点是可以提高曲轴的刚度，且主轴承的负荷较小。

全支承曲轴的主轴颈数比气缸数多一个，即每一个连杆轴颈两边都有一个主轴颈。例如，四缸发动机全支承曲轴有五个主轴颈。采用这种支承，曲轴的强度和刚度都比较好，并且减轻了主轴承载荷，减小了磨损。柴油机多采用这种形式。

非全支承曲轴的主轴颈数比气缸数少或与气缸数相等。虽然这种支承的主轴承载荷较大，但缩短了曲轴的总长度，使发动机的总体长度有所减小。空气压缩机的曲轴多采用这种形式。

曲轴的主轴承与主轴颈配合，安装在曲轴箱的轴承座上，大多数采用轴瓦式滑动轴承，主轴承与连杆轴承材料相同，有的单缸发动机的隧道式机体的主轴承采用滚动轴承。

主轴承螺栓须按标准扭矩由内向外分2～3次拧紧，并用开口销或铁丝可靠地锁紧。

2）连杆轴颈

曲轴的连杆轴颈是曲轴与连杆的连接部分，通过曲柄与主轴颈相连，在连接处用圆弧过渡，以减少应力集中。直列发动机的连杆轴颈数目和气缸数相等。V形发动机的连杆轴颈数等于气缸数的一半。

连杆轴颈和主轴颈间有润滑油道相通，来自主油道的压力机油通向各主轴承，润滑主轴颈后由主轴颈上的油道孔流到连杆轴颈润滑连杆轴承。连杆轴颈一般做成中空的，用螺塞封堵成封闭腔，为离心沉淀腔。从主轴颈来的润滑油首先进入此腔，经过离心沉淀，杂质被甩到腔壁上，清洁机油在腔中心处经吸油管输到连杆轴颈工作表面。为防止吸油管堵塞，应按时清除沉积在腔壁上的杂质。

3）曲轴的平衡

为了平衡连杆大头、连杆轴颈和曲柄等产生的离心力及其力矩，有时还为了平衡部分往复惯性力，使发动机运转平稳，须对曲轴进行平衡。

曲柄是主轴颈和连杆轴颈的连接部分，断面为椭圆形，为了平衡惯性力，曲柄处铸有（或紧固有）平衡重块。平衡重块用来平衡发动机不平衡的离心力矩，有时还用来平衡一部分往复惯性力，从而使曲轴旋转平稳。

平衡重有的与曲轴制成一体；有的单独制成零件，再用螺栓固定于曲柄上，形成装配式平衡重；有的刚度相对较大的全支承曲轴常在其偏重的一侧钻去一部分质量而使其达到平衡。

3. 曲轴前后端的密封和轴向定位

曲轴前端装有驱动配气凸轮轴的正时齿轮、驱动风扇和水泵的带轮及止推片等。

如图2－2－34所示，为了防止机油沿曲轴轴颈外漏，在曲轴前端装有甩油盘，随着曲轴旋转，当被齿轮挤出和甩出的机油落在盘上时，由于离心力的作用，被甩到齿轮室盖的壁面上，再沿壁面流下来，回到油底壳中。即使还有少量机油落到甩油盘前端的曲轴上，也会被压配在齿轮室盖上的油封挡住。

有的中、小型发动机曲轴前端还装有起动爪，以便必要时用人力转动曲轴，起动发动机。

曲轴后端有用于安装飞轮的凸缘。如图2－2－35所示，为了防止机油向后漏，常采用

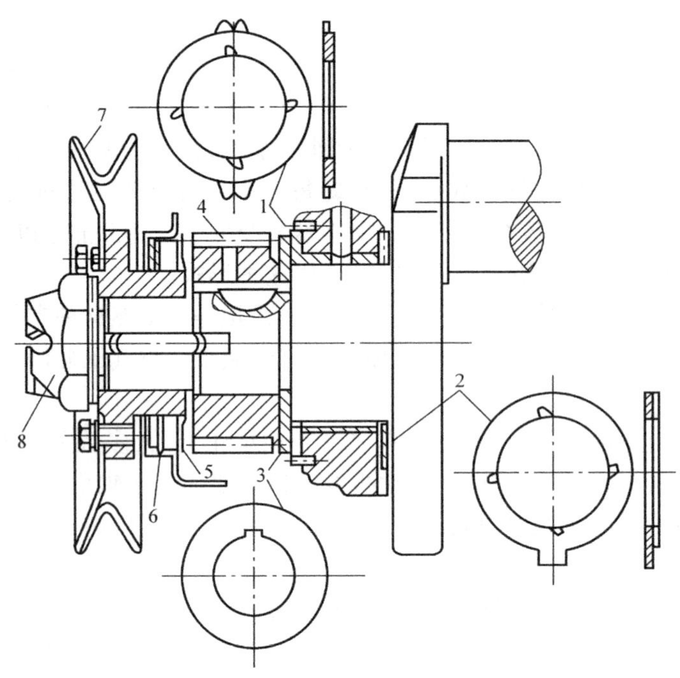

图 2－2－34　曲轴前端的结构

1、2—滑动止推轴承；3—止推片；4—正时齿轮；5—甩油盘；6—油封；7—带轮；8—起动爪

甩油盘、油封(自紧油封或填料油封)和回油螺纹等封油装置。

发动机工作时，曲轴经常受到离合器施加于飞轮的轴向力及其他力的作用，从而有轴向窜动的可能。因为曲轴的窜动将破坏曲柄连杆机构中一些零件的正确位置，故必须用止推片加以限制。在曲轴受热膨胀时，其应能自由伸长，所以曲轴上只能有一个地方设置轴向定位装置。

止推片的形式一般有两种：一种是翻边轴承的翻边部分；另一种是单面制有减摩合金层的止推轴承。安装时，应将有减摩合金层的一面朝向旋转面。

4. 曲拐的布置

常见的几种多缸发动机曲拐的布置和工作顺序如下。

(1)四缸直列四冲程发动机曲轴曲拐的布置。这种曲轴曲拐对称布置于同一平面内，做功间隔为 720°/4＝180°，各缸的工作顺序有 1—3—4—2 和 1—2—4—3 两种。其结构与工作循环如图 2－2－36 所示。

(2)六缸直列四冲程发动机曲轴曲拐的布置。这种曲轴是应用较广的一种曲轴，各缸的工作顺序为 1—5—3—6—2—4，曲拐均匀布置在互成 120°的三个平面内，做功间隔角为 720°/6＝120°。这种曲轴的曲拐布置与工作循环如图 2－2－37 所示。

(3)八缸 V 形四冲程发动机曲轴曲拐的布置。这种曲轴只有四个曲拐，结构形式有正交于两平面内的空间曲拐和平面曲拐两种。因空间曲拐平衡性较好，故应用较多。空间曲拐发动机气缸中线的夹角均为 90°，各缸做功间隔角为 720°/8＝90°。V 形发动机的工作顺序随气缸序号的排列方法而定。其结构与工作循环如图 2－2－38 所示。

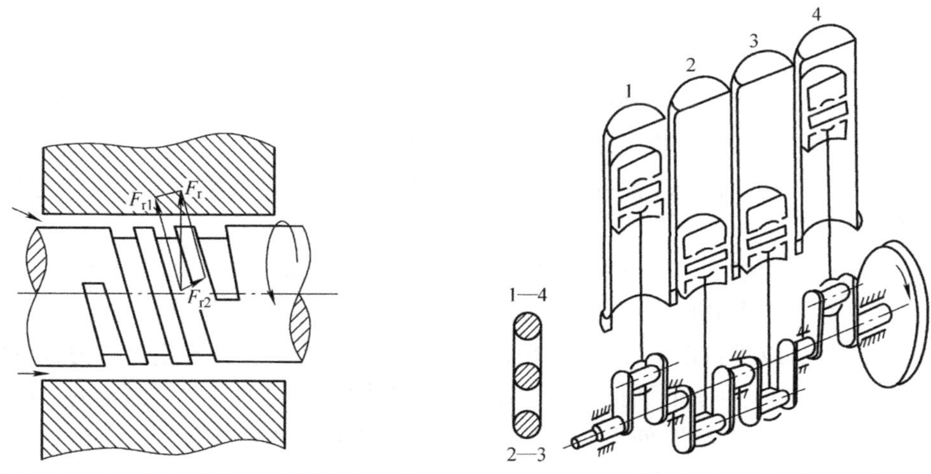

图 2－2－35　曲轴后端的封油原理　　图 2－2－36　四缸直列四冲程发动机曲拐的布置与工作循环

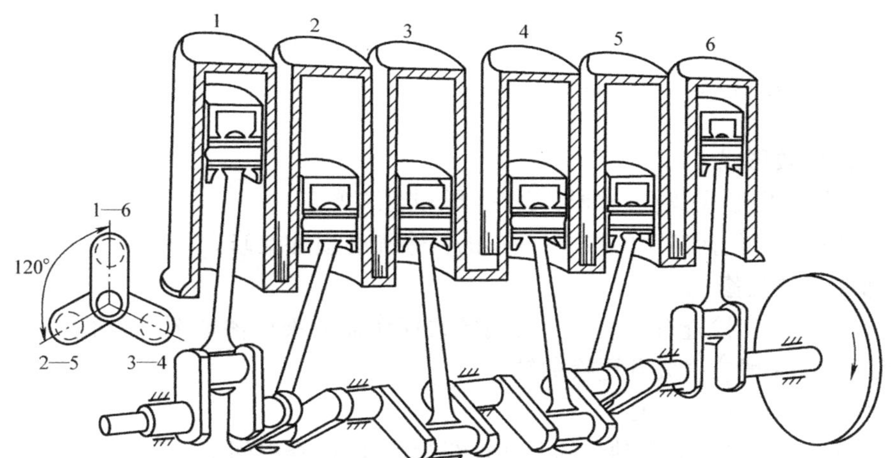

图 2－2－37　六缸直列四冲程发动机曲拐的布置与工作循环

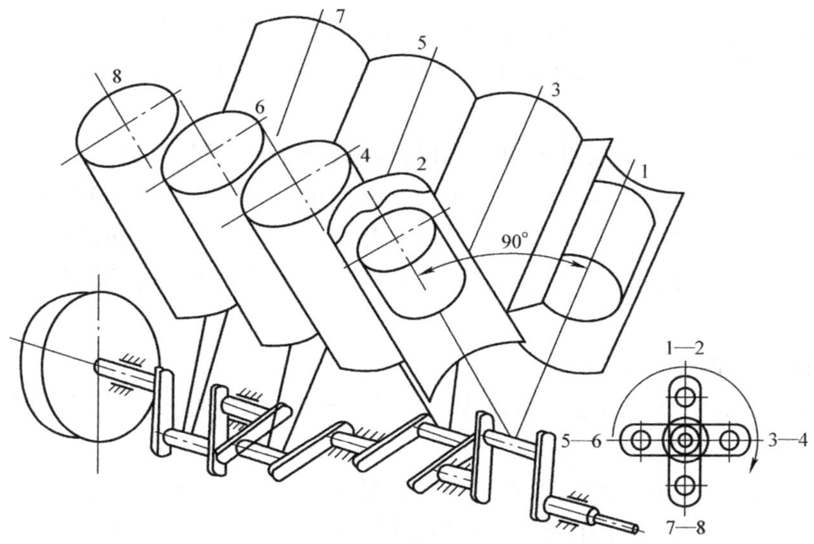

图 2－2－38　八缸 V 形四冲程发动机曲拐的布置与工作循环

二、飞轮

飞轮的主要功用是通过贮存和释放能量来提高发动机运转的均匀性和改善发动机克服短暂的超负荷能力，与此同时，又将发动机的动力传给离合器。

飞轮多采用灰铸铁制造，当轮缘的圆周速度超过 50 m/s 时，要采用强度较高的球墨铸铁或铸钢制造。

飞轮外缘上压有一个齿环，其作用是在发动机起动时，与起动机齿轮啮合，带动曲轴旋转。飞轮上通常刻有上止点和供油定时记号，以便校准供油时间和调整气门间隙。

飞轮与曲轴装配后应进行动平衡，否则在旋转时会因质量不平衡而产生离心力，这将引起发动机的振动，并加速主轴承的磨损。做完动平衡的曲轴与飞轮的位置是固定的，且不能再改变。为避免装错而引起错位，使平衡受到破坏，飞轮与曲轴之间应有严格的相对位置，用定位销或不对称布置的螺栓予以保证。

【任务实施】

一、曲轴的检修

1. 曲轴的失效形式

曲轴的常见损伤形式：轴颈磨损、弯扭变形和裂纹等。

曲轴的检修主要包括裂纹的检修、变形的检修和磨损的检修。

2. 曲轴裂纹的检修

曲轴清洗后，应先检查有无裂纹。可用磁力探伤器或染色渗透剂进行裂纹的检验。如检验出曲轴裂纹，一般应报废并更换曲轴。

3. 曲轴弯曲的检修与校正

检验弯曲变形应以两端主轴颈的公共轴线为标准，检查中间主轴颈的径向圆跳动误差。检验时，将曲轴两端主轴颈分别放置在检验平板的 V 形块上，将百分表触头垂直地抵在中间主轴颈上，慢慢转动曲轴一圈，百分表指针所示的最大摆差（图 2-2-39）即中间主轴颈的径向圆跳动误差值。如该值大于 0.15 mm，则应进行压力校正；低于此限，可结合磨削主轴颈予以修正。

曲轴弯曲变形的校正，一般可采用冷压校正法或敲击校正法。冷压校正是将曲轴用 V 形块架住两端主轴颈，用油压机沿曲轴弯曲相反方向加压，如图 2-2-40 所示。由于钢制曲轴的弹性作用，压弯量应为曲轴弯曲量的 10～15 倍，并保持 2～4 min，为减小弹性后效作用，最好采用人工时效处理。人工时效处理，即在冷压后将曲轴加热至 573～773 K，保温 0.5～1 h，便可消除冷压产生的内应力。

4. 曲轴扭曲变形的检测

曲轴扭曲变形的检测是将连杆轴颈转到水平位置上，用百分表分别确定同一方位上两个轴颈的高度差。这个高度差即为扭曲变形量。

曲轴若发生轻微的扭曲变形，可直接在曲轴磨床上结合对连杆轴颈磨削予以修正。

曲轴扭曲变形的校正可采用液压板杆扭转校正法，并结合火焰局部加热，但这种方法工艺复杂。

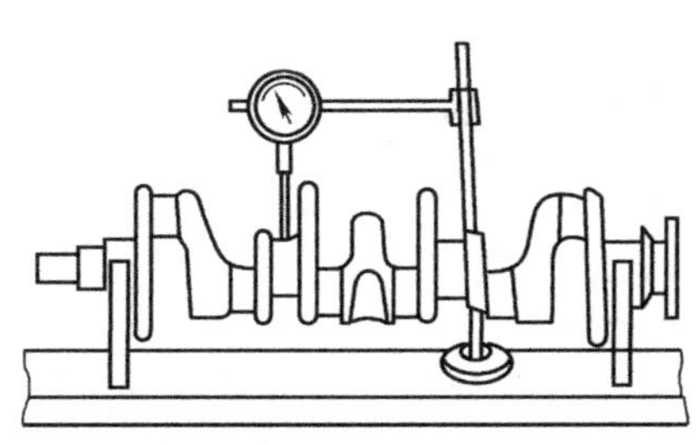

图 2-2-39　曲轴弯曲的测量

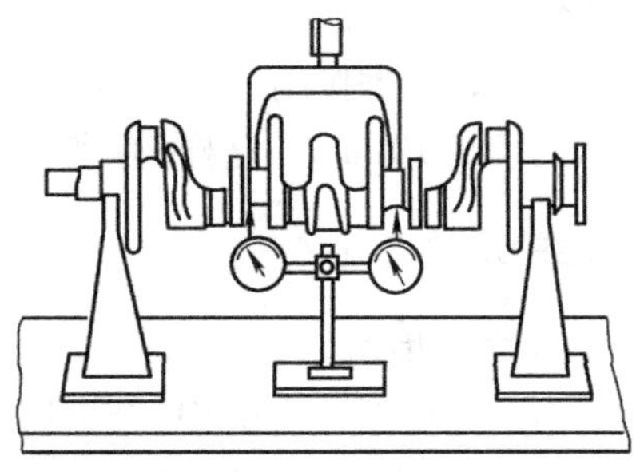

图 2-2-40　曲轴弯曲的校正

5. 曲轴轴颈磨损的检修

对经探伤检查而允许修复的曲轴,必须进行轴颈磨损量检查。先检视轴颈有无磨痕和损伤,再测量主轴颈和连杆颈的圆度误差和圆柱度误差。对曲轴短颈的磨损以检验圆度误差为准,对长轴颈则必须检验圆度误差和圆柱度误差。

曲轴的主轴颈和连杆轴颈磨损后,如圆度误差和圆柱度误差都超过 0.025 mm,应按修理尺寸进行光磨,曲轴轴颈的磨削应在弯、扭变形校正后进行。

曲轴的各道主轴颈和连杆轴颈分别磨成同级修理尺寸,以便选择相对应的轴承。

曲轴轴颈在磨削加工后,除了轴颈表面的尺寸精度和表面结构要求应符合技术要求外,对其形位误差也有要求:磨削曲轴时,必须保证主轴颈和连杆轴颈各轴心线的同轴度,以及两轴心线间的平行度;限制曲柄半径误差,并保证连杆轴颈相互位置夹角的精度。

6. 曲轴轴颈磨修

磨削曲轴时,应先磨削主轴颈,然后磨削连杆轴颈。

1)曲轴主轴颈的磨削工艺

(1)将曲轴按上述定位原则装夹固定后,用百分表检查主轴颈轴心和磨床轴心线的同轴度。

(2)根据前一次的修理尺寸,在保证足够的磨削加工余量和加工质量的前提下,尽可能选择最接近的修理尺寸级别。

(3)按照磨床开动须知调整好机床,即可开机磨削。

(4)磨削时,一般宜采用粒度为 40#~60#,硬度为中软 zR1 或 zR2,以陶瓷为黏结剂的普通氧化铝砂轮。磨削用冷却液一般是质量分数为 2%~3% 的苏打溶液和少量的肥皂水溶液。

2)曲轴连杆轴颈的磨削工艺

(1)在不改变曲轴安装形式的条件下,利用磨床花盘丝杠将卡具与曲轴一起位移,使连杆轴颈轴线与曲轴磨床主轴的旋转轴线一致。主轴颈的位移量等于曲柄半径。

(2)在磨床上用高度游标卡尺检查两端主轴颈的回转半径 R,其应与原厂设计的曲柄半径相等。

(3)分别移动头架、尾架配重块,直至曲轴可静止在任何位置为止。

(4)连杆轴颈必须采用同心法磨削。第一缸连杆轴颈以正时齿轮键槽为基准,其他连杆轴颈的分度是利用头架、尾架花盘上的分度装置,将各组连杆轴颈依次转过规定的分配角,其分度误差不得大于 30′。然后,按上述方法磨削其他连杆轴颈。

连杆轴颈磨削后,要求连杆轴颈轴线与主轴颈轴线的平行度误差不大于0.01 mm。

在进行连杆轴颈磨削时,应尽量减小曲柄半径的增加量,保证同位连杆轴颈轴心线的同轴度误差不大于0.10 mm。这样,有利于保证曲轴的动平衡,提高发动机工作的平稳性。

二、曲轴轴承的选配

1. 轴承的常见损伤

轴承损伤的主要形式有磨损、合金层疲劳剥落和黏着咬死等。轴承的径向间隙的使用限度:载货汽车为0.20 mm,轿车为0.15 mm。逾期后,因轴承对润滑油流动的阻尼能力减弱,可使主油道压力降低而破坏轴承的正常润滑;加之引起的冲击载荷又造成轴承疲劳应力剧增,使轴承疲劳而导致黏着咬死,使发动机丧失工作能力。因此,行车中应注意:若听到轴承异响(俗称瓦响),应立即停车检修。发动机总成修理时,应更换全部轴承。

2. 轴承的选配

轴承的选配包括选择适合内径的轴承,以及检验轴承的高出量、自由弹开量、定位凸点和轴承钢背质量等。

(1)选择轴承内径。根据曲轴轴承的直径和规定的径向间隙选择内径适合的轴承。对于现代发动机曲轴轴承,为满足选配的需要,其内径形成一个尺寸系列。

(2)检验轴承钢背质量。要求定位凸点完整,轴承钢背光整无损。

(3)检验轴承自由弹开量。要求轴承在自由状态下的曲率半径大于座孔的曲率半径,保证轴承压入座孔后,可借轴承自身的弹力作用与轴承座贴合紧密,如图2-2-41(a)所示。

(4)检验轴承的高出量。轴承进入孔内,上、下两片的每端均应高出轴承平面0.03~0.05 mm,称为高出量,如图2-2-41(b)所示。轴承高出孔座,以保证轴承与孔座紧密贴合,提高散热效果。

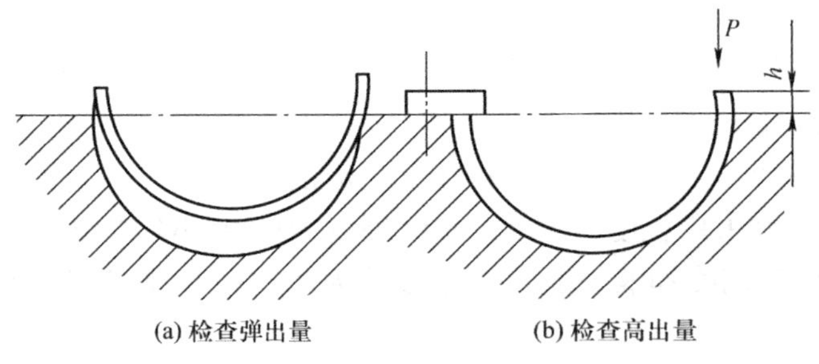

图2-2-41　轴承的检验

项目三　配气机构的结构与检修

任务1　配气机构认知

【任务描述】

通过配气机构实物和资料认知配气机构的类型和组成。

【任务目标】

(1)能正确说出配气机构的类型。

(2)了解配气机构的组成。

【任务所需设备、工具和材料】

(1)已拆解的柴油机配气机构实物。

(2)柴油发动机维修手册、零件图册。

(3)柴油发动机视频资料。

【任务相关知识】

一、配气机构的功用和形式

1. 配气机构的功用

配气机构是控制发动机进气和排气的专门装置,配气机构的功用是按照发动机各缸的做功次序和每个缸工作循环的要求,定时地将各缸进气门与排气门打开、关闭,以便发动机在进气行程中进气充分,在排气行程中尽可能多地排出废气;同时保证发动机在压缩行程和做功行程中,气缸具有良好的密封性。

2. 配气机构的形式

1)根据气门安装位置分类

(1)气门顶置式配气机构,如图2－3－1所示。气门顶置式配气机构是目前应用最广泛的一种配气形式,它由气门组、凸轮、挺柱、推杆、摇臂、气门和气门弹簧等组成。

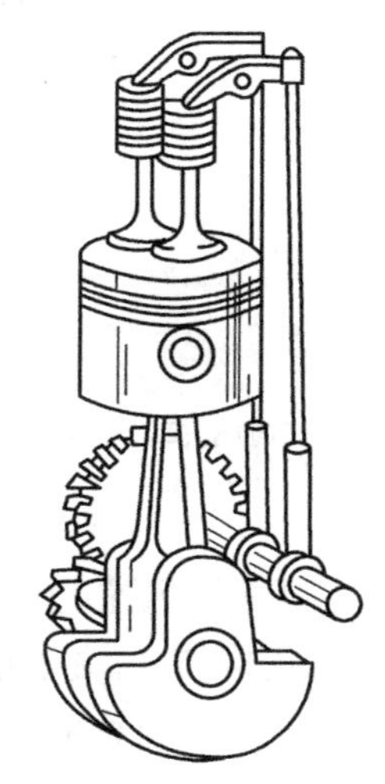

图2－3－1　气门顶置式配气机构示意图

气门顶置式配气机构特点是进气阻力小,充气效率高,燃烧室结构紧凑,气流搅动大,能达到较高的压缩比,有利于提高发动机的动力性和经济性。气门顶置式配气机构典型结构如图2－3－2所示。

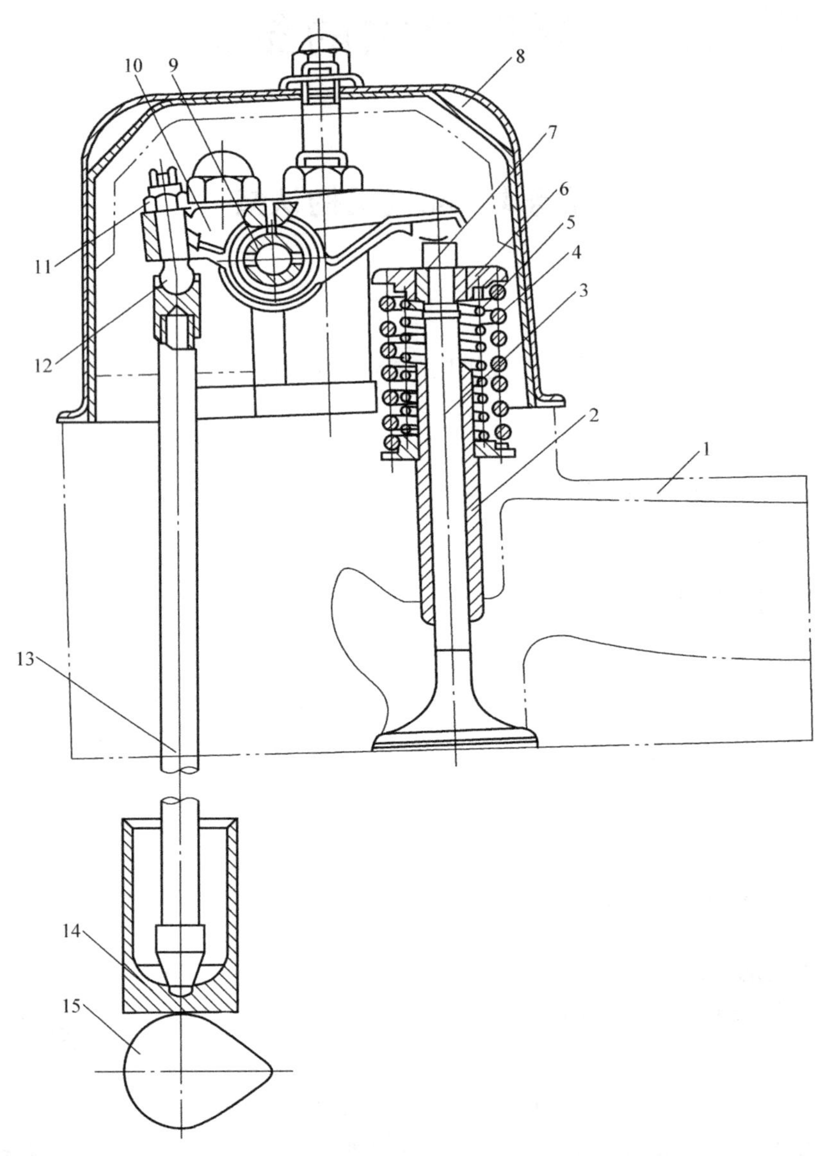

图 2-3-2　气门顶置式配气机构的结构

1—气缸盖;2—气门导管;3—气门;4—气门主弹簧;5—气门副弹簧;6—气门弹簧座;7—锁片;8—气门室罩;9—摇臂轴;10—摇臂;11—锁紧螺母;12—调整螺钉;13—推杆;14—挺柱;15—凸轮轴

(2)气门侧置式配气机构,如图 2-3-3 所示。气门位于气缸体侧面的称为气门侧置式配气机构,它省去了推杆、摇臂等零件,简化了结构,由凸轮、挺柱、气门和气门弹簧等组成。由于配气机构的进、排气门装在气缸体一侧,造成发动机燃烧室结构不合理,压缩比受到限制,进、排气门阻力较大,导致发动机的动力性和高速性能很差。目前,气门侧置式配气机构已很少应用。

2）按凸轮轴布置位置分类

（1）凸轮轴下置式。凸轮轴下置式配气机构的主要缺点是气门和凸轮轴相距较远，因而气门传动零件较多，结构较复杂，发动机高度也有所增加。

（2）凸轮轴中置式。在凸轮轴中置式配气机构中，凸轮轴位于气缸体的中部，由凸轮轴经过挺柱直接驱动摇臂，省去推杆。

（3）凸轮轴上置式。凸轮轴上置式配气机构有两种结构：一种是凸轮轴直接通过摇臂来驱动气门，这样既无挺柱，又无推杆，往复运动质量大大减小，此结构适用于高速发动机；另一种是凸轮轴直接驱动气门或带液力挺柱的气门，此种配气机构的往复运动质量更小，特别适用于高速发动机。

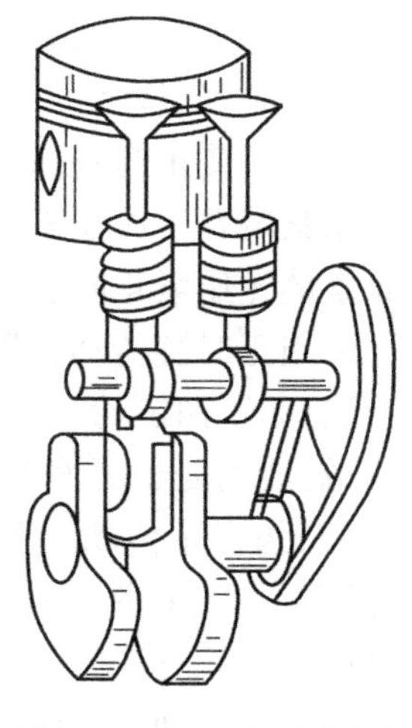

图 2－3－3　气门侧置式配气机构示意图

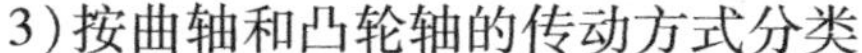

3）按曲轴和凸轮轴的传动方式分类

凸轮轴靠曲轴来驱动，传动方式有齿轮传动、链传动和齿形带传动三种。

（1）齿轮传动。凸轮轴下置、中置的配气机构大多采用圆柱形正时齿轮传动，一般从曲轴到凸轮轴只需一对正时齿轮传动，若齿轮直径过大，可增加一个中间齿轮。为了啮合平稳，减小噪声，正时齿轮多为斜齿轮。如图 2－3－4 所示，正时齿轮分别安装在曲轴和凸轮轴的前端，用螺栓或螺母固定，齿轮与轴靠键传动。凸轮轴正时齿轮的齿数为曲轴正时齿轮的两倍，以实现传动比为 2∶1。为保证气门的开启和关闭的时刻正确，装配时，应对正两正时齿轮上的正时标记。

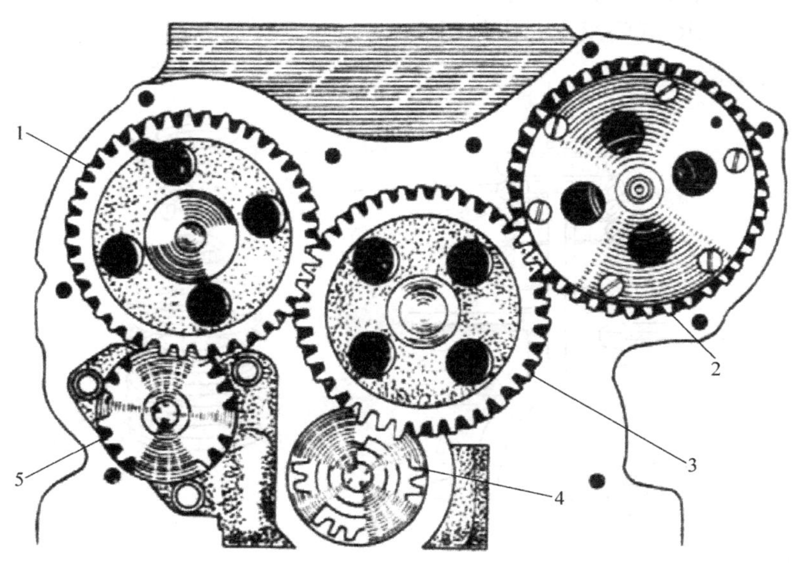

图 2－3－4　柴油机正时齿轮传动

1—凸轮轴齿轮；2—喷油泵齿轮；3—中间齿轮；4—曲轴齿轮；5—液压泵齿轮

（2）链传动。侧置凸轮轴式配气机构或顶置凸轮轴式配气机构均可采用正时链传动装置。正时链传动装置主要由正时链、正时链轮、正时链张紧装置等组成。凸轮轴正时链轮的齿数为曲轴正时链轮的两倍，以实现传动比为2∶1。为防止正时链抖动，正时链传动装置设有导链板和张紧装置。导链板采用橡胶导向面为正时链导向，一般应与正时链一起更换。张紧装置可使正时链保持一定的紧度，可分为机械式和液压式两种，应用较多的是液压式正时链张紧装置。液压式正时链张紧装置在发动机工作时，利用润滑油压力推动液压缸活塞，使张紧链轮压紧正时链。

采用正时链传动装置的配气机构，其正时标记多种多样，装配时应特别注意。常用的正时方法：对正两链轮上的标记，在两链轮标记之间保持一定的链节数，对正链与链轮上的标记，一缸活塞处于压缩上止点时对正凸轮轴链轮与缸盖或缸体上的标记。

(3)齿形带传动。正时带传动装置主要由同步带、同步带轮和张紧轮等组成。张紧轮靠弹簧压紧同步带，张紧轮也起到对同步带轴向定位的作用。凸轮轴同步带轮的直径等于曲轴同步带轮直径的两倍，以实现传动比为2∶1。

正时带传动装置的正时标记多种多样，装配时必须按相关维修手册中的规定对正正时标记。装配时，应对正下列标记：凸轮轴同步带轮与气缸盖上的标记、曲轴同步带轮与气缸体前端的标记。同步带安装、调整或保护不当时，会造成同步带的磨损和损伤。安装时，同步带齿必须与带轮相吻合。

4)按每缸气门数目分类

(1)二气门式配气机构。

(2)四气门式配气机构。

二、配气机构的组成及其零件

发动机的配气机构由气门组和气门传动组组成。

如图2-3-5所示，气门组主要由气门座、气门导管、气门弹簧、气门油封、气门弹簧座和气门锁片等组成。

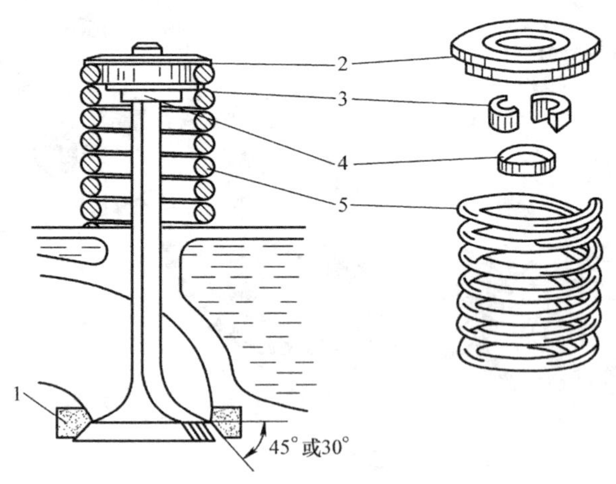

图2-3-5　气门组的组成

1—气门座；2—气门弹簧座；3—气门锁片；4—气门油封；5—气门弹簧

如图2-3-6所示，气门传动组主要包括凸轮轴正时齿轮、凸轮轴、挺柱、推杆、摇臂和摇臂轴等。

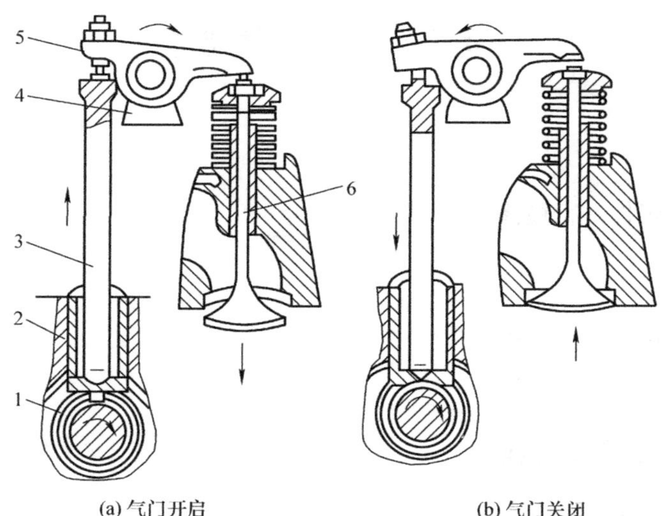

图 2-3-6　气门传动组的组成

1—凸轮轴；2—挺柱；3—推杆；4—摇臂轴支座；5—摇臂；6—气门

【任务实施】

一、填写配气机构形式表

通过学习，填写配气机构形式表（表 2-3-1）。

表 2-3-1　配气机构形式表

序号	按气门安装位置	按凸轮轴布置位置	按曲轴和凸轮轴的传动方式	按每缸气门数目
1				
2				
3				
4				

二、填写配气机构组成表

通过学习，填写配气机构组成表（表 2-3-2）。

表 2-3-2　配气机构组成表

序号	气门组件	气门传动组件
1		
2		
3		
4		
5		
6		
7		

任务2　气门组件检修

【任务描述】

对发动机气门组件进行检修。

【任务目标】

(1)了解气门组件及其功用。

(2)掌握气门组件的检修方法。

【任务所需设备、工具和材料】

(1)配气机构完整的气缸盖。

(2)百分表、游标卡尺。

(3)平台、V形铁、拉器、气门捻子。

(4)气门导管专用铰刀、气门座铰刀、研磨砂。

(5)气门光磨机、气门座光磨机、磁力探伤仪。

(6)棉纱、砂布、机油、红丹油、液氮或干冰、铅笔等。

【任务相关知识】

气门组件主要包括气门、气门座、气门导管、气门弹簧、气门油封、气门弹簧座和气门锁环等零部件。

一、气门

气门分为进气门和排气门两种,其构造基本相同,通常进气门头部直径比排气门略大。

1. 气门的功用

气门是用来封闭气道的。气门由头部和杆部两部分组成。头部用来封闭气道,杆部在气门开闭过程中起导向作用。进气门材料一般为中碳合金刚(如镍钢、镍铬钢和铬钼钢等),排气门材料多为耐热合金钢(如硅铬钢、硅铬钼钢)。

2. 气门的构造

1)气门头部

气门与气门座或气门座圈之间靠气门头部的圆锥面密封。气门锥面与气门顶面之间的夹角称为气门锥角。气门头部的气门锥角一般为45°,只有少数发动机的进气门锥角为30°,如图2-3-7所示。

2)气门杆身

气门杆身为圆柱形,发动机工作时,气门杆身与气门导管配合,为气门开启与关闭过程中上下运动起导向作用。气门杆的尾部用以固定气门弹簧座,其结构随弹簧座的固定方式不同而异。常用的固定方式有锥形锁环式和锁销式两种,如图2-3-8所示。

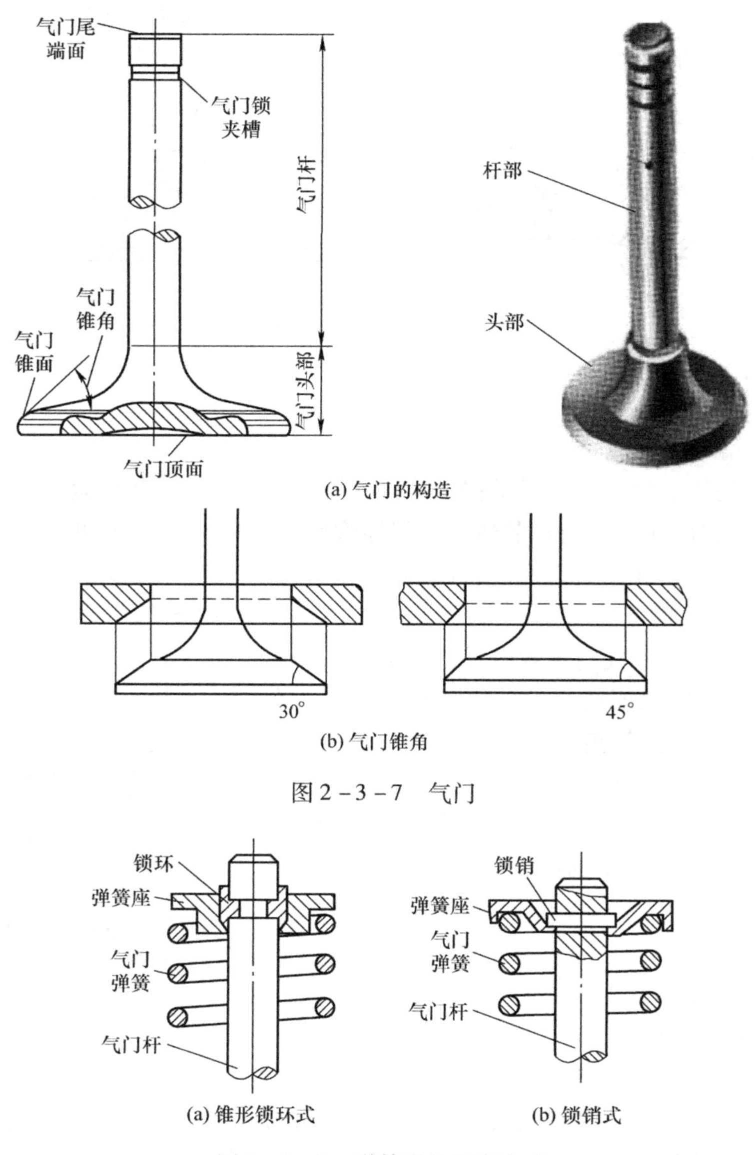

(a) 气门的构造

(b) 气门锥角

图 2－3－7　气门

(a) 锥形锁环式　　(b) 锁销式

图 2－3－8　弹簧座的固定方式

二、气门座

进、排气道口与气门密封锥面直接贴合的部位称为气门座。

1. 气门座的功用

气门座与气门头部一起对气缸起密封作用，同时接收气门头部传来的热量，起到对气门散热的作用。

2. 气门座的形式

气门座的加工形式有两种：一是直接在气缸盖上镗出；二是单独制成气门座圈，之后镶嵌在气缸盖上。

如图 2－3－9 所示，气门座的锥角由三部分组成。其中，45°的锥面与气门密封锥面贴合，为保证有一定的座合压力，使密封可靠，同时又有一定的散热面积，要求结合面的宽度 b

为 1 ~3 mm;15°和 75°锥面用来修正工作面位置和宽度,以使其达到规定的要求。在安装气门前,还应采用配对研磨的方法处理气门座,以保证气门和气门座贴合得更紧密、可靠。

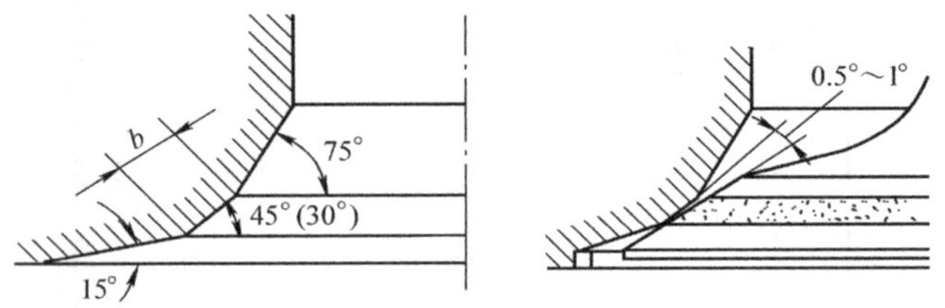

图 2 –3 –9　气门座锥角

三、气门导管

1. 气门导管的功用与材料

气门导管的功用是为气门的运动提供导向,保证气门的往复直线运动和气门关闭时能正确地与气门座配合,并为气门杆散热。气门导管通常单独制成零件,再压入气缸盖的承孔中。由于润滑较困难,气门导管一般用含石墨较多的铸铁或粉末冶金制成。

2. 气门导管的结构

如图 2 –3 –10 所示,气门导管的外表面与缸盖的配合有一定的过盈量,以保证良好地传热和防止松脱。气门导管的下端深入进、排气道内。为防止对气流造成阻力,伸入端的外圆做成圆锥状。气门导管与气门杆之间留有 0. 05 ~0. 12 mm 的间隙,使气门杆能在导管内自由运动。为防止气门导管松脱,有的发动机对气门导管用卡环进行定位。

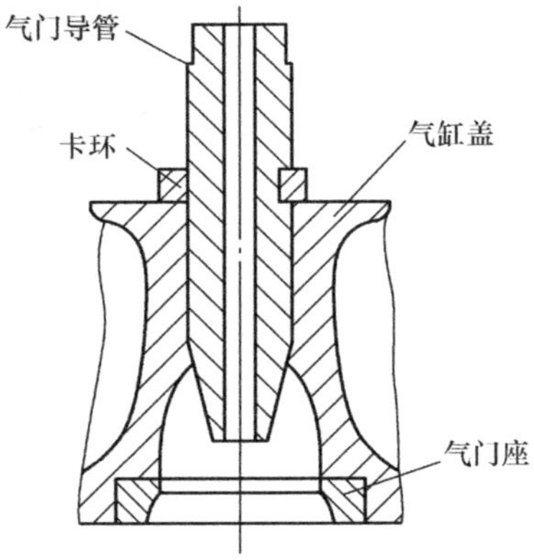

气门导管　卡环　气缸盖　气门座

图 2 –3 –10　气门导管的结构

四、气门弹簧

1. 气门弹簧的功用

气门弹簧是圆柱形的螺旋弹簧,位于气缸盖与气门尾端弹簧座之间。其功用是使气门自动复位关闭,并保证气门与气门座的座合压力;还用于吸收气门在关闭过程中各传动零件所产生的惯性力,以防各个传动件彼此分离而破坏配气机构正常工作。

2. 气门弹簧的结构形式

气门弹簧多为圆柱形等螺距弹簧。有的发动机为避免弹簧发生共振,采用变螺距弹簧。目前,大多数发动机采用双气门弹簧结构。每个气门同心安装两根直径不同、旋向相反的内外弹簧,如图 2 – 3 – 11 所示。由于两弹簧的自振频率不同,当一根弹簧发生共振时,另一根弹簧起减振作用;当一根弹簧折断时,另一根弹簧还能继续维持工作;旋向相反,

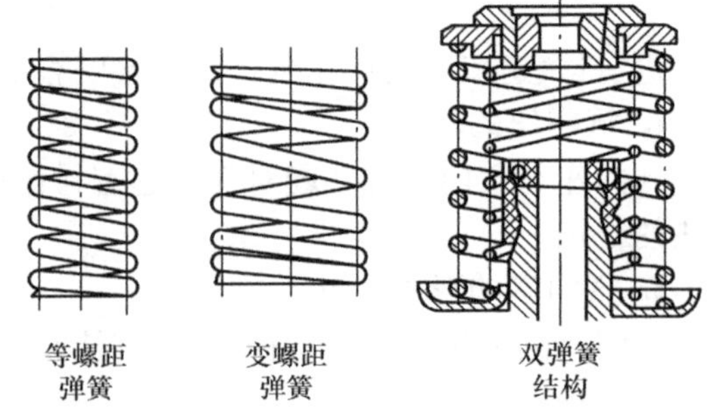

图 2 –3 –11　气门弹簧的结构形式

可以防止一根弹簧折断时卡入另一根弹簧内，以免损坏好的弹簧。

【任务实施】

一、气门的检修

1. 气门的耗损与检验

气门的常见损耗：气门杆部的磨损；气门工作面的磨损与烧蚀；气门杆的弯曲变形等。气门弯曲变形的检验如图 2 - 3 - 12 所示。

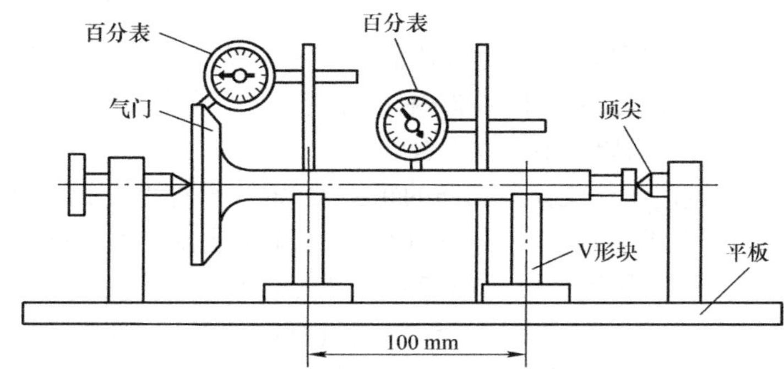

图 2 - 3 - 12　气门弯曲变形的检验

2. 气门工作锥面的修理

气门工作锥面的修理是在气门光磨机上进行的。气门的光磨工艺如下。

（1）光磨前应对气门进行校直。校直后，气门杆与工作锥面的径向圆跳动公差分别为 0. 03 mm 和 0. 05 mm。

（2）将校直的气门杆紧固在夹架上，气门头的伸出长度为 30 ~ 40 mm，按规定的工作锥面角度调整夹架。

（3）试磨。开动车头和磨头电机，观察砂轮工作面是否平整，气门工作锥面有无偏斜，然后进行试磨。试磨时，先使砂轮轻轻接触气门，查看砂轮与气门锥面的接触情况。若磨削痕迹与工作锥面在全长接触或略偏向内端，说明夹架的角度符合要求。

（4）光磨。光磨进刀时，要慢慢移动夹架先做横向进给，再做纵向进给。进刀量要小，冷却液要充足，以提高工作锥面的加工精度和降低表面结构。在气门工作锥面上的磨损痕迹磨光时停止光磨，光磨后的气门大端圆柱面的厚度不得低于 1 mm。光磨后，气门工作锥面的径向圆跳动误差应不大于 0. 01 mm，表面结构参数小于 0. 25 μm，对气门杆部的同轴度误差应不大于 0. 05 mm。

二、气门座的检修

气门座的磨损主要是磨料磨损和由于冲击负荷造成的硬化层疲劳脱落，以及排气座受高温燃烧气体的腐蚀和烧蚀。气门座磨损后，工作面加宽，气门关闭不严，气门密封性降低。

1. 气门座的镶换

当气门座圈有裂纹、松动、烧蚀或磨损严重时；或在铰削气门座后，装入的新气门的大端平面仍低于气缸盖燃烧室平面 2 mm 以上，应镶换新的气门座圈。镶换气门座圈的工艺如下。

(1)拉出旧气门座。

(2)选择新气门座圈。用外径千分尺测量座圈外径,用内径量表测量座圈孔内径,选择合适过盈量,一般在0.07～0.17 mm。

(3)气门座圈的镶换。将检验合格的新座圈用干冰或液氮冷却,时间不少于10 min,同时将缸盖的座圈承孔用汽油喷灯或在箱式炉中加热至373～423 K;同时取出加热的缸盖和冷缩的气门座圈,并在座圈外涂上一层密封胶,将座圈压入承孔内。

2. 气门座的铰削

气门座的铰削通常用手工完成。铰刀的尺寸和形状不同,导杆的尺寸也不同。气门座的铰削工艺过程如下。

(1)选择刀杆。铰削气门座时,将气门导管作为定位基准。根据气门导管的内径选择相适应直径的定心杆,定心杆插入气门导管内,调整定心杆,使它与导管内孔密切接触不活动,保证铰削的气门座与气门导管中心线重合。

(2)粗铰。选用与气门工作锥面角相同的粗铰刀,置于导杆上。铰削时,把纱布垫在铰刀下,两手用力要均匀,不要用力过大,直到凹陷、斑点全部去除。要磨除座口处的硬化层,以防止铰刀打滑和延长铰刀使用寿命,如图2－3－13(a)所示。

(3)试配。粗铰后,应用光磨过的同一组气门进行涂色试配,查看印痕,看清接触面的宽度和所处的位置。接触面应处于气门座的中下部。接触宽度:进气门为1.0～2.2 mm,排气门为1.5～2.5 mm。当接触面偏上时,用15°锥角的铰刀铰上口,如图2－3－13(b)所示;当接触面偏下时,用75°锥角的铰刀铰下口,如图2－3－13(c)所示。

(4)精铰。选用与工作面角度相同的细刃铰刀进行精铰,并在铰刀下面垫以细砂布进行气门磨修,以降低气门座口的表面结构,如图2－3－13(d)所示。

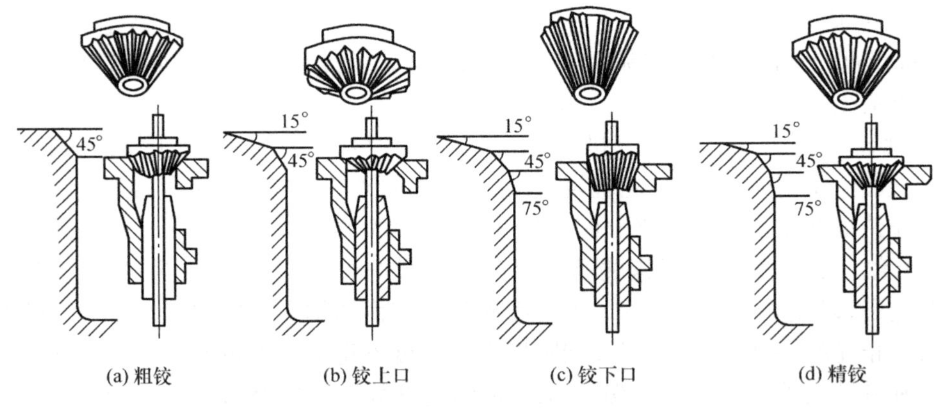

图2－3－13　气门座的铰削顺序

3. 气门座的磨削

气门座的工作表面可以用高速砂轮机进行磨削。用光磨机磨气门座,速度快,质量好。特别对于气门座硬度高的工作表面,其效果更好。气门座的磨削工艺如下。

(1)选择砂轮。根据气门工作面的角度和尺寸,选择合适的砂轮。修磨砂轮工作面达到平整,并与轴孔同轴度公差在0.025 mm以内。

(2)安装导管。在气门导管内安装合适的导杆,再将选择好的砂轮装在光磨机上。

(3)光磨。开动电机,并施以轻的压力。光磨时间不要太长,要边磨边检查。

三、气门与气门座的研磨

气门工作锥面经光磨或更换新件,气门座经过磨削后,为使它们达到密合,还需要互相研磨。气门研磨可用手工操作或使用气门研磨机。

1. 手工研磨

研磨前,应先用汽油清洗气门、气门座和导管,将气门按顺序排列或在气门头部打上记号,以免错乱;再在气门工作锥面上涂上一层粗研磨砂,同时在气门杆上涂以润滑油,插入导管内;然后利用气门捻子,使气门做往复运动和旋转运动与气门座进行研磨,注意旋转角度不宜过大,提起和转动气门,变换气门与气门座的相对位置,以保证研磨均匀。手工研磨中,不应过分用力,也不要提起气门用力在气门座上撞击,否则会将气门工作面磨宽或磨出凹槽。

当气门工作面与气门座工作面被磨出一条完全且无斑痕的接触环带时,可以将粗研磨砂洗去,换用细研磨砂,继续研磨。当工作面出现一条整齐的灰色环带时,再洗去细研磨砂,涂上润滑油,继续研磨几分钟即可。

2. 机器研磨

将气缸盖清洗干净,置于气门研磨机工作台上,在已配好的气门工作面上涂上一层研磨膏,将气门杆部涂以润滑油装入导管内,调整各转轴,对正气门座孔,连接好研磨装置,调整气门升程,进行研磨,一般研磨 10 ~ 12 min 即可。研磨后,将气门和气门座清洗干净,研磨后的工作面应成为一条平滑、光泽的圆环,不允许有中断和可见的凹槽。

四、气门导管的更换

当发动机工作时,气门杆在气门导管中滑动,气门导管起导向作用,使气门头部与气门座同心,但在气门导管与缸盖承孔过盈量过小,或气门导管磨损严重,使气门杆与导管的配合间隙超过限度时,应更换气门导管。气门导管更换步骤如下。

(1)用外径略小于气门导管内孔的阶梯轴顶出气门导管。

(2)选择外径尺寸符合要求的新气门导管。

(3)安装气门导管。用细砂布打磨气门导管承孔口,在承孔内壁与导管外表面上涂少许机油,并放正气门导管,垫上铜质的阶梯轴用压力机或手锤将导管装入承孔内。

(4)气门导管的铰削。采用成型专用气门导管铰刀铰削,进刀量不宜过大,铰刀保持垂直,边铰边试,直至间隙合适。

气门杆与导管间隙的经验检查方法:将气门杆和导管擦净,在气门杆上涂上一层薄机油,将气门放置在导管上后,上下拉动数次后,气门在自重下能徐徐下落,表示气门杆与导管的配合间隙适当。

五、气门的密封性检验

1. 经验检验法

(1)检验前,将气门及气门座清洗干净,在气门锥面上用软铅笔均匀地划上若干条线,每线相隔约 4 mm,然后与相配气门座接触,略压紧并转动气门 45° ~90°,取出气门,查看铅笔线条,如铅笔线条均被切断(图 2 -3 -14),则表示密封良好,否则应重新研磨。

(2)将气门与相配气门座轻轻敲击几次,查看接触带,如有明亮的连续接触环痕,即为合格。

(3)在气门工作面上涂上一层轴承蓝或红丹,然后用橡皮捻子吸住气门在气门座上旋转 1/4 圈,再将气门提起,若轴承蓝或红丹布满气门座工作表面而无间断,又十分整齐,即表示密封良好。

(4)用煤油或汽油浇在气门顶面上,5 min 内观察气门与气门座接触处是否有渗漏现象,如无则为合格。

2. 检验器测试法

如图 2-3-15 所示,气门与气门座密封性检验器由气压表、空气容筒及橡皮球等组成。测试时,先将空气容筒紧密贴在头部周围,再压缩橡皮球,使空气容筒内具有一定压力(68.6 kPa 左右),如果在半分钟内气压表的读数不下降,则表示气门与气门座的密封性良好。

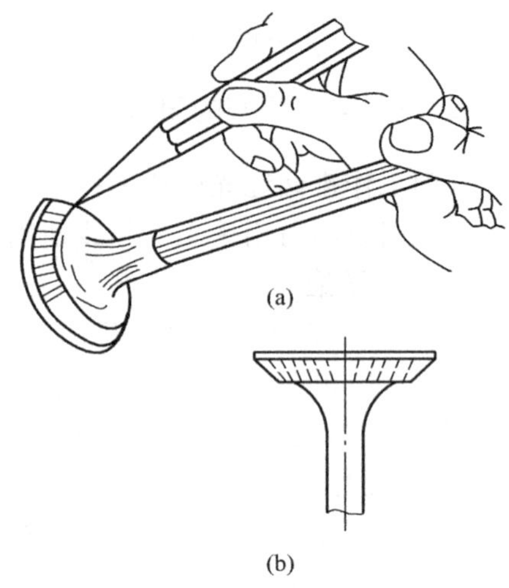

图 2-3-14 用铅笔划线检查

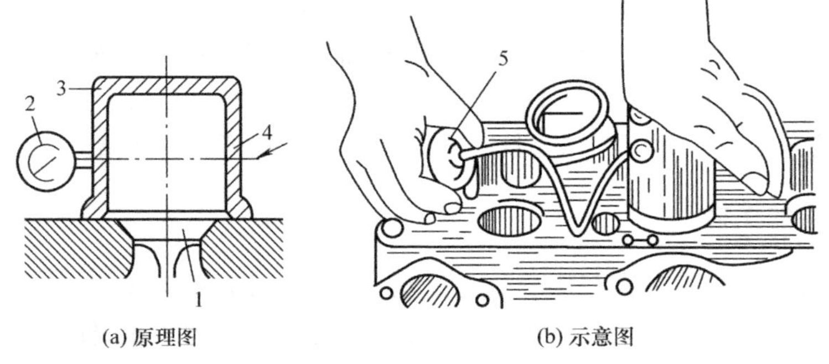

图 2-3-15 用气门密封检验器检验气门的密封性

1—气门;2—气压表;3—空气容筒;4—气孔;5—橡皮球

任务 3 气门传动组件检修

【任务描述】

对发动机气门传动组的凸轮轴零件进行检修。

【任务目标】

(1)了解气门传动组件及其功用。

(2)掌握气门传动组件的检修方法。

【任务所需设备、工具和材料】

(1)配气机构完整的气缸盖。

(2)百分表、游标卡尺。

(3)平台、V 形铁、拉器、气门捻子。

(4)气门导管专用铰刀、气门座铰刀、研磨砂。

(5)气门光磨机、气门座光磨机、磁力探伤仪。

(6)棉纱、砂布、机油、红丹油、液氮或干冰、铅笔等。

【任务相关知识】

一、气门传动组的功用与组成

气门传动组的主要作用是使进、排气门按照配气相位规定的时间开启与关闭。

气门传动组由凸轮轴和凸轮轴正时齿轮、挺柱、挺柱导管、推杆、摇臂及摇臂轴等零部件组成。

二、凸轮轴

1. 凸轮轴的功用与材料

凸轮轴由发动机曲轴驱动而旋转,用来驱动和控制各缸进、排气门的开启和关闭,使其符合发动机的工作顺序、配气相位及气门开度的变化规律等要求。

凸轮轴一般采用优质钢模锻而成,也有用合金铸铁或球墨铸铁铸造而成的凸轮轴。凸轮与轴颈表面经过热处理,可具有足够的硬度和耐磨性。

2. 凸轮轴的一般构造

凸轮轴主要由凸轮、轴颈、偏心轮和螺旋齿轮等组成,如图 2-3-16 所示。

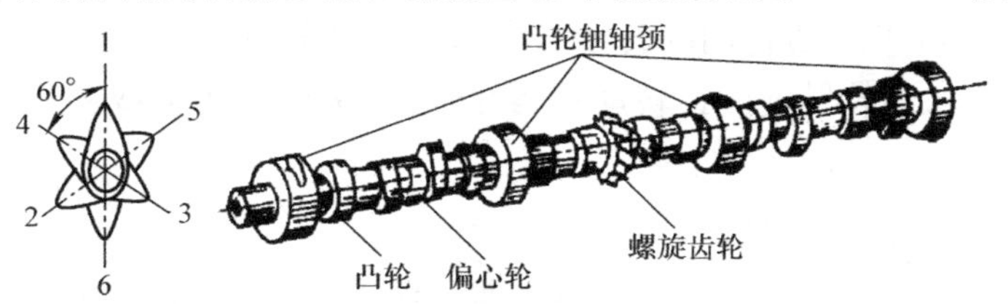

图 2-3-16　凸轮轴的结构

凸轮分为进气凸轮和排气凸轮两种,用来驱动与控制气门的开启与关闭。轴颈对凸轮轴起支承作用。对于下置式凸轮轴来说,凸轮轴上还设有螺旋齿轮和偏心轮,用来驱动分电器、机油泵和膜片式汽油泵。凸轮轴的前端通过键装有凸轮轴正时齿轮或链轮及同步齿形带轮。

3. 凸轮的轮廓曲线和相对位置

凸轮是凸轮轴上最重要的部分。凸轮的轮廓应能使气门的开启与关闭的时间符合配气相位的要求,使气门有尽量大的升程。气门的开启与关闭过程的运动规律也取决于凸轮的轮廓曲线。凸轮轮廓曲线如图 2-3-17 所示,O 点为凸轮的旋转中心,圆弧 AE 称为基圆。当挺柱与 E 点接触,凸轮按箭头方向旋转,基圆从 E 点起滑过挺柱一直到 A 点止,在这一转角范围内挺柱不动,气门处于关闭状态。对于普通挺柱来说,从 A 点起随着凸轮轴的转动,挺柱开始升起,但由于存在气门间隙,

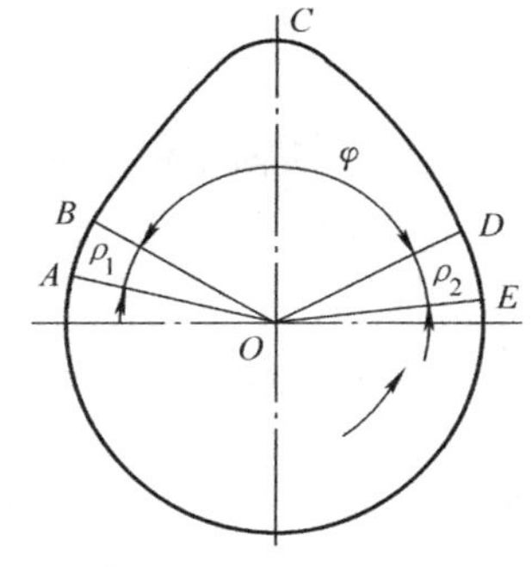

图 2-3-17　凸轮的轮廓曲线

气门不能打开。凸轮上 B 点与挺柱接触时，气门间隙消除，气门开始打开。凸轮上 C 点与挺柱接触时，气门开度最大。凸轮继续转动，挺柱开始下移，气门在气门弹簧的作用下开始关闭。当凸轮上 D 点与气门接触时，气门完全关闭。当凸轮上 E 点与挺柱接触时，挺柱下移停止。凸轮转过一圈，气门打开一次。图中，角 φ 为气门开启持续角，ρ_1 和 ρ_2 是消除气门间隙和恢复气门间隙所需的凸轮转角。凸轮轮廓曲线 BCD 段的形状，决定了气门打开与关闭过程的运动规律。

凸轮轮廓曲线是对称的，在凸轮轮廓与基圆结合处，设有一小段缓冲段，以减小气门在打开和落座时的冲击，减小噪声与磨损。由于气门打开的凸轮 BC 段受力要大于 CD 段，BC 段的磨损要大于 CD 段。因此，使用一段时间后，气门开启时间推迟，开启持续角减小，气门的升程有所降低，发动机的充气系数下降。

对于大多数发动机的凸轮轴，一个凸轮驱动一个气门。对于每缸一个进气门、一个排气门的发动机来说，凸轮轴上凸轮的数量是气缸数的两倍。其中，半数为进气凸轮，驱动进气门；半数为排气凸轮，驱动排气门。

同一缸的进、排气凸轮称为异名凸轮。四冲程发动机的排气冲程和进气冲程是相连接的两个冲程，如果气门不发生早开晚关，从排气门开启到进气门开启，曲轴正好转过 180°，反映到凸轮轴的两异名凸轮之间的夹角为 90°。由于气门是早开晚关的，所以两异名凸轮间的夹角大于 90°。

凸轮轴上各缸的进气凸轮（或排气凸轮）称为同名凸轮。从凸轮轴的前端来看，各缸同名凸轮的相对位置按发动机做功顺序逆凸轮轴转动方向排列，如图 2－2－18 所示，夹角为做功间隔角的 1/2，如四缸发动机的同名凸轮间夹角为 180°/2＝90°，六缸发动机的同名凸轮间夹角为 120°/2＝60°。凸轮轴的转动方向取决于凸轮轴的布置位置，下置式凸轮轴采用一对正时齿轮传动，凸轮轴逆时针转动；顶置凸轮轴采用链传动或同步齿形带传动，凸轮轴顺时针转动。

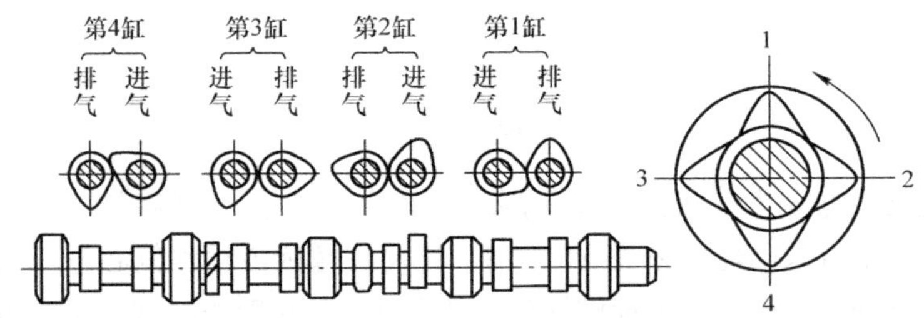

图 2－3－18　凸轮的排列及相对角位置

4. 凸轮轴轴颈和轴承

凸轮轴是细长轴，且在工作中承受的径向力很大，容易造成弯曲、扭曲等变形，影响配气相位和气门的升程。为减小凸轮轴的变形，发动机凸轮轴采用全支承方式和每两个气缸设一个轴颈支承的方式。由于凸轮轴安装时是从缸体前端插入缸体上轴承孔内，为安装方便，轴颈的直径从前向后逐渐缩小。凸轮轴轴颈的润滑采用压力润滑，缸体或缸盖上设有油道与轴承相通。凸轮与挺柱间采用飞溅润滑。

5. 正时齿轮与凸轮轴的轴向定位

下置式凸轮轴与曲轴之间采用一对正时齿轮。由于传动比为 2∶1，所以凸轮轴上的齿轮大,曲轴上的齿轮小。小齿轮的材料多为中碳钢,大齿轮的材料为碳钢或非金属材料,如夹布胶木、塑料等,正时齿轮多为斜齿轮,通过半圆键装在曲轴上,并用螺母固定。

如图2-3-19所示,在装配曲轴与凸轮轴时,应将两齿轮的啮合标记对齐,保证配气相位和发动机的工作顺序与工作过程准确配合。对于大型柴油机,由于其曲轴与凸轮轴的中心距较大,常在一对正时齿轮中间加入惰轮。此时,凸轮轴与曲轴转动方向相同,传动比仍为2∶1。

为防止凸轮轴在转动过程中产生轴向窜动,影响配气机构的正常工作和使配气相位改变,凸轮轴都设有轴向定位装置,如图2-3-20所示。在正时齿轮和第一道轴颈之间装有隔圈,隔圈和螺母一起将正时齿轮的轴向位置固定。止推凸缘松套于隔圈上,并用两个螺栓固定于缸体前端面。止推凸缘比隔圈薄0.08~0.20 mm,使止推凸缘与正时齿轮后端面间形成0.08~0.20 mm的间隙,该间隙可以保证凸轮轴旋转时不受干涉。当凸轮轴产生轴向窜动时,止推凸缘便与正时齿轮轮毂端面或者第一道轴颈前端面接触,防止凸轮轴产生轴向窜动。止推凸缘固定螺栓是通过正时齿轮腹板上的孔来拧紧的,通过改变隔圈的厚度,可以调整止推凸缘与正时齿轮之间的间隙。

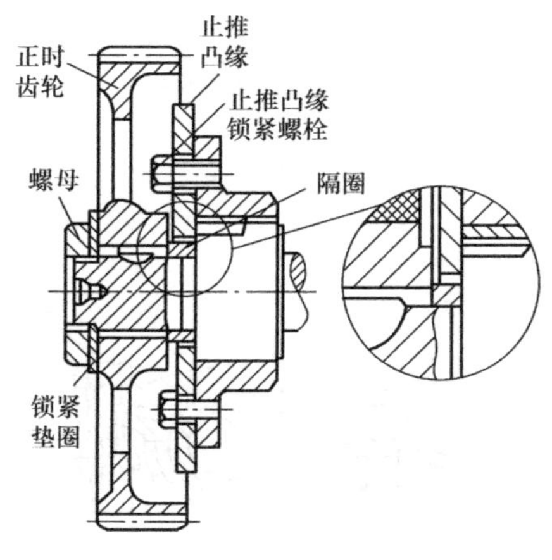

图2-3-19 正时齿轮及啮合标记

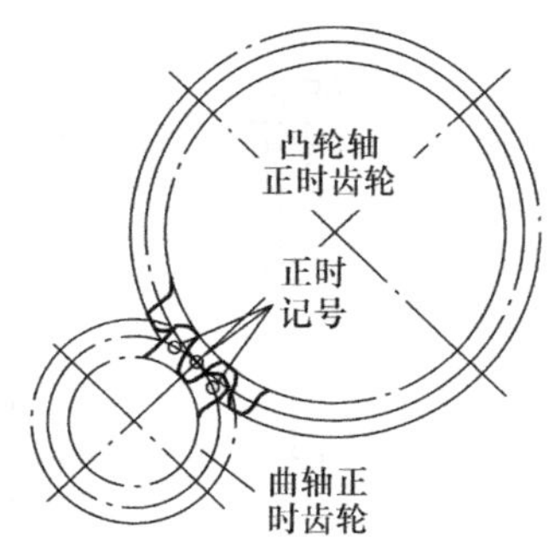

图2-3-20 凸轮轴的轴向定位

三、挺柱

1. 挺柱的功用、材料及分类

挺柱是凸轮的从动件,其功用是将来自凸轮的运动和作用力传给推杆或气门,同时还承受凸轮所施加的侧向力,并将其传给机体或气缸盖。制造挺柱的材料有碳钢、合金钢、镍铬合金铸铁和冷激合金铸铁等。挺柱可分为机械挺柱和液力挺柱两大类,每一类中又有平面挺柱和滚子挺柱等多种结构形式。

2. 机械挺柱

机械挺柱的结构简单、质量轻,在中、小型发动机中应用比较广泛。挺柱上的推杆球面支座的半径比推杆球头半径略大,以便在两者中间形成楔形油膜来润滑推杆球头和挺柱上的球面支座。机械挺柱的形式如图2-3-21所示。

四、推杆

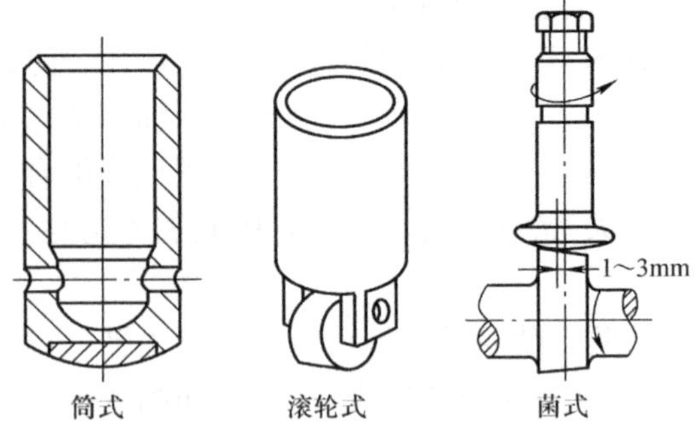

图 2 - 3 - 21　机械挺柱的形式

采用下置凸轮轴式的配气机构,利用推杆将挺柱传来的力传给摇臂。推杆下端与挺柱接触,上端与摇臂调整螺钉接触。由于摇臂绕摇臂轴转动,推杆在做上下往复直线运动的同时,上端随摇臂一起做微量的摆动。为防止发生运动干涉,推杆下端做成球形,与挺柱的凹球面配合。推杆上端做成凹球形,与摇臂调整螺钉球形头部配合。这样还可以在接触面间贮存一定的润滑油,减轻磨损。推杆的结构如图 2 - 3 - 22 所示。

五、摇臂与摇臂组

1. 摇臂

摇臂是一个双臂杠杆,以中间轴孔为支点,改变推杆传来的力的方向和大小,传给气门并使气门开启。摇臂的两臂不等长,摇臂比为 1.2 ~ 1.8。长臂的一端与气门接触推动气门,可使气门的升程大于凸轮的升程。摇臂的结构如图 2 - 3 - 23 所示。

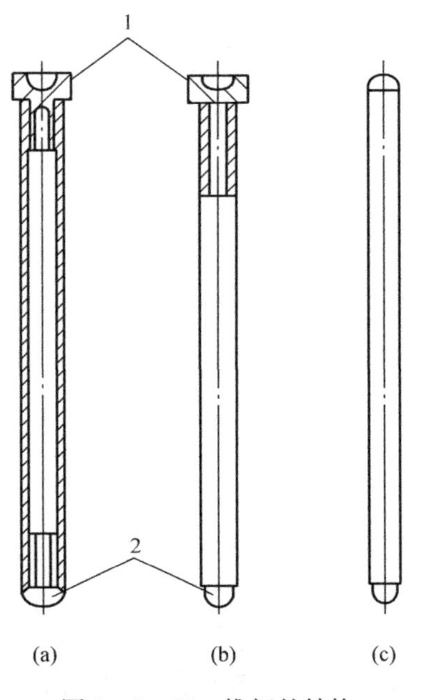

图 2 - 3 - 22　推杆的结构

1—球座;2—球头

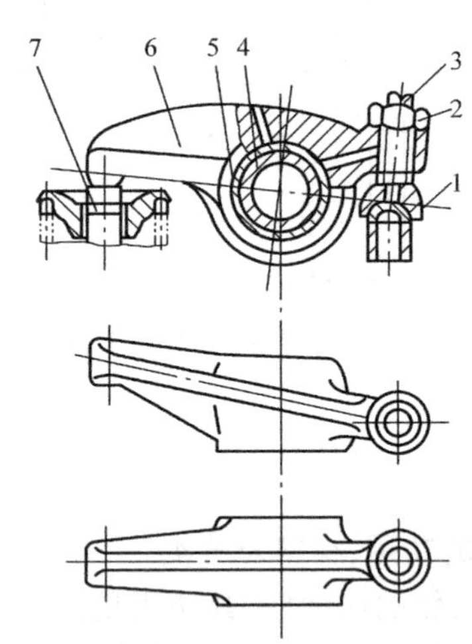

图 2 - 3 - 23　摇臂的结构

1—推杆;2—锁紧螺母;3—调整螺钉;4—轴;5—衬套;6—摇臂;7—气门杆尾端

摇臂采用 45 号钢冲压和铸铁或铸钢铸造两种加工形式。摇臂中间轴孔内镶有摇臂轴套和摇臂轴配套。长臂端制成圆弧状,与气门杆尾端接触。短臂端制成螺纹孔,安装有调整螺钉,用来调整气门间隙。调整时转动调整螺钉,调好后将调节螺钉拧紧,以防调整螺钉在使用中松动而改变气门间隙。摇臂上端面设有油孔,中间轴孔的润滑油通过该油孔流向摇臂两端进行润滑。

2. 摇臂组

摇臂组主要由摇臂、摇臂轴、摇臂轴支座和定位弹簧等组成,如图 2-3-24 所示。

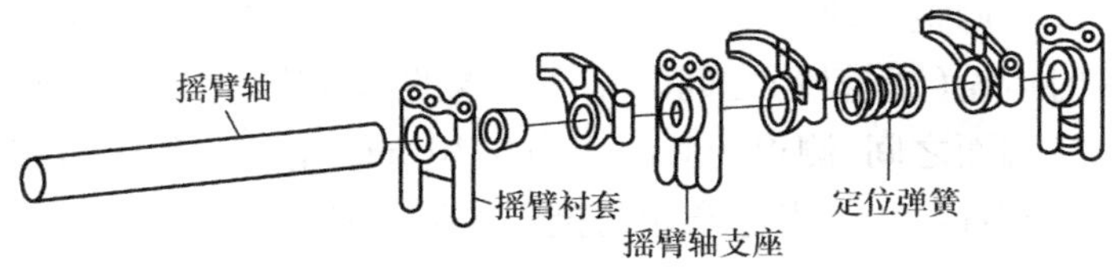

图 2-3-25 摇臂组

摇臂轴为空心轴,支承在摇臂轴支座孔内,支座用螺栓固定于缸盖上。为防止摇臂轴转动,利用摇臂轴紧固螺钉将摇臂轴固定于支座上。中间支座有油孔与缸盖油道相通,油道内的润滑油通过摇臂轴上的油孔进入摇臂轴内腔。摇臂轴两端靠碗形塞封住,以防止润滑油漏出。摇臂通过中间轴孔套装在摇臂轴上,摇臂内的润滑油通过轴上的油孔进入轴与摇臂衬套的配合间隙中进行润滑,并通过摇臂上的油孔对摇臂两端进行润滑。

摇臂在轴上的位置通过定位弹簧来定位,在轴上两摇臂之间装有一个定位弹簧,防止摇臂轴向窜动。

【任务实施】

一、凸轮轴及轴承的检修

1. 凸轮轴的损坏与检修

凸轮轴的主要损坏形式是凸轮、支承轴颈表面和正时齿轮轴颈键槽的磨损,以及凸轮轴的弯曲变形等。这些磨损和变形将使气门的最大开度和充气效率降低,配气相位失准,改变气门上下运动的速度特性,从而影响发动机的动力性、经济性,增大发动机的噪声。

(1)凸轮磨损的检修。凸轮的磨损会使气门的升程规律改变和最大升程减小,因此凸轮的最大升程减小值是凸轮检验分类的主要依据。当凸轮的最大升程减小值大于 0.40 mm 时,则须更换凸轮轴。

(2)凸轮轴轴颈的检修。当凸轮轴轴颈的圆度误差大于 0.015 mm,各轴颈的同轴度误差超过 0.05 mm 时,应在专用凸轮轴磨床上进行磨削修复。若误差过大,应先进行校正再磨修。磨修后轴颈的圆柱度公差为 0.005 mm,以两端轴颈的公共轴向为基准,中间任一轴颈的径向圆跳动公差为 0.025 mm,正时齿轮轴颈与止推端面的圆跳动公差为 0.03 mm。

2. 凸轮轴轴承的修理

当凸轮轴轴承的配合间隙超过使用极限时,应更换新轴承。更换轴承时应注意以下几点。

(1)轴承与轴承孔的过盈量:剖分式轴承为 0.07 ~ 0.19 mm;整体式轴承为0.05 ~ 0.13 mm;铝合金气缸为 0.03 ~ 0.07 mm。

(2)轴承内径须与其承孔的位置顺序相适应。

(3)安装轴承时,应使用专用的压装工具压入。轴承内孔的修理有拉削、铰削和镗削三种方法。

二、凸轮轴轴向间隙的检查与调整

凸轮轴轴向间隙的调整有两种方式。一种是用增减固定在气缸前端面上位于凸轮轴第一道轴颈端面与正时齿轮(或链轮)之间的止推凸缘的厚度来调整。检查时,用厚薄规塞入止推凸缘与正时齿轮端面之间,测得的间隙应为0. 10 mm左右。轴向间隙的使用极限一般为0. 25 mm,若轴向间隙过大,易引起凸轮与挺杆底部的异常磨损,应更换加厚的止推凸缘。安装时,止推凸缘有止推凸台的一侧应面向正时齿轮(链轮)。另一种是由轴承定位,如轴向间隙大于使用限度0. 15 mm时,则更换带台肩的凸轮轴轴承。

任务4　气门间隙调整

【任务描述】

对发动机气门组件进行检修。

【任务目标】

(1)了解气门组件及其功用。

(2)掌握气门组件的检修方法。

【任务所需设备、工具和材料】

(1)配气机构完整的气缸盖。

(2)百分表、游标卡尺。

(3)平台、V形铁、拉器、气门捻子。

(4)气门导管专用铰刀、气门座铰刀、研磨砂。

(5)气门光磨机、气门座光磨机、磁力探伤仪。

(6)棉纱、砂布、机油、红丹油、液氮或干冰、铅笔等

【任务相关知识】

一、配气相位

配气相位是用曲轴转角来表示的进、排气门的开闭时刻和开启持续时间。

发动机在换气过程中,如能够做到排气彻底、进气充分,则可以提高充气系数,增大发动机输出功率。在四冲程发动机的每一个工作行程中,其曲轴要旋转180°。由于现代发动机转速很高,一个工作行程的时间是很短的。一般四冲程发动机,在最大功率时的转速达5 600 r/min,一个行程的时间只有0. 005 4 s。这样短时间的进气和排气过程往往会使发动机充气不足或排气不净,从而使发动机功率下降。因此,现代发动机都采用延长进、排气时间,使气门早开晚关,以改善进、排气状况,提高发动机的动力性。

1. 进气门的配气相位

1)进气提前角

在排气行程接近终了,活塞到达上止点之前,进气门便开始开启。从进气门开始到上止点所对应的曲轴转角称为进气提前角,用 α 表示。α 一般为 $10° \sim 30°$。

由于进气门早开,使活塞到达上止点开始向下移动时,进气门已有一定开度。所以可较快地获得较大的进气通道截面,减小进气阻力。

2)进气迟后角

在进气行程下止点过后,活塞又上行一段,进气门才关闭。从下止点到进气门关闭所对应的曲轴转角称为进气迟后角,用 β 表示。β 一般为 $40° \sim 80°$。

进气门晚关是因为活塞到达下止点时,由于进气阻力的影响,气缸内的压力仍低于大气压,且气流还有相当大的惯性,仍能继续进气。下止点过后,随着活塞的上行,气缸内压力逐渐增大,进气气流速度也逐渐减小。使气流流速下降到零时,进气门恰好关闭的 β 角最合适。若 β 过大,便会将进入气缸的气体重新又压回进气管。

进气门开启持续时间内的曲轴转角,即进气持续角为 $\alpha + 180° + \beta$。

2. 排气门的配气相位

1)排气提前角

在做功行程的后期,活塞到达下止点前,排气门便开始开启。从排气门开启到活塞下止点所对应的曲轴转角称为排气提前角,用 γ 表示。γ 一般为 $40° \sim 80°$。

在工作行程结束前,气缸内还有 0.3 ~0.5 MPa 的压力,做功能力已经不大,但此时如提前打开排气门,可利用此压力使气缸内的废气迅速排出。待活塞到达下止点时,气缸内只剩下 110 ~120 kPa 的压力,使排气行程所消耗的功率大为减小。此外,高温废气的早排,还可防止发动机过热。但若 γ 角过大,则得不偿失。

2)排气迟后角

活塞越过上止点后,排气门才关闭。从上止点到排气门关闭所对应的曲轴转角称为排气迟后角,用 δ 表示。δ 一般为 $10° \sim 30°$。

由于活塞到达上止点时,气缸内的压力仍高于大气压,且废气流有一定的惯性,所以排气门适当晚关可使废气排得比较干净。

排气门开启持续时间内的转轴转角,即排气持续角为 $\gamma + 180° + \delta$。

3. 气门重叠与气门重叠角

由于进气门早开和排气门晚关,在排气终了和进气刚开始、活塞处于上止点附近时,进、排气门同时开启,这种现象称为气门重叠。进、排气门同时开启过程对应的曲轴转角,称为气门重叠角。气门重叠角的大小为 $\alpha + \delta$。

由于气门必须早开晚关,气门重叠现象是不可避免的。由于新鲜气流和废气流都有各自的流动惯性,在短时间内不会改变流向,只要角度选择合适,就不会出现废气倒流进气道及新鲜气体随废气一起排出的现象。相反,进入气缸内的新鲜气体可增加气缸内的气体压力,有利于废气的排出。但气门重叠角必须选择适当,否则会出现气体倒流现象。

4. 配气相位图

通常将进、排气门的实际启闭时刻和开启过程,用曲轴转角的环形图来表示,这种图形称为配气相位图,如图 2 -3 -25 所示。

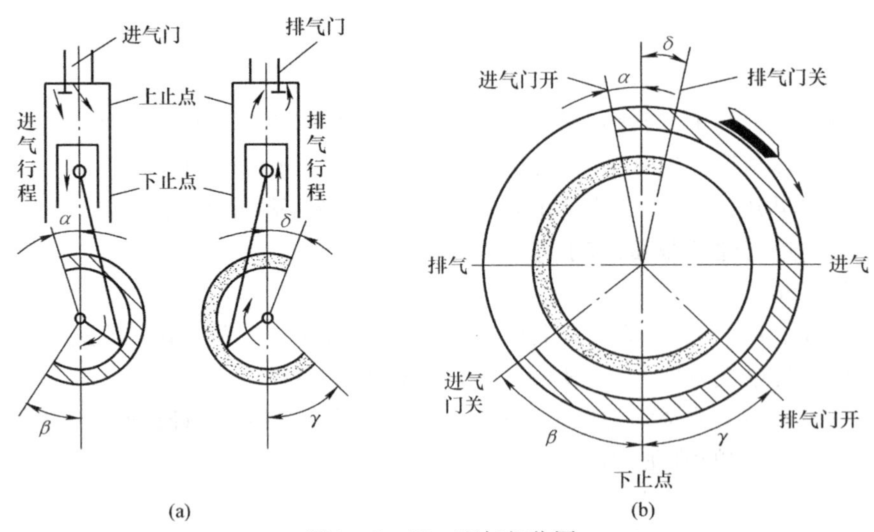

图 2-3-25　配气相位图

发动机工作时,活塞上下移动,通过连杆使与之相连的曲拐绕曲轴颈轴线转动。用曲轴转角可以直观地表示曲拐绕曲轴主轴颈轴线的转动。用曲轴转角可以表示出曲拐相对于上、下止点的角位置。图 2-3-25(a)表示进、排气过程中,气门开启过程曲拐转过的角度,分别为 $\alpha + 180° + \beta$ 和 $\gamma + 180° + \delta$。将此图的曲拐位置图重叠在一起,即为图 2-3-25(b)所示的配气相位图。图中,可很直观地看出气门启、闭时刻相对于活塞上、下止点的曲拐位置,气门的提前角和迟后角,气门的实际开启时间对应的曲轴和转角,以及气门重叠角等。

二、气门间隙

1. 气门间隙的含义

气门间隙是为保证内燃机配气机构的正常工作而设置的,由于配气机构工作时处于高速状态,温度较高,因此如气门挺杆、气门杆等零件受热后伸长,便会自动顶开气门,使气门与气门座关闭不严,造成漏气。为避免这种现象发生,设计配气机构时,在进、排气门杆尾端与挺杆(或摇臂)上调整螺钉之间留有一定的间隙,这一间隙就是气门间隙,如图 2-3-26 所示。

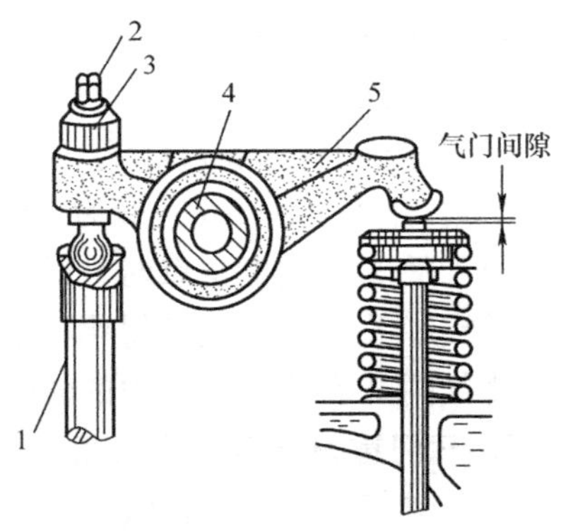

图 2-3-26　气门间隙

1—挺杆;2—调整螺钉;3—锁紧螺母;4—摇臂轴;5—摇臂

2. 气门间隙调整原因

因为气门是跟缸体接触的,缸体在运动时发出大量的热 ,而气门跟缸体接触以后热量就会传到气门上 ,从而使气门的伸长量增加。如果不预先留出气门间隙的话 ,当汽车在冷状态下气门正好与缸体紧密接触,等到缸体变热,气门受热膨胀会使伸长量增加, 气门就会顶坏缸体或者气门本身。所以,要留出合适的气门间隙。

气门烧损以排气门最为常见,其基本原因是气门座的扭曲和积炭。此外,如气门间隙调整不当、磨损过度等也能引起气门的烧损。

当气门座扭曲时,气门密封面温度及气门与气门座之间的局部压力同时增加。气门密封面上往往出现沟槽,经高温气体的冲刷便会形成烧损。当气门密封面及气门座积炭严重时，会使传热条件恶化，也容易产生变形，导致气门烧损。

气门间隙过大会导致进、排气门开启迟后，缩短了进、排气时间，降低了气门的开启高度，改变了正常的配气相位，使发动机因进气不足、排气不净而功率下降。此外，还会使配气机构零件的撞击增加、磨损加快。

气门间隙过小，则在发动机工作后，零件受热膨胀，将气门推开，使气门关闭不严，造成漏气，功率下降，并使气门的密封表面严重积炭或烧坏，甚至发生气门撞击活塞。

【任务实施】

一、气门间隙的逐缸调整法

检查调整气门间隙时，所调整的气门要处于完全关闭的状态，所以要在活塞位于压缩行程上止点时进行。

(1)拆下第 1 缸喷油器，塞上棉丝，摇转曲轴，当棉丝喷出时为第 1 缸压缩行程，慢慢摇转到飞轮上止点记号与刻丝对齐，即为第 1 缸压缩上止点位置。

(2)用厚薄规检查第 1 缸进、排气门杆与摇臂间隙。若不符合技术要求应予以调整。调整时，先旋松锁紧螺母，旋出调整螺钉；在气门杆与摇臂间插入厚度与气门间隙相等的厚薄规，边拧进调整螺钉，边来回抽动厚薄规，到抽动厚薄规能抽动又有阻力时，锁紧螺母；然后用厚薄规再复查一次。

(3)按工作顺序，摇转曲轴 180°(四缸发动机机)或 120°(六缸发动机机)，依次使下一缸处于压缩上止点位置，调整该缸进、排气门间隙。

(4)按各缸工作顺序复查一遍，然后装好气门室盖。

二、气门间隙的二次调整法

气门间隙的二次调整法即“双排不进”法。其中的“双”是指该气缸的进、排气门间隙可调，“排”是指该气缸仅排气门间隙可调，“不”是指该气缸的进、排气门间隙均不可调，“进”是指该气缸仅进气门间隙均可调。首先，找到第 1 缸活塞压缩行程上止点位置，调整可调的一半气门的间隙，然后将曲轴旋转一周，再调整其余一半气门的间隙。六缸发动机调整步骤如下。

(1)摇转曲轴使第 1 缸活塞处于压缩行程上止点位置，同时注意飞轮上的上止点标记与飞轮壳上的刻度线对齐。

(2)用花扳手拧松第 1 个气门调整螺钉上的锁紧螺母。

(3)用符合气门间隙的厚薄规插入气门杆尾端与摇臂头部之间。

(4)用一字形螺钉旋具旋转调整螺钉，使摇臂将厚薄规轻轻压住，直到拉动厚薄规稍感受到阻力。

(5)将调整螺钉的锁紧螺母拧紧，注意锁紧时应用一字形螺钉旋具将调整螺钉固定。

(6)以同样的方法依次调好 1,2,4,5,8,9 (从前至后)缸的其他 5 个气门。

(7)将曲轴旋转一周至飞轮上的上止点标记与飞轮壳上的刻度线对齐，使第 6 缸处于压缩行程上止点位置。

(8)用同样方法调整 3,6,7,10,11, 12(从前至后)缸的 6 个气门。

(9)按各缸工作顺序复查一遍，然后装好气门室盖。

项目四　柴油机供给系的结构与检修

任务1　柴油机供给系认知

【任务描述】

通过柴油机实物和资料认知柴油机供给系构造和工作原理。

【任务目标】

(1)了解柴油机供给系构造和工作原理。

(2) 能正确识别柴油机供给系的主要零部件。

【任务所需设备、工具和材料】

(1)柴油机供给系的主要零部件。

(2)柴油机维修手册、零件图册。

(3)柴油机供给系视频资料。

【任务相关知识】

一、柴油机供给系的功用

柴油机供给系的功用是根据柴油机的工作顺序和柴油机不同转速、不同负荷的要求,在气缸压缩行程接近终了时,通过喷油器将高压的柴油定时、定量、定压地喷入气缸内,雾状的柴油与燃烧室内炽热的压缩空气充分混合,形成可燃混合气,并进行着火燃烧。高温可燃混合气做功后,成为废气,排入大气。

所谓定时,就是遵循配气相位的要求;所谓定量,则是保证一定的柴油量,以满足柴油机动力性输出的要求;所谓定压,则是要求喷入气缸内的柴油具有一定的动能,以便与空气进行充分混合。

二、柴油机供给系的组成和工作原理

1. 柴油机供给系组成

柴油机供给系的组成,如图 2 -4 -1 所示。它由燃料供给装置、空气供给装置、混合气形成装置和废气排出装置四部分组成。

(1)燃油供给装置,包括柴油箱、输油泵、低压油管、滤清器、喷油泵、高压油管、喷油器及回油管等。

(2)空气供给装置,包括空气滤清器、进气管、气缸盖内的进气道等。增压发动机还装有增压器。

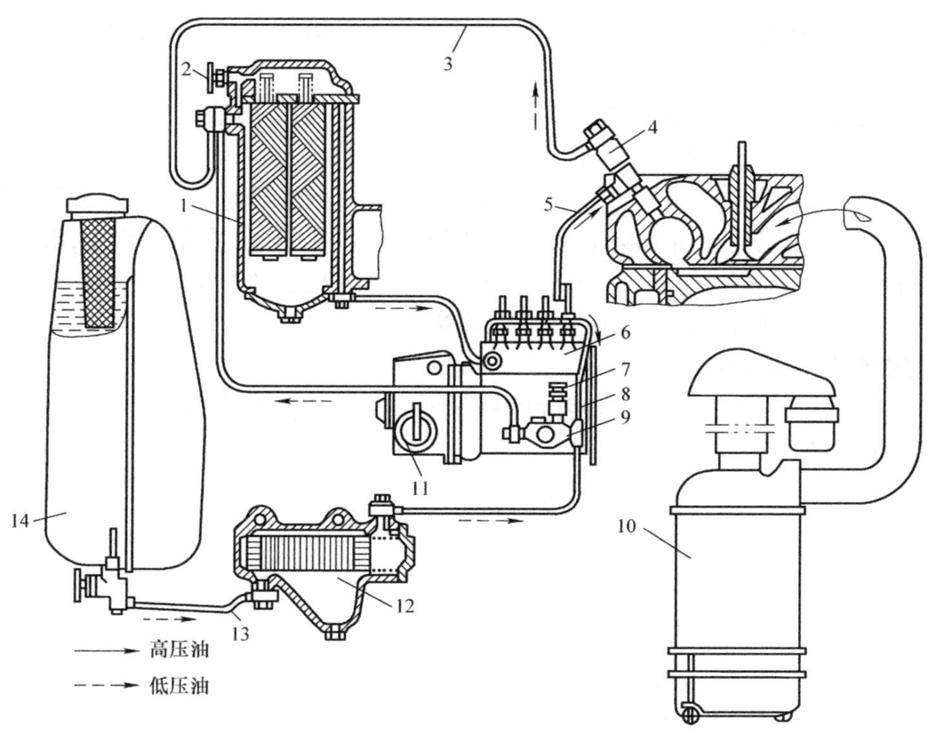

图 2－4－1　柴油机燃料供给系的组成

1—柴油细滤器；2—放气阀；3—回油管；4—喷油器；5—高压油管；6—喷油泵；7—手油泵；
8—回油管；9—输油泵；10—空气滤清器；11—调速器；12—柴油粗滤器；13—油管；14—柴油箱

（3）混合气形成装置，主要指燃烧室。

（4）废气排出装置，包括气缸盖内的排气道、排气管和排气消声器。

为了保证柴油机运转稳定、工作可靠，还装有与喷油泵制成一体的调速器，以及在喷油泵传动轴上装有供油提前角自动调节器。增压柴油机的喷油泵上还装有烟度补偿器等。

2. 柴油机供给系工作原理

柴油机工作时，输油泵将柴油从油箱吸出，经柴油粗滤器滤除较大颗粒杂质，输油泵将吸入的柴油提高压力，经柴油细滤器进一步滤除细小颗粒杂质后，压入喷油泵体内。部分柴油经喷油泵变成高压液体，再经高压油管进入喷油器。高压的柴油使喷油孔开启，柴油呈雾状直接喷入燃烧室中。由于输油泵的供油量是喷油泵出油量的 3 ~ 4 倍，多余的柴油经回油管流回输油泵进口或直接流回油箱。

从输油泵出口到喷油泵入口这一段油路，油压由输油泵建立，其中压力一般为 150 ~ 300 kPa，故称为低压油路；从喷油泵出口到出油器这一段油路，油压由喷油泵建立，其中压力一般为 10 MPa，故称为高压油路。

调速器可自动调节喷油量，使柴油机怠速稳定，限制超速；供油提前角自动调节器可自动调节供油正时。

三、柴油机混合气的形成和燃烧过程

1. 可燃混合气的形成

柴油机所用的燃料为柴油。由于柴油的蒸发性和流动性比汽油差，因此柴油机不能像汽油机那样，在气缸外部的化油器或进气管中形成可燃混合气。柴油机的可燃混合气在气缸内部形成。

柴油机可燃混合气的形成和燃烧都是在燃烧室内进行的。柴油机在进气行程中吸入气缸的是纯空气，在压缩行程接近终了时，柴油才被喷入气缸，与高温、高压的空气混合，并使可燃混合气自行着火燃烧。与汽油机相比，柴油机混合气的形成与燃烧条件要差很多，混合气的形成时间极短，只是汽油机混合气形成时间的 1/20 ~ 1/10 。在柴油机中，混合与燃烧是重叠进行的，即边喷射、边混合、边燃烧。为了保证柴油机的动力性和经济性，混合气必须在活塞在上止点附近的极短时间内迅速形成并获得充分燃烧。

2. 可燃混合气的燃烧过程

图 2 -4 -2 所示为柴油机在压缩行程和做功行程中，气缸内气体压力 p 随曲轴转角 φ 的变化关系曲线图。

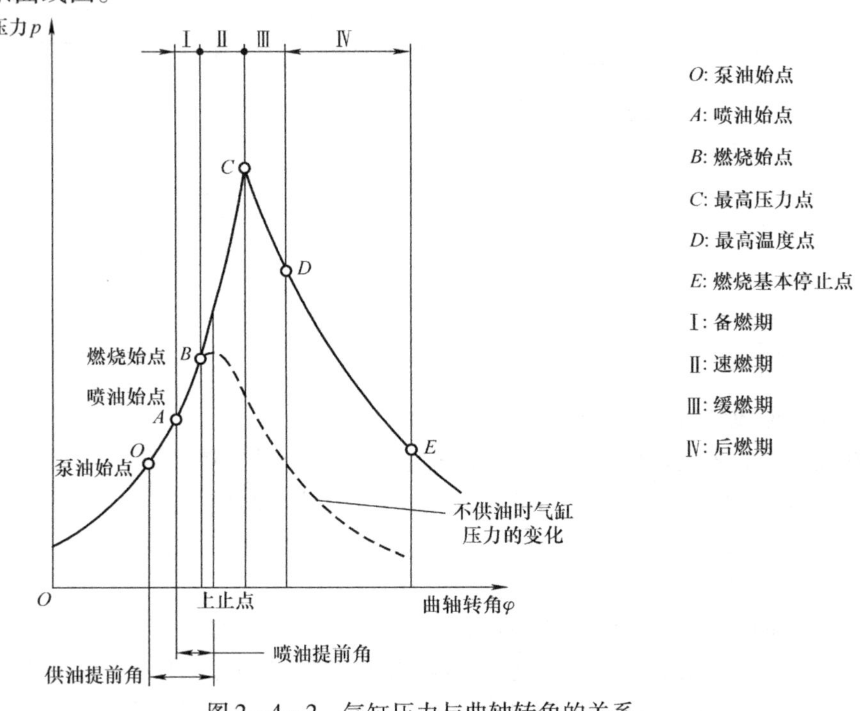

图 2 -4 -2　气缸压力与曲轴转角的关系

供油提前角：当曲轴转到对应上止点前的 O 点位置时，喷油泵开始供油；O 点与上止点之间对应的曲轴转角称为供油提前角。柴油机供油提前角若过大，柴油机会工作粗暴，油耗增加，功率下降，怠速不稳；柴油机供油提前角若过小，柴油机排气管冒白烟，动力性变差。所以，柴油机需调整供油定时。

喷油提前角：当曲轴转到稍后一些的 A 点位置时，喷油器开始喷油；A 点与上止点之间对应的曲轴转角称为喷油提前角。

从柴油开始喷射到排气行程开始是一个非常复杂的过程。一般根据气缸中气体压力和温度的变化，将混合气燃烧过程分为备燃期、速燃期、缓燃期和后燃期四个阶段。

1）备燃期

从喷油开始的 A 点到燃烧始点 B 之间所对应的曲轴转角，即从开始喷油到火焰中心形成的这段时间称为滞燃期。滞燃期长易造成柴油机工作粗暴。

2)速燃期

从燃烧始点 B 到气缸内产生最高压力点 C 之间所对应的曲轴转角,即从出现火焰中心到气缸内产生最高压力的这段时间称为速燃期。这期间火焰自火源向各处迅速传播,使燃烧速度迅速增加,气缸内气体的温度和压力迅速上升。

3)缓燃期

从气缸内产生最高压力点 C 到出现最高温度点 D 所对应的曲轴转角时期称为缓燃期。在这期间,燃烧速度开始很快,但由于气缸内氧气量减少,废气增多,燃烧条件不利,故燃烧速度越来越慢,热量积聚使燃气温度继续升高。

4)后燃期

从最高温度点 D 到燃烧基本停止点 E 所对应的曲轴转角时期称为后燃期。在这期间,燃气的压力和温度均降低,产生的热量往往通过冷却液和排气损失掉,所以应尽量缩短后燃期。

四、柴油机燃烧室

燃烧室是压缩行程终了时活塞顶与气缸盖之间的全部空间,柴油机的可燃混合气的形成和燃烧是在燃烧室内完成的,因此燃烧室的结构形状极为重要。根据混合气的形成方式和燃烧室结构特点,柴油机燃烧室主要分为统一式燃烧室和分隔式燃烧室两类。

1. 统一式燃烧室

统一式燃烧室又称为直接喷射式燃烧室。它是由凹形活塞顶与缸盖底面所形成的单一内腔,其容积几乎都在活塞顶面上。这种燃烧室一般采用多孔式喷油器直接将燃油喷射到燃烧室中,利用在气缸盖上铸出的螺旋气道,使进入气缸的空气产生绕气缸轴线运动的进气涡流,借助油柱喷射形状和燃烧室形状,促进混合气的形成和改善燃烧状况。

统一式燃烧室结构较多,常见的有 ω 形、球形和 U 形燃烧室,如图 2-4-3 所示。ω 形燃烧室形状简单、易于加工、结构紧凑、散热面积小,因此具有省油和起动性能好的特点。所以一般柴油机多采用 ω 形燃烧室及其改进型。

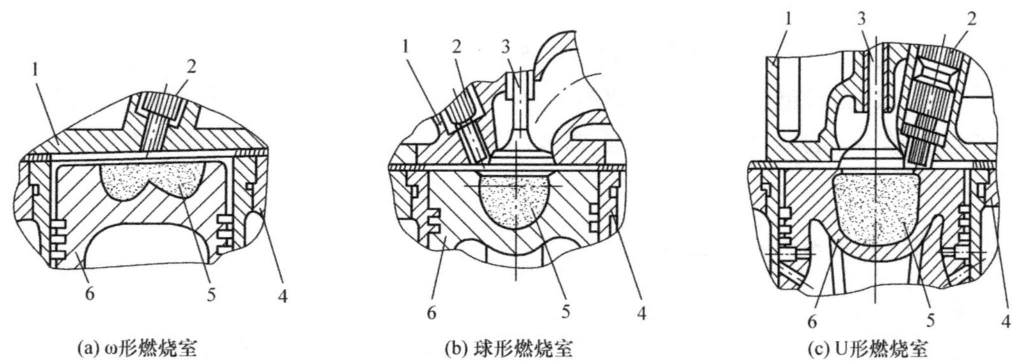

图 2-4-3　统一式燃烧室的类型

1—气缸盖;2—喷油器;3—气门;4—气缸体;5—燃烧室;6—活塞

2. 分隔式燃烧室

分隔式燃烧室被分成主燃烧室和副燃烧室(涡流室)两部分。主燃烧室在气缸盖底面和活塞顶面之间,副燃烧室在气缸盖内,两者之间由一个或多个通道相连。根据副燃烧室容积占燃烧室总容积的比例,分隔式燃烧室又分为涡流室式和预燃室式两种,如图2-4-4所示。

涡流室式燃烧室结构,如图2-4-4(a)所示。涡流室的形状多为球形或圆柱形,其容积占燃烧室总容积的50%~80%,涡流室内壁有与其相切的通道与主燃烧室相通。柴油机处于压缩行程时,气缸中的空气被挤入涡流室时产生涡流运动。当柴油被直接喷入涡流室时,由于强烈的空气涡流运动,使柴油与空气迅速混合并自行燃烧,涡流室内气体的压力、温度急剧上升,燃烧的气流带着未燃烧的柴油一起以很高的速度,经切向通道冲入主燃烧室内,与主燃烧室内的空气进行二次混合与燃烧。

预燃室式燃烧室结构,如图2-4-4(b)所示。预燃室的容积占燃烧室总容积的25%~40%,其结构和工作原理与涡流室式燃烧室相似。

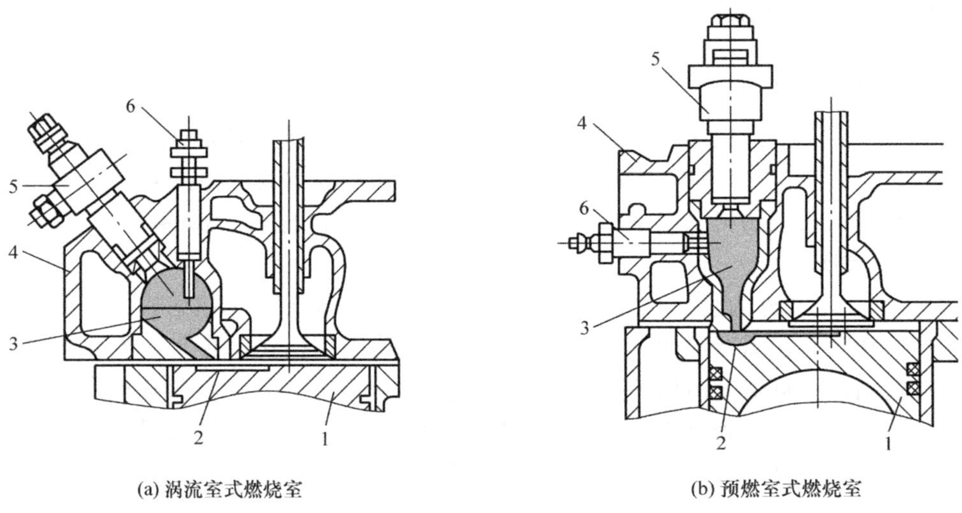

图2-4-4　分隔式燃烧室

1—活塞;2—主燃烧室;3—副燃烧室;4—气缸盖;5—喷油器;6—电预热器

总之,分隔式燃烧室是依靠强烈的空气涡流形成良好的混合气,对空气的利用较为充分,可采用喷油压力较低的轴针式喷油器。由于分两级燃烧,发动机工作柔和,排放污染少,但燃烧室热损失大,起动性和经济性差,需较高的压缩比,涡流室内要装电预热塞,以改善柴油机的起动性。

五、柴油机供给系的辅助装置

1. 柴油滤清器

柴油在储存、运输过程中,往往会混有水分、灰尘或机械杂质。而柴油的清洁度对喷油泵和喷油器内精密配合偶件的工作可靠性和使用寿命都有很大的影响。柴油滤清器的作用正是滤除柴油中的水分和杂质。此外,柴油机上还装有其他辅助滤清元件。

柴油滤清器的结构及工作原理和汽油滤清器相似。它主要由滤清器壳、滤清器盖和滤芯等组成。滤芯材料有绸布、毛毡、金属丝及纸质材料等,其中纸质滤芯成本低,滤清效果好,使用较广泛。柴油滤清器有粗滤器和细滤器之分。粗滤器一般安装在输油泵之前,细滤器一般安装在输油泵之后，分别用来滤除较大颗粒及微小颗粒的杂质。

图 2－4－5 所示为一种两级柴油滤清器。它由两个结构基本相同的滤清器串联而成，两个滤清器的盖制成一体。第一级滤清器盖上装有限压阀，当油压超过设定值时，限压阀开启，多余的柴油流回油箱；第二级滤清器盖上装有放气螺钉。输油泵送来的柴油经过第一级纸质滤芯粗滤，再经过第二级毛毡及绸布滤芯精滤后，从出油管到达喷油泵的低压油腔。

柴油滤清器必须定期保养。

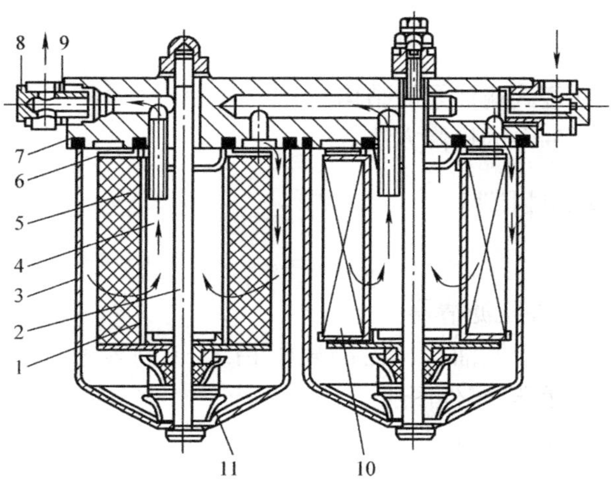

图 2－4－5　两级柴油滤清器

1—绸布滤芯；2—紧固螺杆；3—外壳；4—滤油筒；5—毛毡滤芯；6—毛毡密封圈；7—橡胶密封圈；8—油管接头衬套；9—出油管接头；10—纸质滤芯；11—滤芯衬垫

2. 废气涡轮增压器

提高柴油机功率的最有效措施是增加进气量和供油量。目前，采用较多的是废气涡轮增压器，即利用柴油机排放的废气驱动涡轮机，带动压气机，以提高进气压力，从而增加进气量。采用废气涡轮增压不仅可以提高柴油机功率（可增大 30%～100%，甚至更高），而且还可以改善燃油经济性，降低排放污染，缩小柴油机的外形尺寸。

【任务实施】

通过拆装和观察拖拉机柴油机的供给系实物填写表 2－4－1。

表 2－4－1　拖拉机柴油机的供给系组成

序号	总成	主要零部件	功用
1	高压油路		
2	低压油路		
3	回油路		
4	空气供给装置		
5	废气排出装置		

任务2　输油泵检修

【任务描述】

对柴油发动机输油泵进行拆解与检修。

【任务目标】

(1)能了解柴油机活塞式输油泵的结构。

(2)能掌握活塞式输油泵的检修方法。

【任务所需设备、工具和材料】

(1)常用拆装工具。

(2)活塞式输油泵、柴油机滤清器。

(3)棉纱、砂布、机油、汽油、油盆、柴油、煤油、白纸、毛刷等。

(4)柴油发动机维修手册、零件图册。

(5)柴油发动机供给系视频资料。

【任务相关知识】

输油泵的功用是将柴油从油箱吸出,并克服滤清器等的阻力,以一定的压力和足够的流量输往喷油泵。常用的输油泵有活塞式和滑片式,以活塞式输油泵应用最多。

一、输油泵的结构

活塞式输油泵装在喷油泵侧面,通过喷油泵上凸轮轴的偏心轮驱动,由泵体、滚轮、推杆、活塞、出油阀、进油阀和手泵等组成,如图2-4-6所示。

二、输油泵的工作过程

活塞将泵体内腔分为前、后两腔。偏心轮转动,活塞在推杆及弹簧作用下做往复运动。

如图2-4-7所示,喷油泵凸轮轴旋转时,偏心轮克服推杆弹簧的弹力,通过推杆推动输油泵活塞下行。由于泵腔A的容积减小,油压升高,使进油止回阀压开,柴油经泵腔A流向泵腔B。

当偏心轮凸起部分转离滚轮时,在活塞弹簧弹力的作用下,输油泵活塞上行。由于泵腔B的容积减小,油压升高,使出油止回阀关闭,柴油从B腔经出油口流向滤清器。由于输油泵活塞上行,使泵腔A的容积变大,压力下降,进油止回阀被吸开,柴油又进入泵腔A。

输油泵供油量的多少取决于活塞的行程,而输油压力的大小取决于活塞的弹力,当喷油泵需油量减少时,泵腔B的油压将随之增高,使活塞上行速度减慢,活塞有效行程减小,并限制油压进一步升高,从而实现了供油量和供油压力的自动调节。

输油泵上装有手油泵。当柴油机长时间停机后再起动,或低压油路中有空气时,可利用手油泵输油或放气。需排除低压油路中的空气时,可往复拉动手油泵拉钮,带动手油泵活塞往复

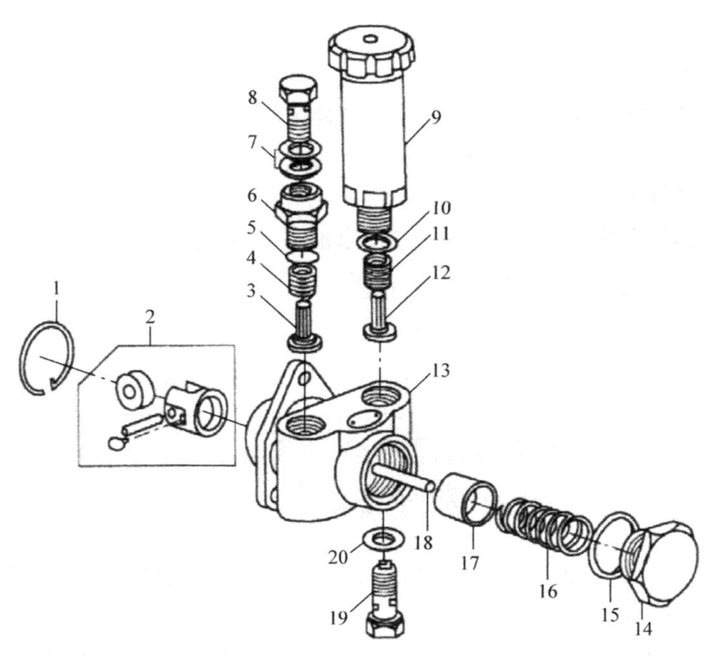

图 2-4-6　活塞式输油泵结构

1—弹簧挡圈;2—挺柱总成;3—出油止回阀;4、11、16—弹簧;5、10—O 形密封圈;6—管接头;
7、15、20—垫圈;8—出油空心螺栓;9—手油泵;12—进油止回阀;13—输油泵体;
14—螺塞;17—活塞;18—推杆;19—进油空心螺栓

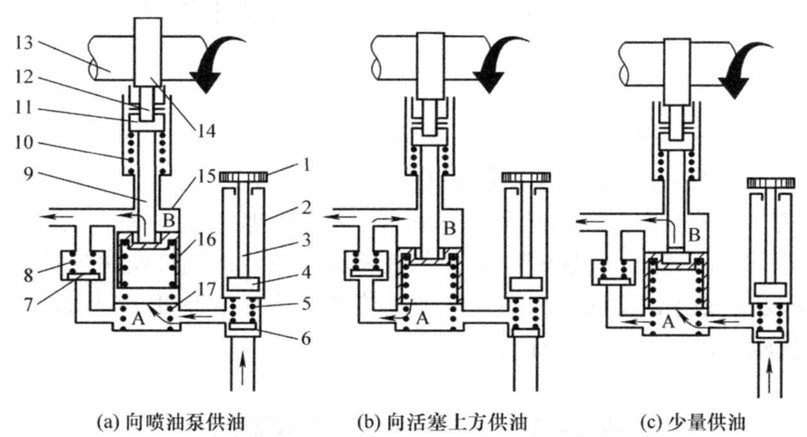

图 2-4-7　活塞式输油泵工作原理示意图

1—手油泵拉钮;2—手油泵体;3—手油泵杆;4—手油泵活塞;5—进油止回阀弹簧;6—进油止回阀;
7—出油止回阀; 8—出油止回阀弹簧;9—推杆;10—推杆弹簧;11—挺柱;12—滚轮;
13—喷油泵凸轮轴;14—偏心轮;15—输油泵体;16—输油泵活塞;17—活塞弹簧

运动,实现发动机静止状态下泵油,排除油路中的空气。手油泵不用时,应将手柄扭紧,防止漏气。

【任务实施】

一、解体输油泵

拆卸前的检查有手推压滚轮做往复运动,检查滚轮和活塞的运动有无卡滞和行程过小现象。由活塞回弹能力强弱,判别活塞弹簧工作是否正常。

(1)拔出挺杆、顶杆。

(2)拆下手泵部件和出油管接头,取出进、出油口止回阀弹簧及止回阀。

(3)旋下输油泵螺塞,取出活塞弹簧及活塞。

(4)拆下手泵。

二、输油泵部件检修

(1)检查输油泵。所有油道应畅通、干净;泵体各连接螺纹应完整无损;单向阀座平面应平整、光亮,无刻痕、缺口、变形;活塞缸壁光滑无刻痕;泵体与活塞的配合间隙应符合要求。

(2)检查活塞。活塞表面应无裂纹、深度划痕,如活塞与壳体由于磨损出现配合松旷或运动不平稳,应更换新泵。

(3)检查进出油阀。进出油阀应磨损均匀、无裂纹,工作面若有磨损台阶或轻度变形,可在研磨平台上磨平。

(4)检查手油泵。用手掌心堵住手油泵接头孔,抽动手油泵拉钮,检验手油泵活塞与筒壁的密封性,当掌心触感到较大吸力时,手油泵部件不必拆检,可继续使用;否则必须拆检,并保证活塞与筒壁的配合间隙。

(5)检查滤网、封油垫圈。二者应无损坏,弹簧应无裂纹、折断、松弛现象。

三、装配输油泵

(1)按与拆卸相反的顺序装配输油泵,在装配过程中注意保持清洁。

(2)活塞、顶杆、滚轮体装配时,表面涂抹适量机油润滑。

(3)起密封作用的垫圈,安装时应保证端面压紧宽度均匀,不偏斜。

(4)泵体螺塞、接头螺栓座等安装时,螺纹尾部或压紧端面允许使用少量密封剂。

输油泵安装时,必须注意输油泵体和喷油泵体之间垫片的厚度,垫片过薄,输油泵推杆行程小,泵油量减少;垫片过厚,推杆与活塞发生干涉。

任务3　柱塞式喷油泵检修

【任务描述】

对柴油机高压喷油泵进行拆卸与检修。

【任务目标】

(1)了解柴油机喷油泵的结构、类型及特点。

（2）能掌握喷油泵检修的方法和步骤。

【任务所需设备、工具和材料】

（1）常用拆装工具（包括开口扳手、梅花扳手、活动扳手、内六方扳手、钢丝钳、尖嘴钳、一字旋具、手锤、扭力表、撬杠、铜棒、冲头等）。

（2）拉器、喷油泵拆装专用工具、玻璃测量管。

（3）百分表、外径千分尺、游标卡尺、钢直尺。

（4）空气压缩机、喷油泵实验台、喷油泵实验器。

（5）棉纱、砂布、机油、汽油、油盆、柴油、煤油、白纸、毛刷等。

【任务相关知识】

一、喷油泵的功用与分类

喷油泵的功用是按照柴油机的运行工况和气缸工作顺序，以一定的规律，定时、定量、定压地向喷油器输送高压燃油。

多缸柴油机的喷油泵应满足下列要求。

（1）各缸供油量相等。在标定工况下各缸供油量相差不超过3% ~4%。喷油泵的供油量应随柴油机工况的变化而变化，为此喷油泵必须有供油量调节机构。

（2）各缸供油提前角相同，误差小于0.5° ~1°曲轴转角。供油提前角也应随柴油机工况的变化而变化。

（3）各缸供油持续角一致。

（4）能迅速停止供油，以防止喷油器发生滴漏现象。

喷油泵种类很多，根据工作原理，大体可分为柱塞式喷油泵、转子分配式喷油泵和喷油器喷油泵等。目前，在拖拉机柴油机上应用较多的是柱塞式喷油泵。

二、柱塞式喷油泵的总体结构

国产柱塞式喷油泵主要有A、B、P、Z和Ⅰ、Ⅱ、Ⅲ等型号系列。在对国产柱塞式喷油泵的系列进行划分时，根据柴油机单缸功率范围对喷油泵供油量的要求，以柱塞行程、缸心距和结构形式为基础，再分别分配以不同尺寸的柱塞直径，组成若干种在一个工作循环内供油量不等的喷油泵，以满足各种柴油机的需要。柱塞式喷油泵一般由泵体、分泵（泵油机构）、油量调节机构和传动机构四部分组成。

国产Ⅱ型喷油泵的结构如图2-4-8所示。Ⅱ型喷油泵由分泵、油量调节机构、传动机构和泵体组成。

分泵为带有一副柱塞偶件和出油阀偶件的泵油机构，喷油泵中的分泵数与发动机气缸数相等，各分泵的结构与尺寸完全相同。分泵主要由柱塞偶件、柱塞弹簧、弹簧座、出油阀偶件、出油阀弹簧、减容器、出油阀紧座组成。油量调节机构采用齿杆式油量调节。传动机构由凸轮轴和挺柱传动部件组成。泵体为铝合金铸成的整体式结构，分泵、油量调节机构及传动机构都装在泵体上。泵体上有纵向油道，即低压油腔。柴油经滤清后，由进油空心螺钉进入油道，再从柱塞套上的油孔进入分泵泵腔。油道另一端装有限压阀，当油压大于0.5 MPa

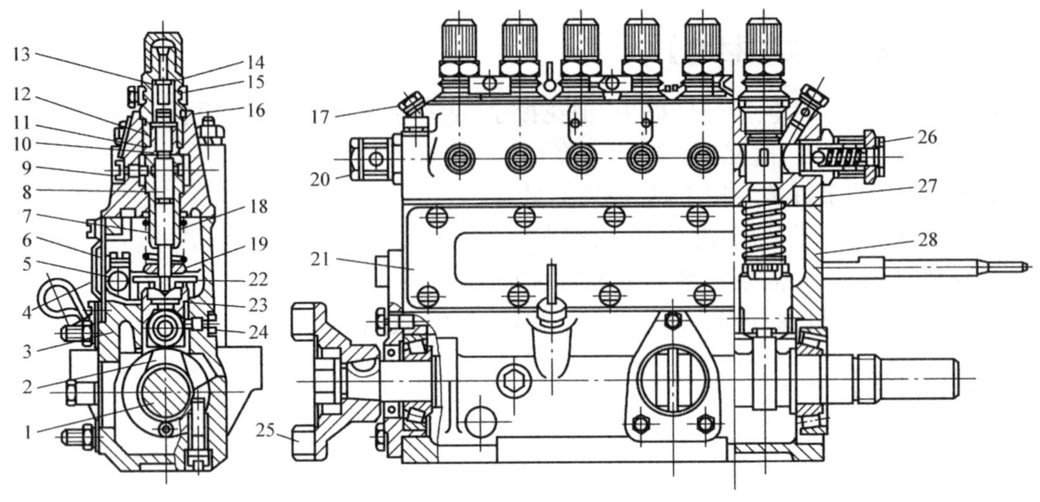

图 2-4-8　国产Ⅱ型喷油泵的结构

1—凸轮轴;2—凸轮;3—挺柱体部件;4—调节叉;5—调节拉杆 6—紧固螺钉;7—柱塞套;
8—柱塞;9—柱塞套定位螺钉;10—出油阀座; 11—高压密封圈;12—出油阀;13—出油压紧座;14—减容器;
15—出油阀弹簧;16—低压密封圈;17—放气螺钉;18—柱塞弹簧;19—弹簧下座;20—进油管接头;21—侧盖;
22—调压叉;23—调整垫片;24—定位弹簧;25—联轴器从动盘;26—溢油阀;27—喷油泵上体;28—喷油泵下体

时,多余的柴油流回输油泵进油口。限压阀还兼有放气作用,当需要放气时,可将限压阀上端的螺钉旋出少许,再抽动手油泵,即可驱净空气。

位于泵体下部的内腔加有润滑油(即柴油机润滑油),依靠润滑油飞溅保证传动机构的润滑。喷油泵凸轮轴前端轴承外面装有油封。

三、喷油泵分泵结构和工作原理

1. 分泵结构

柱塞式喷油泵利用柱塞在柱套内往复运动进行吸气和压油,每一副柱塞偶件向一个气缸供油。单缸柴油机由一副柱塞偶件(柱塞和柱塞套)组成单体泵;多缸柴油机由多副柱塞偶件在同一壳体内组成多体泵,分别向各缸供油。

图 2-4-9 所示为柱塞式喷油泵的分泵结构。其关键部件是泵油机构,由柱塞偶件和出油阀偶件等组成。柱塞的下部固定有调节臂,通过它可调节和转动柱塞的位置。出油阀由弹簧压紧在阀座上,柱塞弹簧通过弹簧座使柱塞的下端与滚轮架的垫块相接触,并使滚轮与凸轮轴上的凸轮相接触。凸轮轴由曲轴通过传动机构驱动。对于四冲程柴油机,曲轴转两周,喷油泵凸轮轴转一周。

1)柱塞偶件

柱塞偶件由柱塞和柱塞套构成一对精密偶件,如图 2-4-10 所示。柱塞偶件一般是用优质合金钢制成,经过精密加工和配对研磨,且不能互换,其径向配合间隙在0.001 5～0.002 5 mm范围内。柱塞头部圆柱面上加工有斜槽和直槽,直槽与顶部相通,柱塞下部加工有油量调节臂。柱塞套上加工有进、回油孔,并与泵上体内的低压油腔相通,柱塞套安装在喷油泵泵体的座孔中，并用定位螺钉定位。正是由于柱塞偶件的精密配合及柱塞的高速运动，才得以实现对柴油的增压。

2）出油阀偶件

出油阀是一个单向阀，由出油阀和出油阀座一对精密偶件组成，其经过精密加工和配对研磨，且不能互换，其径向配合间隙在0.01 mm，位于柱塞偶件的上方。如图2－4－11所示，出油阀头部的密封锥面与出油阀座的接触表面经过精细研磨配合严密，起密封作用。出油阀尾部铣出4个三角形槽，使导向部分的横截面为十字形，出油阀中间有一环形减压带，在供油终了回油时，起到迅速停喷的作用，可避免喷孔处产生后滴油现象。出油阀体被出油阀弹簧压紧在阀座上。

在有些出油阀座中，装有减容器，以减小高压管路系统的容积，改善燃油喷射质量；同时减容器还可以限制出油阀的最大升程。

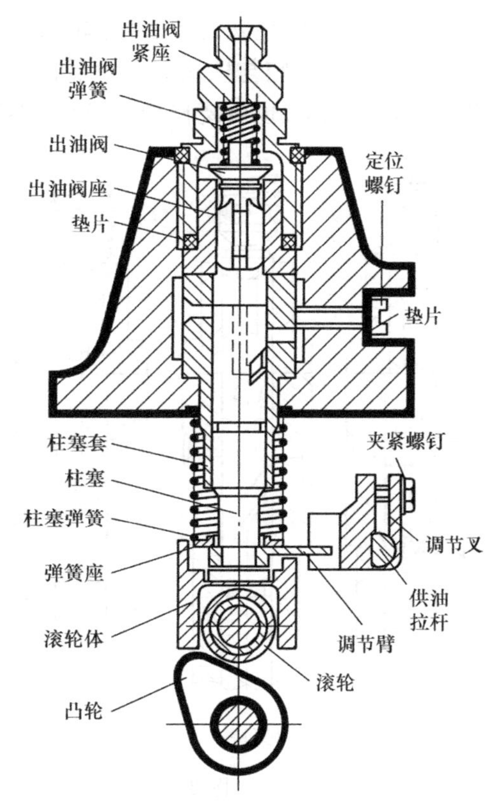

图2－4－9　柱塞式喷油泵的分泵结构

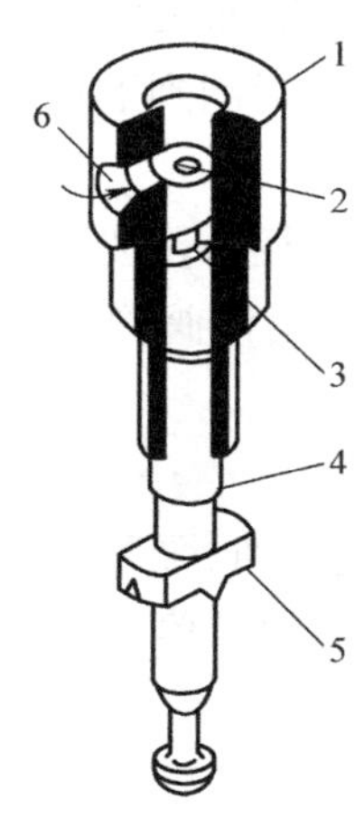

图2－4－10　柱塞偶件

1—柱塞套；2—直槽；3—螺旋槽；4—柱塞；5—榫舌；6—低压进油孔

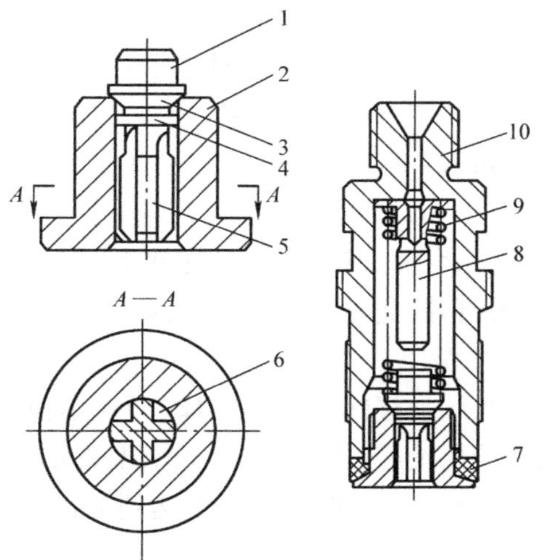

图2－4－11　出油阀偶件

1—出油阀；2—出油阀座；3—密封锥面；4—减压环带；5—导向面；6—切槽；7—密封衬垫；8—减容器；9—出油阀弹簧；10—出油阀紧座

2. 分泵工作原理

柱塞式喷油泵的分泵工作原理如图2－4－12所示。柱塞套上有两个圆孔，都与喷油泵体上的低压油腔相通，柱塞套装于泵体内部，与泵体相固定。柱塞表面上铣有斜槽（直线形或螺旋线形），斜槽内腔与柱塞上面的泵腔经孔道相连接。柱塞由凸轮驱动，柱塞在柱塞套内可做往复直线运动，也可绕自身轴线在一定角度内转动，以完成泵油任务。

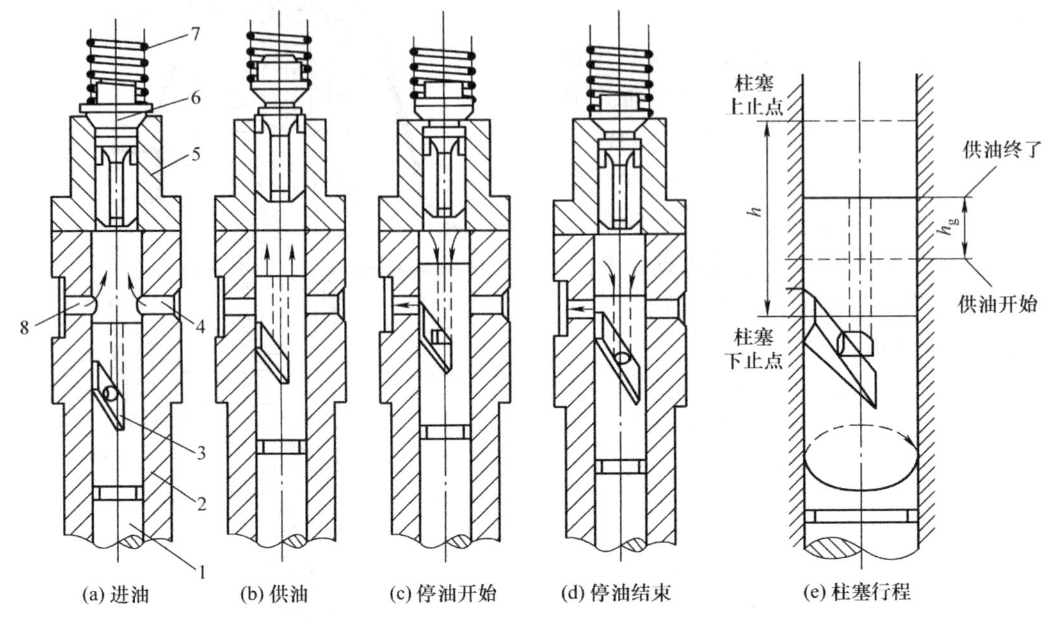

图 2－4－12　柱塞式喷油泵的分泵工作原理

1—柱塞；2—柱塞套；3—斜槽；4、8—油孔；5—出油阀座；6—出油阀；7—出油阀弹簧

1）进油过程

如图 2－4－12(a)所示，当柱塞下移使柱塞套油孔被打开时，柴油在输油泵压力和柱塞上腔真空吸力作用下，自低压油腔经油孔进入并充满柱塞上腔，直至柱塞运动到下止点。

2)供油过程

如图 2－4－12(b)所示，当柱塞自下止点向上移动时，有一部分柴油经油孔被压回低压油腔，直至柱塞套油孔被封闭时，柱塞上腔油压迅速升高。当压力大于出油阀弹簧预紧力时，出油阀被打开，此时高压柴油经高压油管向喷油器供应。

3)停油过程

当柱塞继续上移到图 2－4－12(c)所示位置时，斜槽和柱塞套油孔接通，泵腔内的柴油经斜槽流回低压油腔，压力迅速下降，出油阀在弹簧作用下迅速回位，喷油泵停止供油。此后柱塞继续上行，但不再泵油，直至达到上止点。

4)停止供油状态

当柱塞转到图 2－4－12(d)所示位置时，柱塞根本不能完全封闭柱塞套油孔，柱塞的有效行程为零，喷油泵处于不泵油状态。

柱塞的最大行程 h（上、下止点间的距离）取决于凸轮的高度。如图 2－4－12(e)所示，喷油泵工作时，行程 h 不变，但并非整个工作过程都在泵油，只是在柱塞封闭柱塞套油孔之后到斜槽和油孔接通之前这一段行程 h_g 内才泵油，h_g 称为有效行程。有效行程越长，供油量越多；欲改变供油量，只需转动柱塞，改变有效行程即可。

四、油量调节机构

油量调节机构的作用是根据柴油机负荷和转速的变化。根据驾驶员的操作或调速器的控制，通过转动柱塞来改变柱塞的有效行程，从而改变喷油泵的供油量，并使各缸供油量一致。常用的油量调节机构有齿杆式和拨叉式两种。

1. 齿杆式油量调节机构

齿杆式油量调节机构的结构如图 2－4－13 所示。柱塞下端的条状凸块（榫舌）伸入旋转套筒的槽内，旋转套筒则松套在柱塞套外面。旋转套筒的上部用固定螺钉锁紧一个调节齿圈，齿圈与齿杆相啮合，所以拉动油量调节齿杆可带动柱塞转动，从而改变供油量。各缸供油均匀度和最大供油量，可通过改变齿圈与套筒的相对位置进行调节。国产 A 型喷油泵采用齿杆式油量调节机构。

2. 拨叉式油量调节机构

拨叉式油量调节机构的结构如图 2－4－14 所示。柱塞下端有一个调节臂，调节臂的短头固定在调节叉的槽内。调节叉用螺钉固定在同一油量调节拉杆上，这样移动油量拉杆就可以通过调节叉转动柱塞，从而改变供油量。松开固定螺钉改变调节叉与拉杆的相对位置即可调节各缸的供油量。国产Ⅰ、Ⅱ、Ⅲ号喷油泵采用拨叉式油量调节机构。

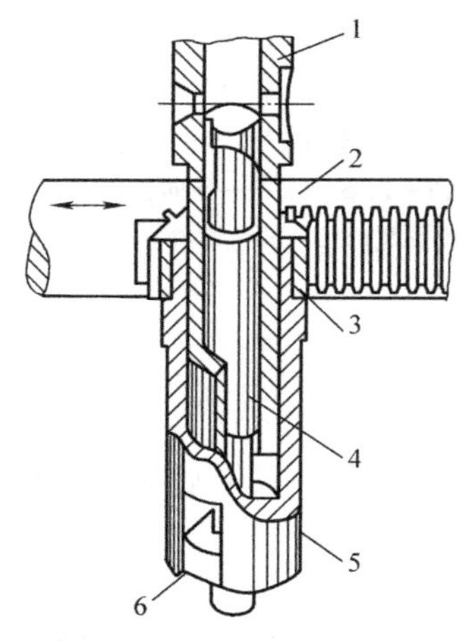

图 2－4－13　齿杆式油量调节机构

1—柱塞套；2—油量调节齿杆；3—调节齿圈；
4—柱塞；5—旋转套筒；6—凸块

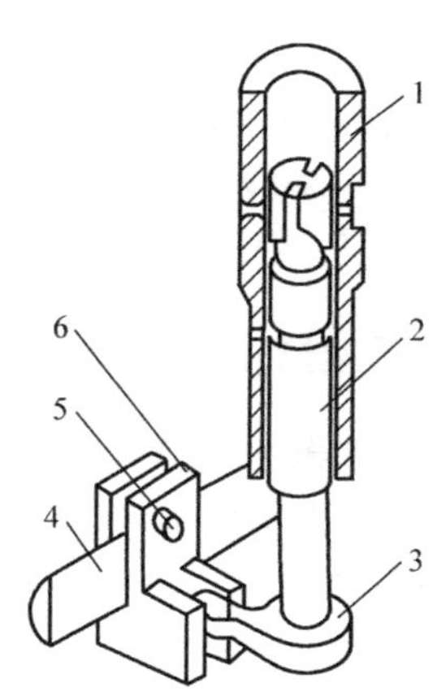

图 2－4－14　拨叉式油量调节机构

1—柱塞套；2—柱塞；3—调节臂；
4—油量调节拉杆；5—螺钉；6—调节叉

五、喷油泵的传动机构和供油正时的调节

喷油泵传动机构的作用是控制喷油泵柱塞的上下移动。它由凸轮轴和挺柱传动部件组成，喷油泵的挺柱传动部件多采用滚轮式，如图 2－4－15 所示。凸轮轴由轴承支承在泵体下部，前端装有联轴器从动盘，后端装有调速器。带有衬套的滚轮松套在滚轮轴上，滚轮轴装在滚轮架的座孔中。滚轮架外形为圆柱体，只能在泵体的圆孔中做上下移动而不能转动。其上部装有调整垫块，以支持喷油泵柱塞。

凸轮轴上凸轮的数量与喷油泵柱塞偶件数量相同，各凸轮间的夹角与气缸工作顺序相适应。凸轮轴一般由曲轴的正时齿轮驱动，四冲程柴油机的喷油泵凸轮轴与曲轴的转速比是 1∶2，以保证凸轮轴每转动一周，喷油泵向各缸供油一次。

喷油泵的供油定时用供油提前角表示。供油提前角的调整方法有两种：一是改变喷油泵的凸轮轴和曲轴的相对角位置，但这只能使各分泵进行同一数量的变化；二是改变滚轮传动部件的高度 h，高度增大，则供油正时提前，反之供油正时迟后。这样可以单独改变某一分泵的供油量。如图 2－4－16(a)所示，更换不同厚度的调整块即可改变滚轮传动部件的高度 h。该结构简单，调整块易于淬硬，工作可靠；但更换时必须拆开泵体，易使已调整好的油量发生变化。如图 2－4－16(b)所示，还可通过调整滚轮架上的调整螺钉来改变滚轮高度，然后用锁紧螺母将调整螺钉锁紧。这种方法较简单，但调整螺钉头部易磨损。

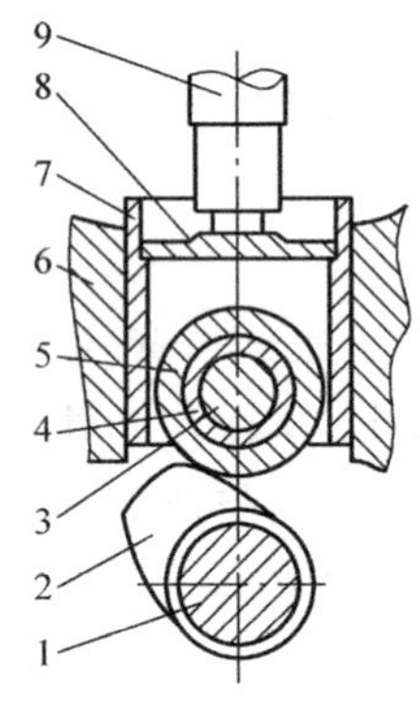

图 2－4－15　喷油泵传动机构

1—凸轮轴；2—凸轮；3—滚轮轴；
4—衬套；5—滚轮；6—泵体；7—滚轮架；
8—垫块；9—柱塞

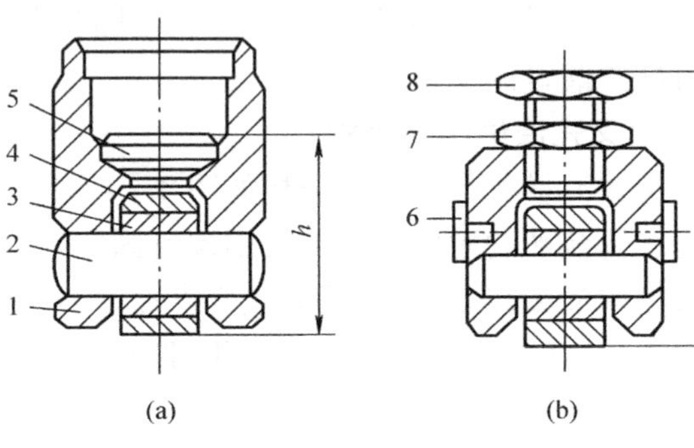

图 2－4－16　供油定时的调整

1—挺柱体；2—滚轮轴；3—滚轮套筒；
4—滚轮；5—调整垫块；6—导向销；
7—锁紧螺母；8—调整螺钉

六、调速器

1. 调速器的构造

与Ⅱ号喷油泵配合使用的球盘式离心全速调速器，安装在Ⅱ号喷油泵后端，其结构如图 2－4－17 所示。

2. 调速器的功用与分类

调速器的作用是根据柴油机负荷的变化，自动调节喷油泵的供油量，以保证柴油机在各种工况下稳定运转。

喷油泵每一循环供油量主要取决于柱塞的有效行程，其次还受柴油机转速的影响。在柱塞的有效行程(油量调节拉杆位置)不变时，当柴油机转速升高，喷油泵的供油量也略微增加；反之，供油量略微减少。上述供油量与转速的关系称为喷油泵的速度特性。喷油泵的速度特性对工况多变的车用柴油机是非常不利的。

柴油机的负荷经常变化，当负荷突然减少时(如满载车从上坡行驶刚刚过渡到下坡行驶)，若不及时减少喷油泵的供油量，则柴油机的转速上升，甚至会超过标定的最高转速而出现“飞车”现象。相反，当负荷突然增大时，若不及时增加喷油量，则柴油机的转速将急速下降甚至熄火。此外，柴油机在怠速工况下工作，即柱塞保持在最小供油量位置不变时，内部阻力增大会使柴油机转速降低，喷油泵的供油量自动减少，使柴油机转速进一步降低，如此循环作用，最后导致柴油机熄火。

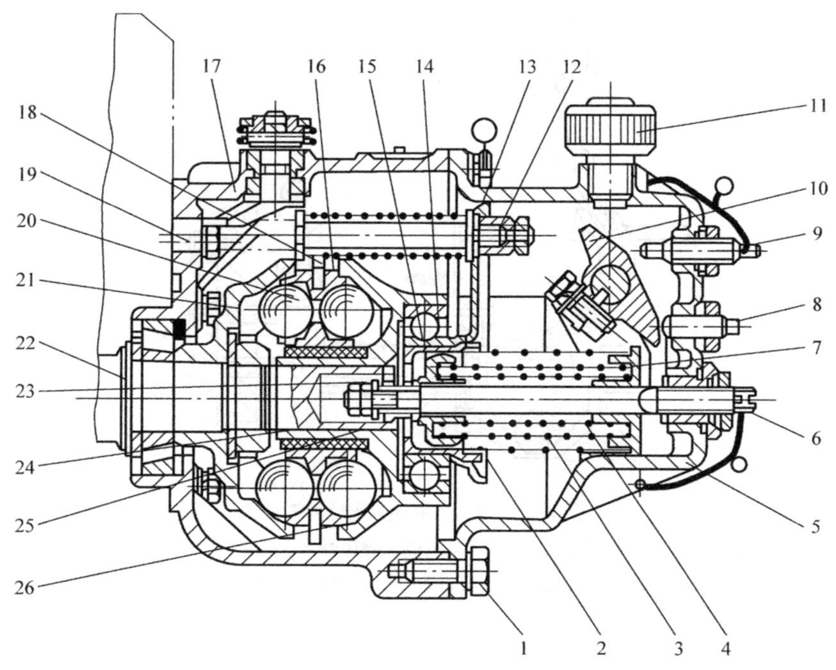

图 2－4－17　球盘式离心全速调速器结构

1—放油螺钉；2—起动弹簧；3—高速调速弹簧；4—低速调速弹簧；5—调速器后壳；6—调速螺柱；7—弹簧后座；8—低速限止螺钉；9—高速限止螺钉；10—调速叉；11—加油口螺塞；12—拉杆螺母；13—拉板；14—起动弹簧前座；15—调速弹簧前座；16—飞球座；17—调速器前壳；18—飞球保持架；19—供油拉杆；20—飞球；21—驱动锥盘；22—喷油泵凸轮轴；23—垫圈；24—校正弹簧；25—校正弹簧座；26—推力锥盘

由于喷油泵速度特性的作用，使柴油机的稳定性变差，特别是在怠速和高速时根本无法维持正常工作。因此，柴油机都装有调速器，根据柴油机负荷的变化，自动调节供油量，以达到稳定怠速、限制超速，并保证柴油机在工作转速范围内稳定运转。

柴油机上应用最广泛的是机械离心式调速器。按调速器可调节的转速范围，分为两极式调速器和全程式调速器。拖拉机上多采用机械离心式全速调速器。

两速调速器，不仅在怠速时能防止发动机自动熄火，而且能防止发动机超速，在中间转速条件下，调速器不起作用，柴油机的工作转速由驾驶员通过操纵油量调节机构来调整。

全速调速器，不仅能稳定发动机的怠速和限制最高转速，而且在任一选定的转速下都能根据负荷的大小自动调节供油量，使发动机稳定工作。

3. 调速器工作原理

Ⅱ号喷油泵调速器工作过程，如图 2－4－18 所示。驾驶员通过油门踏板操纵调速叉 10 并使其处于某一固定位置，此时若柴油机发出的有效转矩正好与外界阻力矩平衡，转速稳定，飞球组件离心力所产生的轴向推力 F_a 和调速弹簧的作用力 F_b 相平衡；拉板 11 和油量调节拉杆 12 处于一定的位置，并与调速螺柱的凸肩之间保持一定的间隙 δ_1。

（1）当外界阻力矩突然减小时，而驾驶员未改变调速叉的位置，则发动机转速将会升高，飞球组件产生离心力增大，于是 $F_a > F_b$，使油量调节拉杆自动右移，供油量减小，发动机的有效转矩也随之减小，直到与外界阻力矩相等时为止，转速便不再升高。此时，柴油机以比外界阻力矩变化前略高的转速稳定运转。

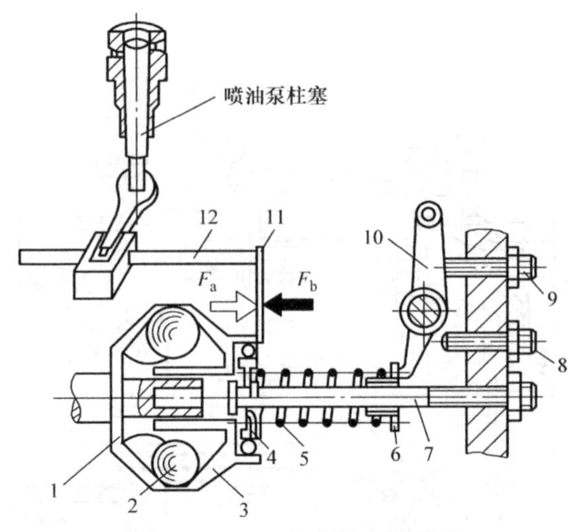

图 2-4-18　全速调速器原理

1—传动盘；2—飞球；3—推力盘；4—弹簧座；5—调速弹簧；6—调速弹簧座；7—支承轴；8—低速限止螺钉；9—高速限止螺钉；10—调速叉；11—拉板；12—油量调节拉杆

（2）当外界阻力矩突然增加时，发动机转速降低，飞球组件的离心力减小，于是 $F_a < F_b$，使拉板自动左移，增加供油量，发动机有效转矩增大，直至其有效转矩与外界阻力矩相等，转速不再降低，F_a 与 F_b 重新取得平衡为止。此时，柴油机以较前略低的转速稳定运转。

因此，调速器可根据外界阻力变化自动调节供油量，使转速在很小的范围内变化。

【任务实施】

一、柱塞式喷油泵的检修

1. 外部检查

用煤油或柴油认真清洗喷油泵外部，并进行以下外部检查。

（1）观察泵体有无裂纹或可能导致漏油的损伤。

（2）检查出油阀压紧座处有无漏油的损伤。

（3）检查凸轮轴的转动是否灵活，若不灵活，可能是轴承损坏或柱塞弹簧折断。

（4）拆开检查窗盖，检查喷油泵内部是否有积水。

（5）检查泵体内润滑油是否被柴油严重污染或变质。

2. 喷油泵体零件检查

将柱塞式喷油泵解体后，认真清洗各零件，并进行以下检查。

（1）检查喷油泵壳体有无损坏或裂纹。

（2）检查凸轮轴键槽与半圆键的配合情况，若有松动，应更换键或凸轮轴。

（3）检查凸轮轴端锥面和螺纹，若毛糙或损坏，应用油石修磨或更换凸轮轴。

（4）检查凸轮轴上的凸轮，若有损伤、变形或严重磨损，应更换凸轮轴。凸轮磨损量一般应不超过 0.5 mm。

（5）检查凸轮轴的颈向圆跳动量，若超过 0.5 mm，应进行冷压校直。

（6）检查凸轮轴的轴向间隙，若超过 0.15 mm，应调整或更换凸轮轴。

(7)检查滚轮体和滚轮,若磨损严重或损坏,应更换。检查滚轮与销的配合间隙,若超过0.2 mm,应更换。

(8)检查滚轮体与导孔的配合间隙,若超过0.2 mm,应更换。

(9)检查柱塞式弹簧,若有变形或折断,应更换。

(10)检查传动套筒有无裂纹,并检查柱塞凸块与传动套筒槽的配合间隙。若传动套筒有裂纹或柱塞凸块配合间隙超过0.2 mm,应更换。

(11)检查油量调节齿条与齿圈的齿隙,若齿隙超过0.3 mm,应更换。检查齿杆,若有弯曲变形,应更换。

3. 柱塞偶件的检查

将喷油泵解体后,应对柱塞偶件进行以下检查。

(1)检查柱塞偶件,若工作面有刻痕、腐蚀或柱塞弯曲、变形等现象,应更换。

(2)滑动实验。将柱塞偶件彻底清洗干净后,使其倒置并与水平面倾斜45°。轻轻抽出柱塞约1/3,然后松开,柱塞应能依靠自身质量沿套筒平稳下滑,落到套筒支承面上。如此将柱塞转动几个不同位置,反复测试几次,若每次都能符合上述要求,说明柱塞偶件配合良好。

(3)密封性实验。用手指堵住套筒上端孔和侧面进油孔,另一只手向外拉柱塞,应感觉有吸力;放松柱塞时,柱塞应能迅速回位。将柱塞转动几个不同位置,反复测试几次,若每次都能符合上述要求,说明柱塞偶件配合良好。

4. 出油阀偶件的检查

将喷油泵解体后,应对出油阀偶件进行以下检查。

(1)目测检查出油阀偶件工作面,其上不应有刻痕及锈蚀,密封锥面应光泽明亮、完整连续,光亮带宽度不超过0.5 mm,出油阀垫片应完好无损,否则应更换。

(2) 滑动测试。将出油阀偶件用柴油浸润后,垂直拿住阀座,将阀体从座孔中抽出其配合长度的1/3,松开后,阀体应能依靠自身的质量平稳地落入阀座,无卡滞现象。将阀体转动几个位置,反复测试几次,若每次都能符合上述要求,说明出油阀偶件配合良好。

(3)检查密封锥面密封性。用拇指和中指拿住出油阀座,用食指按住出油阀,然后用负压吸油阀座下面的孔,若能吸住油阀,说明密封良好。

(4)检测减压环带密封性。与手指堵住出油阀座下面的孔,向上提出油阀,在减压环带没有离开阀座时,应感到有吸引力;若将阀体放入阀座并压下阀体,当松开阀体时其应能迅速弹起。

二、喷油泵的调试

喷油泵一般在实验台上由专业人员进行调试。以A型喷油泵为例,首先将喷油泵安装到实验台上,连接好相应的油路,按规定给喷油泵调速器加好润滑油,拆除供油齿杆盖、冒烟限制器,装上齿条位移测量仪;然后进行供油定时和供油的监测与调试。

1. 检查与调整供油定时

(1)将操纵手柄放在最大供油位置,打开实验台上标准喷油器的溢流阀,调试实验台上的供油喷油泵低压油腔的油压,使油能顶开出油阀从第1缸喷油器的回油管中流出。

(2)转动喷油泵凸轮轴,使第1缸柱塞处于下止点的极限位置;再缓缓转动凸轮轴,直到第1缸喷油器回油管中刚刚停止流油，此时第1缸分泵柱塞上行到供油开始位置（堵住柱塞套筒上的进油孔时）。反复进行几次测试，当第1缸开始供油时，检查喷油泵联轴器和泵体上的供油定时标记，应对正；否则，说明第1缸供油定时失准。

(3)第1缸供油定时失准时，可通过调节滚轮体上的调整螺钉来调整；相差较大时，可重新做定时标记。

(4)利用实验台的飞轮盘上的刻度，选择任意角度作为第1缸供油开始的基准；依照上述方法，按发动机各气缸做功顺序依次检查各气缸供油间隔角，以确定其他气缸的供油定时。

例如，6缸柴油机的做功顺序为1—5—3—6—2—4，以第1缸供油开始时刻为基准，当第5缸开始供油时，实验台刻度盘上的指针应正好转过60°±0.5°。转过角度过大说明第5缸供油迟后，转过角度过小说明第5缸供油过早，应调整第5缸滚动体的有效高度，使供油间隔角符合要求。依同样方法检查、调整其他各缸的供油定时。

2. 调整供油量

将喷油泵低压腔的压力调整到160 MPa，将控制齿杆调到额定供油量位置，并使喷油泵依规定转速运转，然后测量各分泵供油量及其均匀度。如果供油量不符合规定，则应松开传动套筒上的齿圈固定螺钉，转动传动套筒来调节喷油量。逆时针转动套筒时，供油量增加，反之则减少。调整合适后，拧紧齿圈固定螺钉。

任务4　喷油器检修

【任务描述】

对柴油发动机喷油器进行拆解与检修。

【任务目标】

(1)了解柴油机喷油器的结构、类型及特点。

(2)能正确检测喷油器的技术状态。

【任务所需设备、工具和材料】

(1)常用拆装工具。

(2)空气压缩机、喷油器总成、喷油器实验器、针阀偶件。

(3)棉纱、砂布、机油、汽油、油盆、柴油、煤油、白纸、毛刷等。

(4)柴油发动机维修手册、零件图册。

(5)柴油发动机供给系视频资料。

【任务相关知识】

一、喷油器的功用

喷油器是柴油机燃油供给系中实现燃油喷射的重要部件，其功用是根据柴油机混合气形成的特点，将燃油雾化成细微的油滴，并将其喷射到燃烧室的特定部位。喷油器应满足不同类型的燃烧室对油雾特性的要求。一般说来，喷柱应有一定的贯穿距离和喷雾锥角，以及良好的雾化质量，而且在喷油结束时不发生滴漏现象。

柴油机广泛采用闭式喷油器。这种喷油器主要由喷油器体、调压装置及喷油嘴等部分组成。闭式喷油器的喷油嘴是由针阀和针阀体组成的一对精密偶件，其配合间隙仅为0.002～0.004 mm。为此，在精加工之后，尚需配对研磨，故在使用中不同喷油器的零部件不能互换。一般针阀由热稳定性好的高速钢制造，而针阀体则用耐冲击的优质合金钢制造。根据喷油嘴的结构形式，闭式喷油器又可分为孔式喷油器和轴针式喷油器两种，分别用于不同类型的燃烧室。

二、孔式喷油器

1. 孔式喷油器结构

孔式喷油器主要用于直喷式燃烧室的柴油机。孔式喷油器由针阀偶件、壳体、调压部件和进油管接头四个主要部分组成。孔式喷油器的喷油嘴头部加工有1个或多个喷孔，其中有1个喷孔的称为单孔喷油器，有2个喷孔的称为双孔喷油器，有3个及以上喷孔的称为多孔喷油器。孔式喷油器一般喷孔数目为1～7个，喷孔直径为0.2～0.8 mm。喷孔直径不宜过小，否则既不易加工，又容易在使用中被积炭堵塞。

如图2-4-19所示，孔式喷油器主要部件是针阀偶件，由针阀和针阀体组成，其用优质轴承钢制成，二者相互配合的滑动圆柱面间隙仅为0.002 5～0.001 mm，通过高精密加工或研磨选配而得，不同针阀偶件不可互换。针阀中部的环形锥面（承压锥面）位于针阀体的环形油腔中，承受由油压产生的轴向推力，使针阀上升。针阀下端的锥面（密封锥面）与针阀体相配合，起密封喷油器内腔的作用。针阀上部有凸肩，当针阀关闭时，凸肩与喷油器体下端面的距离为针阀最大升程，其大小决定了喷油量的多少，一般升程为0.4～0.5 mm。针阀体与喷油器体的结合处有1～2个定位销防止针阀体转动，以免进油孔错位。

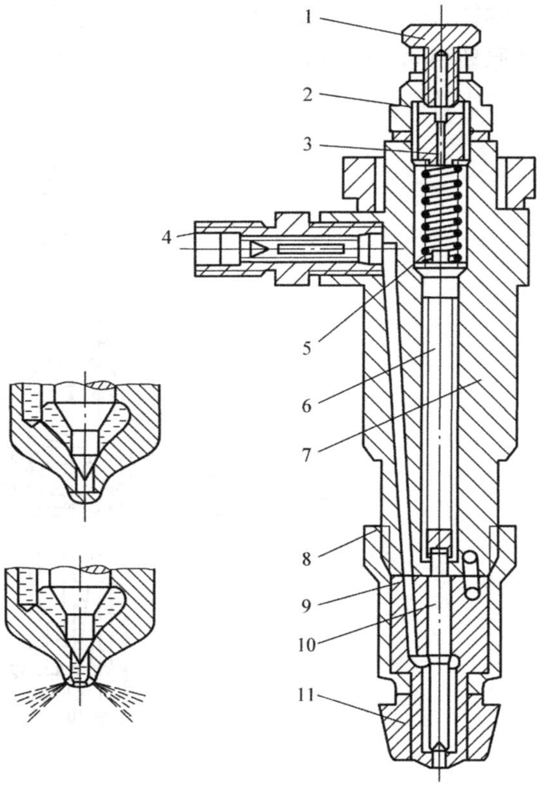

图2-4-19 孔式喷油器的结构

1—回油管螺栓；2—调压螺钉护帽；3—调压螺钉；4—进油管接头；5—调压弹簧；6— 顶杆；7—喷油器体；8—紧固螺套；9—针阀体；10—针阀；11—喷油器锥体

在进油管接头上装有缝隙式进油滤芯，以防细小杂物堵塞喷孔。柴油进入滤芯的不直通的沟槽，然后通过滤芯的棱边与进油管接头孔之间的缝隙，通向出油道。

柴油在通过缝隙时，杂质颗粒被挡住，滤芯具有磁性，可吸附金属磨屑。

2. 工作过程

(1)喷油。当喷油泵开始供油时，高压柴油从进油口进入喷油器体内，沿油道进入喷油器针阀体环形槽内，再经斜油道进入针阀体下面的高压油腔内，高压柴油作用在针阀锥面上，并产生向上抬起针阀的作用力，当此力克服了调压弹簧的预紧力后，针阀就向上升起，打开喷油孔，柴油经喷油孔喷入燃烧室。

(2)停油。当喷油泵停止供油时，高压油管内油压骤然下降，作用在喷油器针阀的锥形承压面上的压力迅速下降，在弹簧力的作用下，针阀迅速关闭喷孔，停止喷油。

(3)回油。进入针阀体环形油腔的少量柴油，经喷油嘴偶件配合表面之间的间隙流到调压弹簧端，进入回油管，流回滤清器，用来润滑喷油嘴偶件。

针阀开启压力(喷油压力)的大小取决于调压弹簧的预紧力。不同发动机有不同的喷油压力要求，可通过调压螺钉调整，旋入时压力增大，旋出时压力减小，有的喷油器调压弹簧的预紧力是由调压垫片调整的。

三、轴针式喷油器

轴针式喷油器的喷油压力低，主要应用于分隔式燃烧室，轴针式喷油器与孔式喷油器的工作原理相同，结构相似，只是喷油嘴头部的结构不同而已。如图 2 - 4 - 20 所示，在轴针式喷油器中，针阀密封锥面以下有一段轴针，它穿过针阀体上的喷孔且稍突出于针阀体之外，

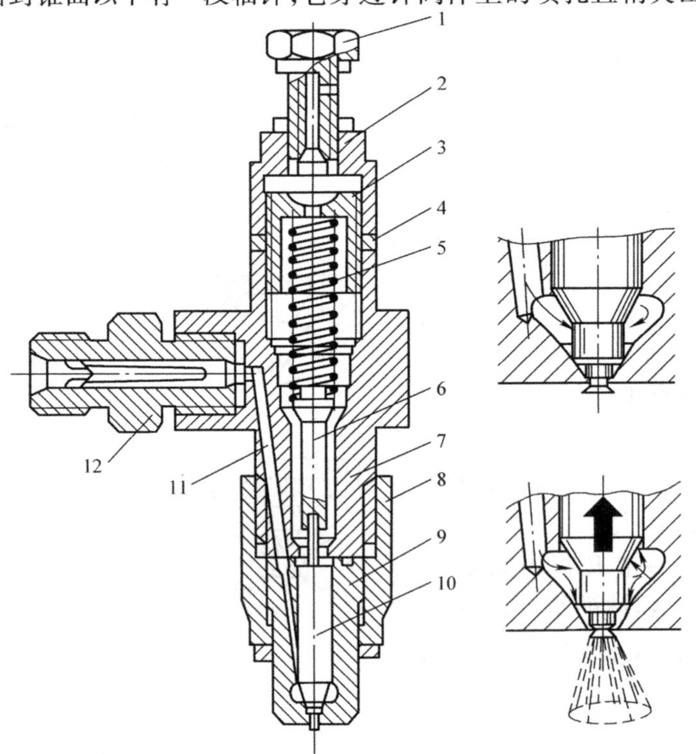

图 2 - 4 - 20　轴针式喷油器的结构

1—回油管螺栓；2—调压螺钉护帽；3—调压螺钉；4—垫圈；5—调压弹簧；6—顶杆；7—喷油泵体；8—紧固螺套；9—针阀体；10—针阀；11—油道；12—进油管接头

使喷孔呈圆环形。因此,轴针式喷油器的喷柱是空心的。轴针可以制成圆柱形或截锥形。圆柱形轴针喷柱的喷雾锥角较小,而截锥形轴针喷柱喷雾锥角较大。因此,轴针制成不同形状,可以得到不同形状的喷柱,以适应不同形状燃烧室的需要。

【任务实施】

一、喷油器的检修

1. 喷油器拆解

(1)用专用工具从柴油机上拆下喷油器,用钢丝刷清洁喷油器的外部。

(2)将喷油器喷孔朝上,用垫有铜皮护口的台虎钳夹住喷油器体。

(3)从喷油器体上拧下紧固螺套,拆下针阀、针阀体等零件,从喷油器体内取出顶杆。注意:针阀与针阀体是精密偶件,必须按原配成对放置。如针阀卡死在针阀体内无法取出,表明针阀已变形,应更换针阀与针阀体偶件。

(4)松开台虎钳,将喷油器调转并重新夹住;拧下调压螺钉护帽和调压螺钉,取出调压螺钉垫圈、调压弹簧和弹簧座等零件。

2. 喷油器零件检修

(1)用直径合适的专用清洁针清除喷孔内的积炭,用柴油清洗喷油器各零部件。

(2)检查针阀。若发现针阀密封锥面或导向面暗淡无光,表明针阀已磨损;若其前端有暗黄色伤痕,表明针阀因过热而拉毛;若其导向面有咬住或黏滞的痕迹,表明针阀已变形。发现上述任何情况之一,均应更换针阀与针阀体偶件。

(3)检查针阀体。针阀体前端伸入燃烧室内的部分若有严重烧蚀现象,应更换针阀与针阀体偶件。

(4)检查针阀与针阀体的配合情况。针阀与针阀体分别清洗干净后,将针阀放入针阀体,使其倾斜45°,抽出针阀1/3并放松后,针阀应能依靠自身质量,均匀、缓慢地滑入针阀体;若有黏滞现象,应将针阀与针阀体偶件放入柴油中进行研磨,直到符合要求为止;若针阀不下滑,有严重的黏滞现象,则表面有变形,应更换针阀与针阀体偶件。

3. 喷油器装复

按与分解相反的顺序装复喷油器,并检查喷油器性能。

二、喷油器性能的检查

将喷油器安装在专用实验台的高压管上,如图2-4-21所示。

1. 检查喷油器的密封性

连续压动喷油器实验台上的泵油手柄,同时用旋具拧动喷油器上的调压螺钉,将喷油压力调整到20 MPa以上;然后测量油压从20 MPa下降到18 MPa所需的时间,应不小于9~12 s,否则说明针阀与针阀体圆柱面配合间隙过大。再拧动喷油器调压螺钉,并连续压动泵油手柄,将喷油压力调整到比规定的喷油压力低2 MPa,喷油器在10 s内不能有渗油甚至滴油现象,否则说明针阀与针阀体密封锥面密封不良。

2. 调整喷油压力

在喷油器实验台上,以60次/分的频率压动泵油手柄,当喷油器开始喷油时,油压表上的指示压力即为喷油器的喷油压力。喷油压力若不符合规定标准,应予调整。调整时,用旋具拧紧喷油器调压螺钉,可使喷油压力增大;反之,喷油压力降低。

3. 喷雾测试

在喷油器实验台上,按规定喷油压力以 60～80 次/分的频率压动泵油手柄,使喷油器喷油。要求:喷出的柴油呈雾状,且分布均匀,没有喷柱分支、油滴飞溅等现象;喷柱平直,不能有弯曲;断油干脆,并伴有清脆的声响;在多次喷油后,喷孔周围应干燥或稍有湿润。若不符合上述任何一项要求,应更换喷油针阀与针阀体偶件。

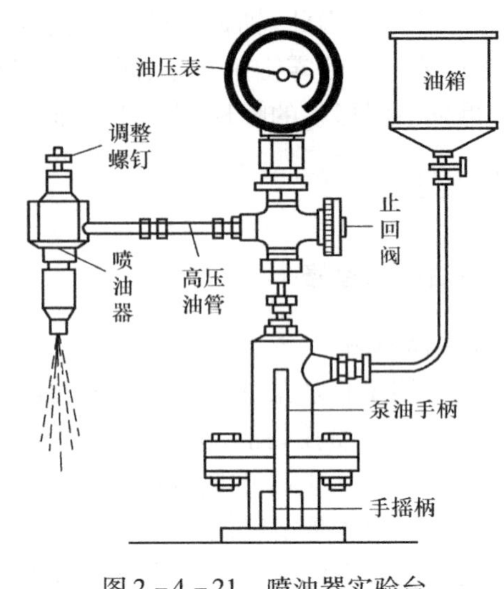

图 2－4－21　喷油器实验台

任务 5　柴油机高压共轨系统认知

【任务描述】

通过电控柴油机实物和资料,认知柴油机高压共轨系统的构造和工作原理。

【任务目标】

(1)了解柴油机高压共轨系统的构造和工作原理。

(2)能正确识别柴油机高压共轨系统的主要零部件。

【任务所需设备、工具和材料】

(1)电控柴油发动机。

(2)柴油机高压共轨系统的主要零部件。

(3)柴油机高压共轨系统视频资料。

【任务相关知识】

一、柴油机高压共轨系统简介

柴油机电控高压共轨喷射是在高压油泵、油轨(共轨管)、压力传感器、发动机控制模块(Engine Control Module,ECM)组成的闭环控制系统中,将喷射压力的产生和喷射过程彼此分开的一种供油方式。高压油泵只负责燃油加压并输送到油轨,油轨中的燃油压力大小由压力调节阀调整;燃油喷射则由 ECM 根据各种传感器输入的信息,适时发出指令使喷油器喷油。这种方式可在发动机的转速范围内实现连续高压喷射,在每个循环中能完成预喷、主喷、后喷等多次喷射。ECM 可精确控制喷油量和喷油时刻。

与传统的机械喷油系统相比,电控高压共轨系统具有以下优点。

(1)对喷油定时的控制精度高,反应速度快。

(2)对喷油量的控制精确、灵活、快速,喷油量可随意调节,可实现预喷射和后喷射。

(3)喷油压力高,不受发动机转速的影响。

(4)无零部件磨损,长期工作稳定性好,可靠性高,适应性强。

二、柴油机电控高压共轨系统基本组成

柴油机电控高压共轨系统由电子控制和燃油供给两大部分组成,其基本结构如图 2 -4 -22所示。

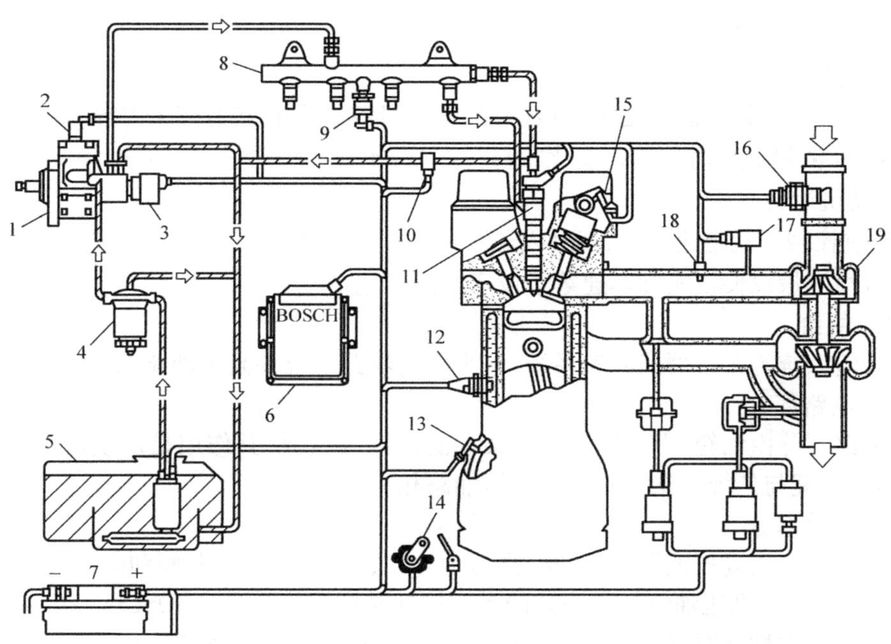

图 2 -4 -22　柴油机电控高压共轨系统的结构

1—高压油泵;2—燃油切断阀;3—压力控制阀;4—柴油滤清器;5—油箱;6—ECM;7—蓄电池;8—共轨管;9—油压传感器;10—油温传感器;11—喷油器;12—冷却液传感器;13—曲轴传感器;14—加速踏板传感器;15—凸轮轴传感器;16—空气流量传感器;17—增压压力传感器;18—进气温度传感器;19—涡轮增压器

1. 电子控制

电子控制部分由发动机控制模块(ECM)、各种传感器和执行器组成。

1)传感器

传感器的作用是把各种物理信号变成电信号,然后输送给 ECM,为 ECM 运行控制提供参数。

柴油机电控高压共轨系统所用传感器主要有曲轴转速传感器、凸轮轴位置传感器、各种温度传感器(如冷却液温度传感器、进气温度传感器、机油温度传感器、回油管内柴油温度传感器)、增压压力传感器、燃油压力传感器、空气流量传感器和加速踏板位置传感器等。

2）执行器

执行器有电控喷油器、油压控制阀、流量控制阀、增压压力执行器、涡轮控制器和废气再循环（Exhaust Gas Recirculation，EGR）反馈控制器等。

3）发动机控制模块（ECM）

ECM 的功能是接收各种传感器输入的信号，经过比较、运算、处理后，计算出最佳喷油时间和喷油量值，向喷油器发出开启或关闭指令，从而精确控制发动机的工作过程。

发动机起动时，由水温与发动机转速信号决定喷油量，而当车辆正常行驶时，则主要由加速踏板位置传感器信号和发动机转速信号决定喷油量。

ECM 还具有以下辅助功能。

（1）怠速转速控制。ECM 除维持怠速最低稳定运转转速以节省燃油以外，还在电器负载、空调压缩机运转、变速器换挡操作及操作动力转向时，利用怠速控制器改变喷油器的喷油量来调节怠速转速。

（2）怠速平滑运转控制。由于机械磨损，发动机各缸会有转矩产生差异，导致发动机运转不稳。ECM 测量做功时的转速变化，对各缸进行比较，调节各缸喷油量，使其产生的转矩相同，使发动机运转平稳。

（3）巡航控制。既定速控制，驾驶人通过操作仪表板上的巡航控制开关控制车速，车速控制器增减喷油量以便使实际车速等于设定车速。

2. 燃油供给

高压共轨系统为蓄压器式共轨系统，分为低压油路部分和高压油路部分。

1）低压油路部分

低压油路部分由油箱、电动输油泵和柴油滤清器等组成，其作用是产生低压柴油，输给高压泵，结构原理与传统的柴油供给系低压油路相似。

2）高压油路部分

高压油路部分由高压油泵、限压阀、高压油管、共轨管、压力控制阀和电控喷油器组成。

（1）高压油泵。高压油泵的作用是产生高压油和控制供油率。BOSCH 公司采用由柴油机驱动的三个径向柱塞泵来产生高达 160 MPa 的压力，其高压共轨腔中的压力的控制是通过对共轨腔中燃油的放泄来实现的，为了减小功率损耗，在喷油量较小的情况下，将关闭三个径向柱塞泵中的一个压油单元使供油量减少。

（2）共轨管。共轨管的作用是将高压油分配到各缸喷油器中，并起蓄压器作用，保持燃油压力稳定。共轨管容积具有消减高压油泵的供油压力波动和每个喷油器由喷油过程引起的压力振荡的作用，将高压油轨中的压力波动控制在 5 MPa 以下。共轨管上安装有压力传感器、限压阀和限流阀。压力传感器向 ECM 提供高压油轨的压力信号；限流阀保证在喷油器出现燃油漏泄故障时，切断向喷油器的供油，并减小共轨管和高压油管中的压力波动；限压阀保证高压油轨在出现压力异常时，迅速将高压油轨中的压力进行放泄。

（3）电控喷油器。电控喷油器是共轨式燃油供给系统中最关键和最复杂的部件，它的作用根据 ECM 发出的控制信号，通过控制电磁阀的开启和关闭，将高压油轨中的燃油以最佳的喷油定时、喷油量和喷油率喷入柴油机的燃烧室。

三、柴油机电控高压共轨系统工作过程

燃油从油箱被电动输油泵吸出后，经油水分离器和滤清器滤清后，被送入低压油泵，这

时燃油压力为0.2 MPa。进入低压泵的燃油一部分通过高压泵上的安全阀进入油泵的润滑和冷却油路后流回油箱,另一部分进入高压油泵。在高压油泵中,燃油被加压到135 MPa后,被输送到油轨。在油轨上有一个压力传感器和一个通过切断油路来控制油量的压力限制阀,压力限制阀可调节ECM设定的共轨压力。高压柴油从油轨、流量限制阀经高压油管进入喷油器后,又分为两路:一路直接喷入燃烧室;另一路是在喷油器间从针阀导向部分和控制套筒与柱塞缝隙处泄漏的多余燃料,从回油管流回油箱。

在电控高压共轨系统中,由各种传感器(如曲轴转速传感器、加速踏板位置传感器、凸轮轴位置传感器、各种温度和压力传感器等)及时检测出发动机的实际运行状态,由ECM中的计算机根据预置的程序进行运算后,确定适合该工况的最佳喷油量、喷油时刻、喷油速率等参数,ECM发出指令,使发动机始终处在最优工作状态,确保发动机的动力性、经济性得到有效发挥,并且可使排放污染降到最低。

【任务实施】

通过观察电控高压共轨柴油机,认识各组成部分,把主要部件的内容填入表2-4-2。

表2-4-2　电控高压共轨柴油机观察记录表

序号	主要部件	功用
1		
2		
3		
4		
5		

项目五　冷却系的结构与检修

任务1　冷却系认知

【任务描述】

通过柴油机冷却系实物和资料，认知柴油机冷却系的构造和工作原理。

【任务目标】

（1）了解柴油机冷却系的功用、组成、分类。
（2）能正确说明柴油机冷却系的工作原理。

【任务所需设备、工具和材料】

（1）柴油发动机冷却系的主要零部件。
（2）柴油发动机维修手册、零件图册。
（3）柴油发动机冷却系视频资料。

【任务相关知识】

一、冷却系的功用和分类

冷却系的主要功用是对发动机进行冷却，维持发动机的正常工作温度（76～86 ℃），以保证发动机的正常工作。

根据所用冷却介质的类型，发动机有水冷式和风冷式两种冷却方式。水冷式按冷却液的循环方式又分为小型柴油机使用的蒸发式冷却和大、中型柴油机使用的强制循环式冷却两种。

拖拉机柴油机广泛采用水冷却系，如图2－5－1所示。它是利用冷却液吸收高温机件的热量，再将这些吸收了热量的冷却液送至散热器冷却，从而将热量散发到大气中。水冷却系的冷却可靠，冷却强度调节方便，在工作中冷却液损失较少。在发动机正常工作时，可使缸盖内的冷却液温度维持在76～86 ℃。

一些发动机采用风冷却系，如图2－5－2所示。它是以空气作为冷却介质，直接对缸体和缸盖进行冷却。

二、发动机的正常工作温度

在水冷却系中，使用冷却水的发动机，其冷却水温度应保持在80～90 ℃范围内；使用专用冷却液的发动机，其冷却液温度应保持在90～105 ℃范围内。在风冷却系中，铝气缸壁的温度以 150 ~ 180 ℃为宜，铝气缸盖的温度应保持在 160 ~ 200 ℃。

如果发动机温度过高，将降低充气效率，使润滑油变稀，零件磨损加剧，强度降低；如果发动机温度过低，将不利于混合气的形成和燃烧，使润滑油黏度增大，阻力增大，排放恶化。因此，冷却系的技术状况正常与否，对发动机的动力性、经济性、工作可靠性和使用寿命均有较大的影响。

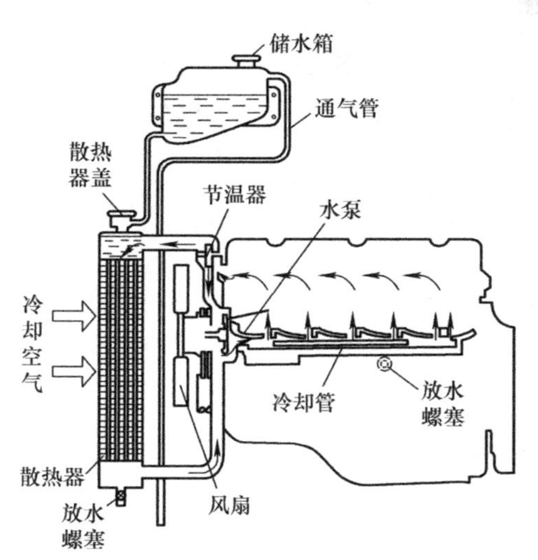

图 2－5－1　发动机水冷却系

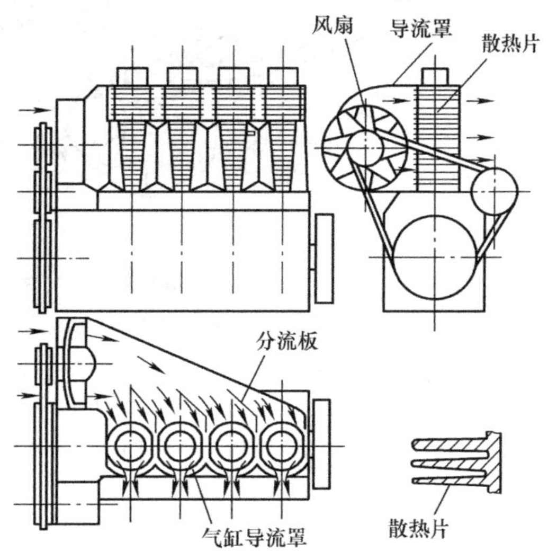

图 2－5－2　发动机风冷却系

三、水冷却系的组成

水冷却系主要部件包括水泵、散热器、节温器、冷却风扇、进出水管、水箱等。

发动机采用的水冷却系大都是强制循环式水冷却系。水冷却系的组成如图 2－5－3 所示，它是利用水泵将冷却液在水套和散热器之间进行循环来完成对发动机的冷却。水套是气缸与缸体外壁之间和缸盖上、下平面之间的夹层空间，在缸体和缸盖下平面有对应的通水孔，使缸盖水套与缸体水套相通。发动机工作时，水套内充满冷却液，直接从缸壁和燃烧室壁吸收热量。水泵固装于发动机缸体前端面，由曲轴通过 V 形带驱动。水泵的出水孔通过分水管与水套相通。

散热器一般安装在发动机前方的支架上，通过橡胶水管与发动机缸盖上的水套出水孔及水泵进水口相通。风扇位于散热器后面，可产生强大的抽吸力，增大通过散热器的空气流量和流速，加强散热器的散热效果。

节温器位于缸盖出水管出水处，可以根据发动机的工作温度，自动控制冷却水的循环路线，实现冷却强度的调节。百叶窗安装于散热器前面，由驾驶员操纵开度来控制通过散热器的空气量，也可以实现冷却器强度的调节。

四、冷却水的循环路线

发动机运转时，带动水泵转动，水泵将散热器内的冷却液抽出经分水管送入缸体水套。如图 2－5－4 所示，进入水套的冷却液对气缸上部进行强制冷却。

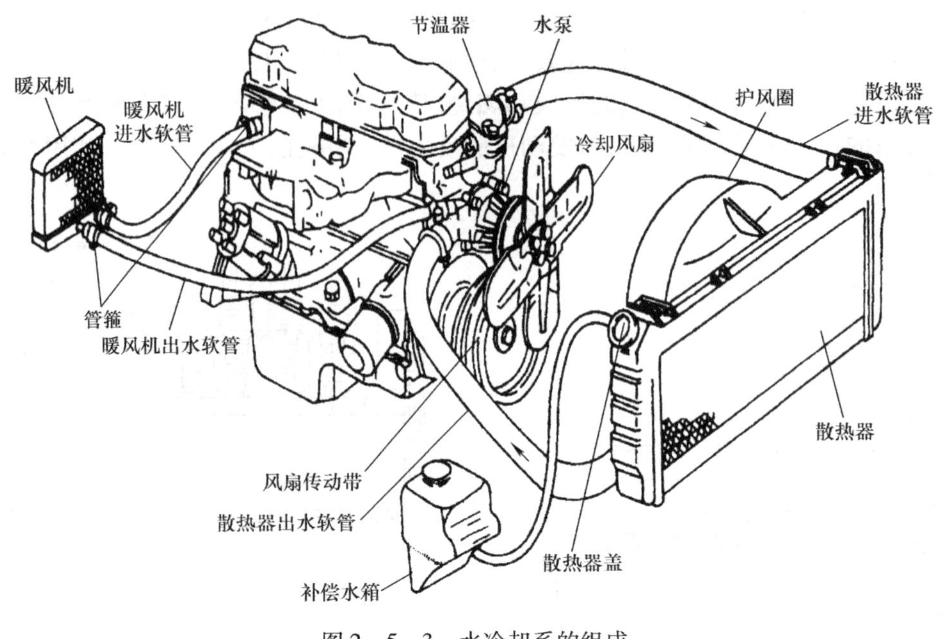

图 2-5-3　水冷却系的组成

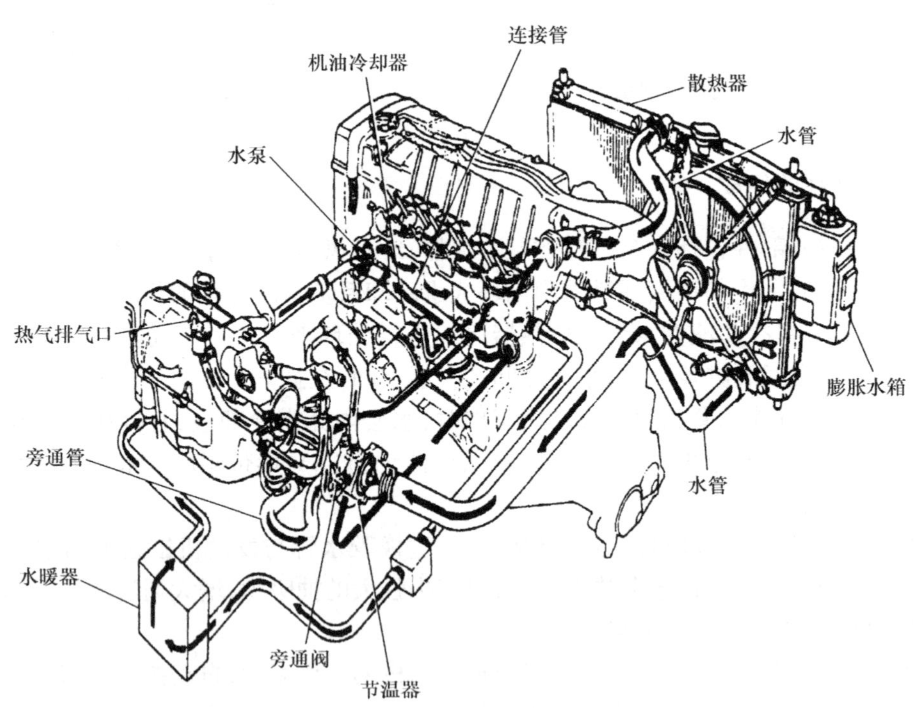

图 2-5-4　冷却液的循环路线

节温器是控制大小循环的关键部件，节温器安装于缸盖出水管出口处，受冷却水温度的控制，决定冷却水的循环路线。

当发动机刚刚起动，冷却液温度低于 76 ℃时，节温器关闭通往散热器的通路，冷却液进行小循环。小循环路线:水泵→气缸体→气缸盖→节温器→小循环连接管→水泵。

当发动机的冷却液温度高于 86 ℃时,节温器打开通往散热器的通路,关闭小循环通路,冷却液进行大循环。大循环路线:水泵→气缸体→气缸盖→节温器→散热器→水泵。

当发动机冷却水温度在 80 ~ 86 ℃时,大、小两种循环都存在 ,这时只有部分冷却液流经散热器进行散热。

【任务实施】

通过拆装和观察冷却系构造,填写表 2 –5 –1。

表 2 –5 –1　冷却系构造

序号	主要部件名称	功用
1		
2		
3		
4		
5		

通过拆装和观察冷却系构造,理解冷却系水流路线,填写表 2 –5 –2。

表 2 –5 –2　冷却水循环路线

序号	循环名称	水循环路线
1	小循环	
2	大循环	
3	混合循环	

任务 2　散热器与节温器检修

【任务描述】

通过柴油机实物和资料,了解冷却系主要部件散热器与节温器的构造和工作原理,会使用量具和工具检修散热器与节温器。

【任务目标】

(1)了解散热器的功用、构造和工作原理。

(2)了解节温器的功用、构造和工作原理。

(3)能掌握散热器与节温器的检修方法。

【任务所需设备、工具和材料】

(1)柴油发动机冷却系的主要零部件。

(2)柴油发动机维修手册、零件图册。

(3)拆装工具、相关量具。

【任务相关知识】

一、散热器

1. 散热器的功用

散热器俗称水箱,其功用是储存冷却液,并把来自柴油机水套内热冷却液的热量散发到大气中,迅速降低冷却液的温度。散热器实际上就是一个热交换装置。

2. 散热器的构造

散热器主要由上贮水室、下贮水室和连接上、下贮水室和对冷却液起散热作用的散热器芯组成,其结构如图 2－5－5 所示。上贮水室通过进水软管与缸盖上的出水口相通,下贮水室通过出水软管与水泵进水口相通,上贮水室上端设有加水口,并用散热器盖密封,下贮水室设有放水开关,必要时可将散热器内的冷却液放掉。

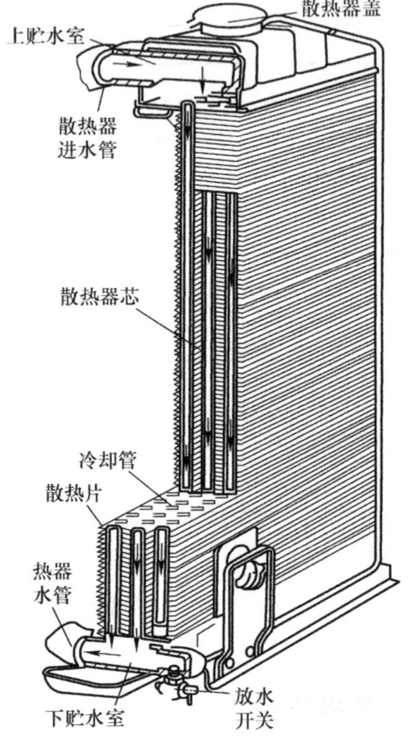

图 2－5－5　散热器构造

散热器必须由导热性好的材料(如黄铜、铅)制成,近年来铝材的应用也越来越多。有些发动机散热器冷却管、贮水室用黄铜制造,散热片则采用铝覆锌带材制成。

散热器在长期使用后,其内壁会产生水垢,影响散热效果,故要定期清洗水垢。

1)散热器芯

散热器芯的结构常见有管片式和管带式两种,如图 2－5－6 所示。

散热器芯由许多冷却管和散热片组成。对于散热器芯来说,应该有尽量大的散热面积,采用散热片就是为了增加散热器芯的散热面积。

管片式冷却管的断面大多为扁圆形,与圆形断面的冷却管相比,其不但散热面积大,而且万一管内的冷却液冻结膨胀,扁管可以借其横断面变形而避免破裂。采用散热片,不但可以增强散热面积,还可以增大散热器的刚度和强度。

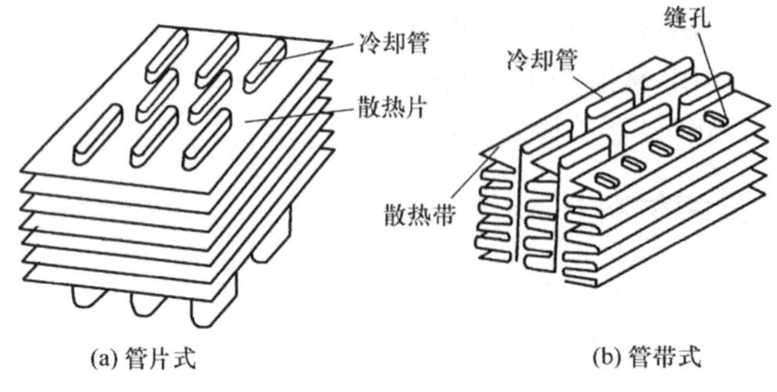

图 2－5－6　散热器芯结构

管带式散热器芯采用冷却管和波纹管的散热带沿纵向间隔排列的方式。散热带上的缝孔是为了破坏空气流在散热带上形成的附面层,使散热能力提高。管带式散热器芯的散热能力强,制造工艺简单,成本低,但刚度不如管片式散热器大。

2)散热器盖

散热器盖对冷却系统起密封加压作用,发动机普遍采用闭式水冷却系,这种水冷却系广泛采用具有蒸气阀和真空阀的散热器盖,它可使冷却液的沸点提高到120 ℃左右,同时可以减少冷却液外潜及蒸发损失,其结构如图2-5-7所示。

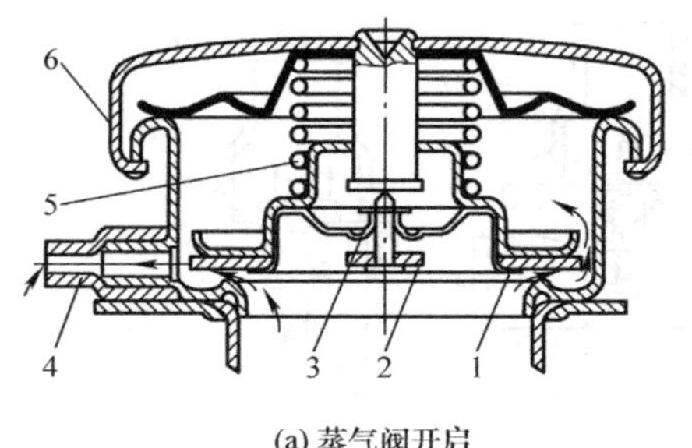

(a)蒸气阀开启

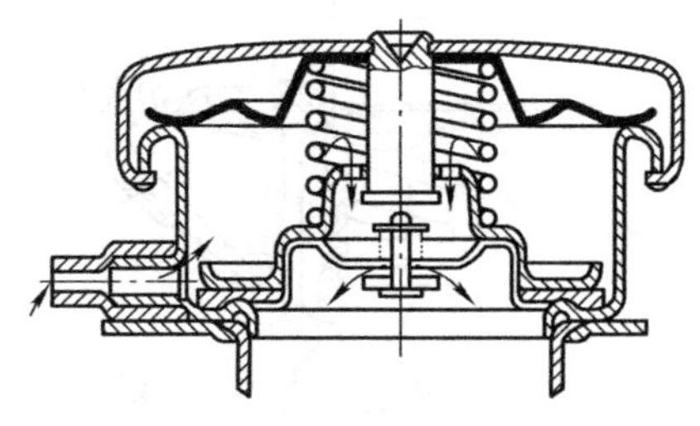

(b)真空阀开启

图2-5-7 散热器盖的构造

1—蒸气阀;2—真空阀;3—真空阀弹片;4—蒸气排出管;5—蒸气阀弹簧;6—散热器盖

散热器盖由蒸气阀、真空阀、蒸气排出管等组成。发动机在正常状态时,蒸气阀和真空阀在弹簧弹力的作用下均处于关闭位置,即上贮水室与蒸气排出管隔开,防止蒸气逸出,并使冷却系内的压力稍高于大气压力,从而可提高冷却液的沸点。

当散热器内的蒸气压力达到126~137 kPa时,蒸气阀克服蒸气阀弹簧的弹力而打开,部分水蒸气从蒸气排出管流入膨胀水箱,以防止胀坏芯管,如图2-5-7(a)所示。当冷却液压力下降到87~99 kPa时,散热器内产生的真空吸力使真空阀克服真空阀弹片的弹力而打开,膨胀水箱内的冷却液部分被吸入散热器内,以防止芯管被大气压力压坏,如图2-5-7(b)所示。

在发动机热状态下开启散热器盖时应缓慢旋开,使冷却系压力逐渐降低,以免被喷出的高温水汽烫伤。此外,放水时应打开散热器盖,这样有利于将冷却液放尽。

二、节温器

1. 节温器的功用与结构

节温器安装于缸盖出水口处,其功用是根据出水温度控制进入散热器的水量和改变水循环路线,调节冷却强度,以保证柴油机在最适宜的温度下工作。

大多数发动机采用蜡式节温器,蜡式节温器由上支架、下支架、主阀门、旁通阀、感应体、中心杆、橡胶管和弹簧组成。

发动机的蜡式节温器的结构如图2-5-8所示。阀座与支架铆在一起,推杆的上端固定于支架上,下端插入胶管的中心孔内。胶管与节温器外壳之间的环形内腔之间装有石蜡,为了提高导热性,在石蜡中常掺有铜粉或铜丝网。感温体上部节温器外壳上端套装有主阀门,下端则套装有副阀门,而弹簧位于主阀门与支架下底之间。

2. 节温器的工作原理

（1）当冷却液温度低于 76 ℃时，石蜡为固体，在弹簧的作用下，节温器外壳处于最上端位置，此时主阀门关闭，副阀门打开。在发动机缸盖出水口处的冷却液从副阀门进入小循环软管，经水泵又流回水套中，此时为小循环，如图 2－5－9(a)所示。

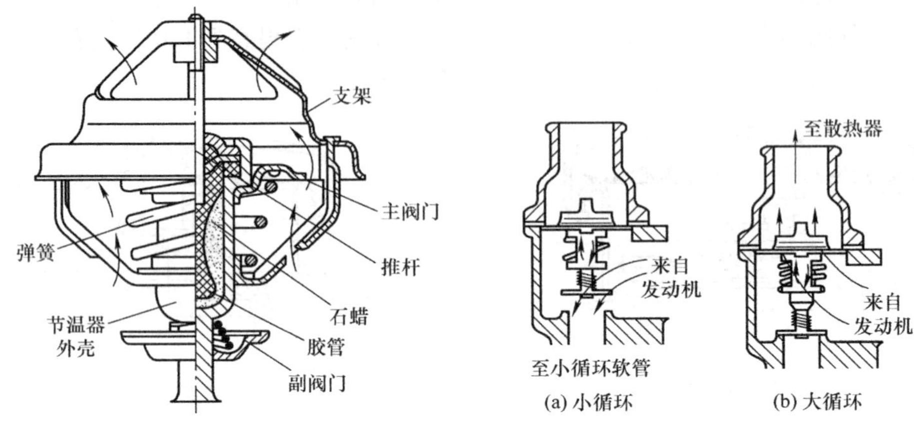

图 2－5－8　蜡式节温器的结构　　图 2－5－9　蜡式节温器工作原理

（2）当发动机冷却液温度接近 76 ℃时，石蜡逐渐变成液态，体积膨胀而产生推力。由于节温器外壳为刚性件，石蜡迫使胶管收缩而使推杆锥状端头产生推力。因推杆固定于支架不能移动，其反推力迫使胶管、节温器外壳下移。这时，主阀门开始打开，有部分冷却液经主阀门进入散热器散热。

（3）当冷却液温度超过 86 ℃时，主阀门全开，副阀门刚好关闭，从缸盖出水口流出的冷却液全部经主阀门进入散热器散热。此时，冷却液流动路线长、流量大、冷却强度增大，称为大循环，如图 2－5－9(b)所示。

（4）当发动机冷却液温度处于 76～86 ℃时，主阀门和副阀门均部分开放，故冷却液的大、小循环同时存在。此时，冷却液的循环为混合循环。

（5）发动机冷却液温度由高温状态下降时，液态石蜡逐渐恢复成固态，在弹簧的弹力作用下，节温器外壳逐渐上移，先将副阀门打开；温度下降至 76 ℃以下时，主阀门关闭。

【任务实施】

一、散热器的检修

1. 散热器的清洗

散热器在使用过程中，会因腐蚀和积垢等原因影响冷却效果。清洗散热器并取出水垢是恢复散热器散热效能的有效方法。清洗水垢采用化学法，即用酸或碱类物质与水垢进行化学反应，生成可溶于水的物质，从而将水垢清除。清洗时，最好采用循环法，即先用酸性溶液洗涤，再用碱性溶液冲洗中和。清洗时，除垢剂以一定的压力（一般为 10 kPa）在气缸水套或散热器内循环，一般经 3～5 min 后即可清洗完毕。

2. 散热器渗漏的检查

将散热器的进、出口堵死，在散热器内充入 50 ~ 100 kPa 压力的压缩空气，并将散热器浸泡在水中，检查有无气泡冒出，如发现渗漏部位，应做好记号，以便焊修。

3. 散热器的修理

散热器的渗漏大多出现在散热管与上、下贮水室间的接触部位。渗漏不严重时，一般可用钎焊修复。散热管出现渗漏时，可采取局部封堵，封堵的散热管的数量不得超过管总数的 10% 。

4. 散热器盖的检查

散热器盖可用专用手动气泵检查：蒸气阀的开启压力应在 73.5 ~ 103 kPa 范围内，真空阀的开启压力应在 0.98 ~ 11.8 kPa 范围内。膨胀水箱应无渗漏、箱盖密封良好、通气孔畅通，否则就会破坏冷却液的回流，必须立即更换。

二、节温器的检修

节温器常见故障：主阀门开启和全开时的温度过高，甚至不能开启；节温器关闭不严。前者将造成冷却液不能有效地进行大循环，致使发动机过热；后者将造成发动机升温缓慢，发动机过冷。此外，随着节温器性能逐渐衰退，主阀门的开度将逐渐减小，造成进入大循环的冷却液流量减少，发动机将逐渐过热。

检查时，把节温器放在盛有水的器皿中，然后加热，检查主阀门开始开启和完全开启时的温度，以及全开时主阀门的升程。发动机的节温器主阀门开启温度为 76 ℃，全开温度为 86 ℃左右。而且主阀门在全开时的最大升程为 8.50 mm，使用限度是 6 mm，如升程减小到上述限度时，冷却水的循环量将减少 1/10 左右，这将影响发动机的散热效果。如节温器的性能不符合上述要求，一般应予以更换。

任务3　水 泵 检 修

【任务描述】

通过柴油机实物和资料，认知水泵的构造和工作原理。

【任务目标】

(1)了解水泵的功用、构造和工作原理。

(2)掌握水泵的检修方法。

【任务所需设备、工具和材料】

(1)柴油发动机冷却系水泵零件。

(2)柴油发动机维修手册、零件图册。

(3)拆装工具、相关量具。

【任务相关知识】

一、水泵的功用和组成

发动机冷却系水泵的功用是对冷却液加压，强制冷却液在冷却系统内循环流动，保证发动机冷却可靠。

发动机冷却系通常采用离心式水泵。离心式水泵体积小、排量大、工作可靠。它主要由壳体、叶轮、水泵轴、进水管、出水管和水封等组成。

二、水泵的工作原理

离心式水泵的工作原理，如图2－5－10所示。

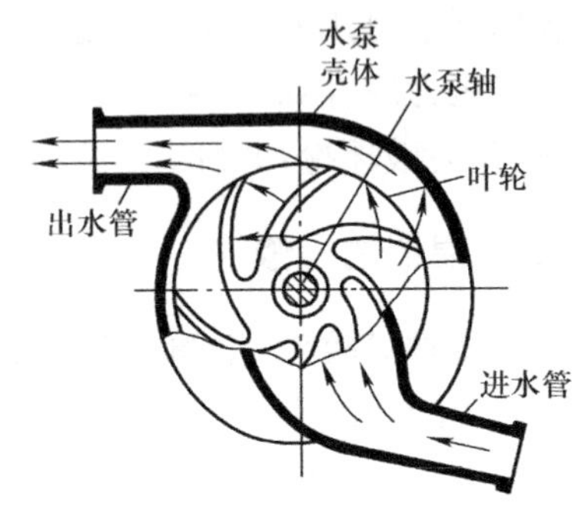

图2－5－10　离心式水泵的工作原理

叶轮固定在水泵轴上，水泵壳体装于发动机缸体上。当散热器内充满冷却液时，水泵壳体内也充满冷却液。叶轮在随水泵轴转动时，水泵中的冷却液被叶轮带动一起旋转，并在本身的离心力作用下，沿叶轮的边缘甩出，然后经外壳上与叶轮成切线方向的出水管被压送到发动机水套内。与此同时，叶轮中心处压力降低，散热器中的冷却液便经进水管被吸入，使冷却水不断循环起来。

三、冷却风扇

冷却风扇的作用是促进散热器的通风，提高散热器的散热能力。风扇通常安装在散热器后面，与水泵同轴，现代发动机多采用轴流式风扇，当风扇旋转时，空气沿着风扇旋转轴线方向，由前向后通过散热器，使流经散热器的冷却液加速冷却。在风扇外围装设导风罩，可以提高风扇的工作效率。

风扇由叶片和连接板组成，如图2－5－11所示。叶片多用薄钢板压制而成，数目为4～7片。叶片之间的夹角一般不相等，以减少旋转时的振动和噪声。冷却风扇的风量大小与风扇直径、叶片形状、叶片安装角、叶片数目以及风扇的转速有关。

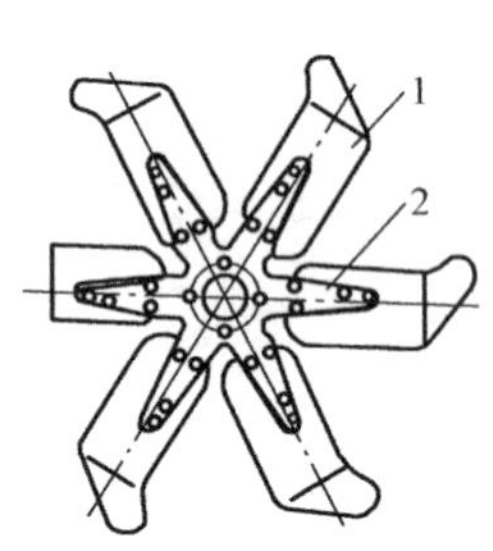

(a) 叶尖前弯的风扇扇叶

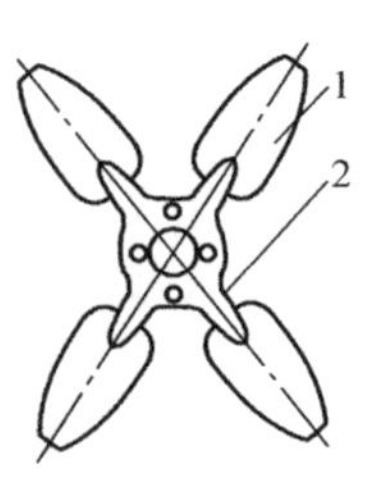

(b) 尖窄根宽的风扇扇叶

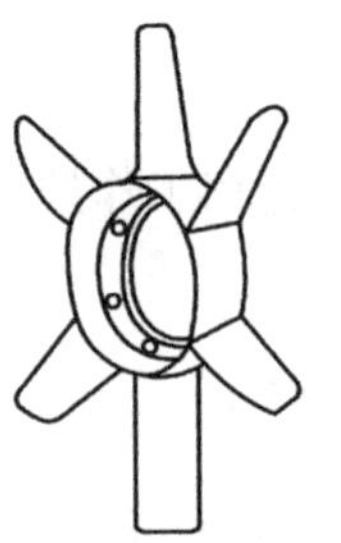
(c) 尼龙整体压铸的风扇扇叶

(c) 略带圆弧的直板风扇扇叶

图2－5－11　风扇扇叶的结构形式

1—叶片；2—连接板

冷却风扇常和发电机连在一起，通过 V 形带驱动。冷却风扇安装在水泵带轮前端，与水泵轴同步旋转。为了保证冷却风扇、水泵和发电机的转速，带应有一定的张紧力。如带过松，将引起带相对于带轮打滑，使冷却风扇的扇风量减少；若带过紧，将加速水泵轴承、发电机轴承及带自身的磨损。为便于调整，通常将发电机的支架做成可移动式的。V 形带的张紧程度应按使用说明书的要求适时调整。

【任务实施】

一、水泵的常见损伤形式

水泵的常见损伤：泵壳裂纹、叶轮松脱或损坏、泵轴磨损或变形、水封损坏、轴承磨损等。

二、水泵的检修

1. 泵壳的检修

检查泵壳和带轮有无损伤。泵壳裂纹孔可焊修或更换。壳与盖接合面变形大于 0.05 mm 时，应予修平。轴承座孔由于压入、压出轴承使座孔磨损，可用镶套的方法修复或更换。

2. 水泵轴的检修

检查水泵轴有无弯曲，并检查轴颈的磨损程度，及轴端螺纹有无损坏。水泵轴弯曲大于 0.05 mm时，应冷压校正；轴颈磨损严重时，应予更换。

3. 水泵叶轮的检修

检查水泵叶轮的叶片有无破损，叶轮上的轴孔与轴的配合是否松旷。如叶片磨损，应予焊修或更换；如轴孔磨损过甚，可进行镶套修复。

4. 水封装置的检查

水泵漏水孔漏水，则为水封密封不严。若胶质水封磨损或变形，应更换；水封密封圈可翻面使用。

5. 水泵装合后的检验

水泵装合后，首先用手转动带轮，泵轴转动应无卡滞现象，叶轮与泵壳应无碰擦的感觉。然后在实验台上，按原厂规定进行压力 - 流量实验。

项目六　润滑系的结构与检修

任务1　润滑系认知

【任务描述】

通过柴油机实物和资料，认知柴油机润滑系的构造和工作原理。

【任务目标】

（1）了解柴油机润滑系的功用、组成、分类。

（2）能正确说出柴油机润滑系的工作原理。

【任务所需设备、工具和材料】

（1）柴油机润滑系的主要零部件。

（2）柴油机维修手册、零件图册。

（3）柴油机润滑系视频资料。

【任务相关知识】

一、润滑系的功用

润滑系的主要功用就是对发动机中相对运动的零件的摩擦表面进行润滑。

润滑系的基本任务就是将润滑油不断地供给各零件的摩擦表面，减小零件的摩擦和磨损。同时，润滑油流经各零件表面时，会带走零件摩擦表面的热量；清除零件表面的金属磨屑和由空气带入的灰尘及燃烧产生的碳粒等杂质；在零件表面形成的油膜，还会保护零件免受水、空气和燃气的直接作用，防止零件受到化学及氧的腐蚀；润滑油有一定的黏度，还可以填补缸壁与活塞环之间的间隙，减少气体的泄漏，起到密封作用。因此，润滑系除了润滑作用外，还具有冷却、清洗、保护和密封等作用。

二、润滑系的主要润滑方式

发动机各零件的润滑强度取决于该零件的使用环境、相对运动速度和承受的机械负荷、热负荷的大小。根据润滑强度的不同，发动机润滑系采用下面几种润滑方式。

1. 压力润滑

压力润滑是利用机油泵将具有一定压力的润滑油源源不断地送到零件间的摩擦面，形成具有一定厚度并能承受一定机械负荷的油膜,尽量将两摩擦零件完全隔开,实现可靠的润滑。在发动机上,一些相对速度高、机械负荷大的零件,都采用这种润滑方式,如曲轴各颈与轴承之间、凸轮轴颈与轴承之间、摇臂轴与摇臂之间等部位。采用压力润滑,必须在缸体或者缸盖上设有专门的油道来向这些部位输送润滑油。

2. 飞溅润滑

飞溅润滑是利用发动机工作时,运动零件(主要是曲轴和凸轮轴)因旋转而飞溅起的或从连杆大头上专设的油孔喷出的滴油和油雾,对摩擦表面进行润滑的一种方式。飞溅润滑适用于暴露的零件表面,如缸壁、凸轮等;相对运动速度较低的零件,如活塞销等;机械负荷较轻的零件,如挺柱等。

3. 定期润滑

对一些不太重要、分散的部位,采用定期加注润滑脂的方式进行润滑,如发动机泵轴承、发电机、起动机和分电器等总成的润滑,这种方式称为定期润滑。

三、润滑系的组成

发动机润滑系的组成大体相同,一般由下列装置组成。

(1)油底壳,用于贮存润滑油。在大多数发动机上,油底壳还起到对润滑油散热的作用。

(2)机油泵。将一定量的润滑油从油底壳中抽出加压后,源源不断地送至各零件表面进行润滑,维持润滑油在润滑系中的循环。大多数机油泵装设在曲轴箱内,也有布置于曲轴箱外面的。机油泵都采用齿轮驱动方式,由凸轮轴、曲轴或正时齿轮来驱动。

(3)机油滤清器。它用来滤掉润滑油中的杂质、磨屑、油泥和水分等,保证送到各润滑部位的润滑油干净、清洁。由于过滤能力与流动阻力成正比,润滑系中的滤清器按过滤能力分为机油集滤器、机油粗滤器和机油细滤器三种,设于润滑系的不同部位。

(4)润滑主油道。它是润滑系的重要组成部分,直接在缸体与缸盖上铸出,用来向各润滑部位输送润滑油。

(5)阀门。限压阀用来限制机油泵输出的润滑油压力。旁通阀用于在粗虑器发生堵塞时打开,机油泵输出的润滑油可直接进入主油道。机油细滤器进油限压阀用来限制细滤器的油量,防止进入细滤器的机油过多而导致主油道压力降低。

润滑系还设有机油压力表、油温表等。在某些热负荷较大的发动机上,还设有机油散热器,用来对机油进行散热冷却。

四、润滑系的润滑油路

现代发动机润滑系的油路布置方案及润滑油的流动路线基本相同,只是由于润滑系的工作条件和一些具体结构不同而有所区别。图 2-6-1 所示为典型发动机润滑系的润滑油流动路线的示意图。

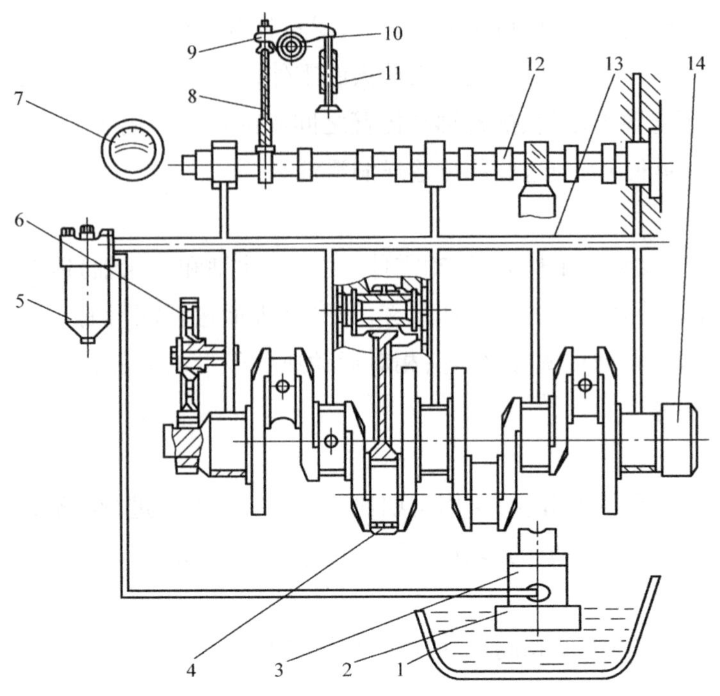

图 2-6-1　典型发动机润滑系的润滑油路示意图

1—油底壳;2—机油集滤器;3—机油泵;4—连杆轴瓦;5—粗滤器;6—正时齿轮;7—机油压力表;8—气门推杆;9—气门摇臂;10—气门;11—气门导管;12—凸轮轴;13—主油道;14—曲轴

【任务实施】

通过拆装和观察润滑系构造,填写表 2-6-1。

表 2-6-1　润滑系构造

序号	主要部件名称	功用
1		
2		
3		
4		
5		
6		

任务 2　机油泵检修

【任务描述】

通过对柴油机机油泵检修,掌握机油泵的检测和维修方法。

【任务目标】

(1)了解柴油机机油泵的功用、组成、分类。
(2)掌握柴油机机油泵的检测和维修方法。

【任务所需设备、工具和材料】

(1)柴油发动机润滑系的主要零部件。
(2)柴油发动机维修手册、零件图册。
(3)拆装工具、机油壶、润滑油、棉纱。

【任务相关知识】

一、机油泵的功用和分类

机油泵的功用是在发动机工作时,将机油从油底壳中吸起并加压,连续不断地将润滑油泵进润滑油路,再通过润滑油路输送到各润滑表面,以保证发动机零部件可靠、稳定工作。

发动机上常用的机油泵有齿轮式和转子式两种。

二、齿轮式机油泵的构造和工作原理

齿轮式机油泵的构造,如图2-6-2(a)所示。泵壳体用螺栓固定于曲轴箱内的第一道主轴承两侧。泵壳内装有主动轴和从动轴,上面分别安装主动齿轮和从动齿轮。泵盖通过螺栓固定于泵体上,吸油管总成和出油总成通过螺栓固定于泵盖后端面,并分别与机油泵的进油腔和出油腔相通。主动轴上安装机油泵传动齿轮,与曲轴正时齿轮啮合。限压阀总成由阀体、钢球、弹簧和弹簧座等组成,安装在泵盖出油腔一侧。

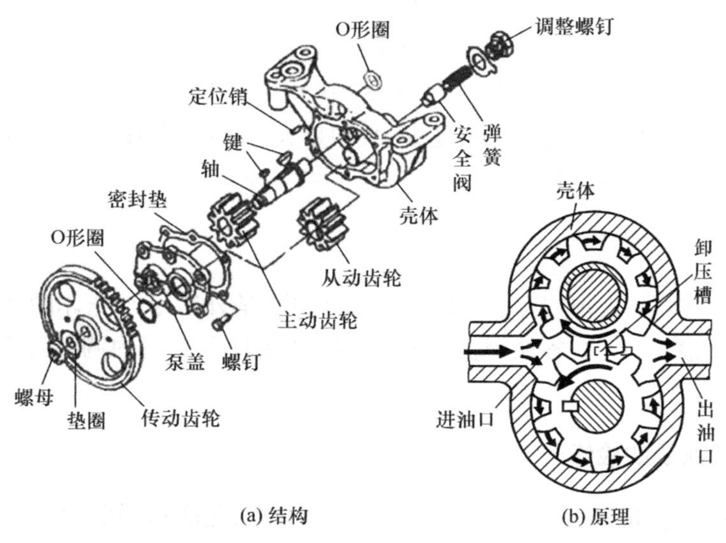

图2-6-2　发动机齿轮式机油泵

齿轮式机油泵的工作原理,如图2-6-2(b)所示。在油泵壳内安装有一对外啮合齿

轮,其中一个是主动齿轮,另一个是从动齿轮,当齿轮按图示方向旋转时,进油腔的容积由于轮齿向脱离啮合方向运动而增大,腔内产生一定的真空度,机油便从机油口被吸入并充满进油腔。旋转的齿轮将齿间的润滑油带到出油腔,出油腔的容积则由于轮齿进入啮合而减小,导致油压升高,润滑油经出油口被输出,输出的油量与发动机转速成正比。

齿轮式机油泵结构简单,制造容易,工作可靠,应用广泛。

三、转子式机油泵的构造和工作原理

转子式机油泵主要由内转子、外转子和油泵壳体组成。内转子有4个外齿,通过键固定于主动轴上。外转子有5个内齿,其外圆柱面与壳体配合。内转子有一定的偏心距,外转子在内转子的带动下转动。油泵壳体上设有进油口和出油口。

转子式机油泵的工作原理,如图2-6-3所示。在内转子的转动过程中,转子每个齿的齿形齿廓线上总能互相成点接触。因此,在内外转子之间形成4个互相封闭的工作腔。由于外转子总是慢于内转子,这4个工作腔在转动过程中不但位置改变,容积大小也在改变。每个工作腔总是在最小时与泵体上的进油孔接通,随后容积逐渐增大,形成真空,把机油吸进工作腔。当该容积旋转到与泵体上的出油孔接通且与进油孔断开时,容积逐渐减小,工作腔内压力升高,将腔内机油从出油孔压出,直至容积变为最小,重新与进油孔接通,开始进油为止。与此同时,其他工作腔也在进行同样的工作过程。

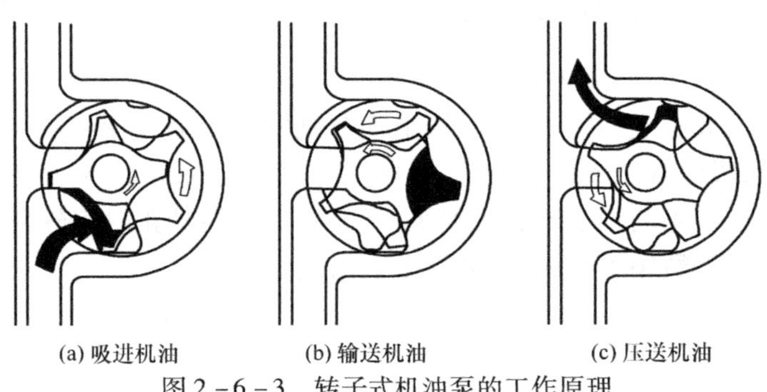
(a) 吸进机油　(b) 输送机油　(c) 压送机油

图2-6-3　转子式机油泵的工作原理

转子式机油泵结构紧凑,吸油真空度大,泵油量大,供油均匀度好,即使安装在曲轴箱外位置较高处时,也能很好地供油。

【任务实施】

机油泵的端面间隙、齿顶间隙(对于转子式机油泵是外转子与壳体的间隙)、齿轮啮合间隙和轴与轴承间隙的增大,各处密合面及阀座的严密性和阀门的调整等都会对泵油压力和泵油量产生影响。

一、齿轮式机油泵的检修

(1)泵壳的检修。机油泵泵壳的主要故障是油泵轴孔磨损、螺孔损坏和泵体裂纹等。油泵壳主动轴孔处的配合间隙应为0.03~0.075 mm,最大不得超过0.20 mm。配合间隙超过规定或晃动泵轴有明显松旷感觉时,应将主动轴镀铬加粗,或用镶套法修复。

(2)泵盖的检修。齿轮式机油泵驱动齿轮啮合时产生的轴向力一般都朝下,它使齿轮

端面与泵盖内表面产生磨损。泵盖如有磨损和翘曲，或凹陷超过0.05 mm，应以车、刨、研磨等方法进行修复。泵盖上装有限压阀时，还应检查弹簧是否过软，阀体是否有失圆、麻点，封闭是否严密等。若发现问题，均应修复或更换。

(3)主、从动轴的检修。主动轴的弯曲一般用千分表检查，指针摆差不能超过0.06 mm，否则应进行校正。主动轴与轴套孔的配合间隙，一般汽油机为0.03～0.075 mm，最大不超过0.15 mm。从动轴如有明显的单面磨损，可将其压出，把磨损面调转180°再压入孔内继续使用。主轴上端铆固的传动齿轮与泵壳尾端的间隙一般为0.025～0.075 mm，最大不超过0.15 mm，超过时应在泵壳尾端焊修或加垫片调整。

(4)主、从动齿轮的检修。主、从动传动齿轮的齿轮面上如有毛刺，可用油石磨光。主、从动齿轮的啮合间隙可用窄的厚薄规在互成120°处的分三点测量。啮合间隙的标准值为0.05 mm，磨损最大不得超过0.20 mm。如果齿轮的磨损超过允许程度，应成对更换齿轮。

二、转子式机油泵的检修

(1)检查减压阀。检查减压阀是否有刻痕或已经损坏，在阀门上涂上一层润滑油，并检查其是否能依靠自重缓慢降落到阀孔内，即阀芯在阀体内的移动应平顺。否则，应更换阀门或泵总成。

(2)检查泵体间隙。泵体间隙即外转子与泵体的间隙，用厚薄规纵向插入进行检测，如图2-6-4(a)所示。如超出极限值，应更换油泵转子副或泵体。如果是泵体磨损过大失圆，导致超出极限值，则应更换泵体。

(3)检查内、外转子间隙。内、外转子间隙即内、外转子齿顶的间隙，用厚薄规进行检测，如图2-6-4(b)所示。内、外转子间隙对机油泵的工作指标影响较大，如间隙大于最大值，应更换油泵转子副。

(4)检查端面间隙。端面间隙即内、外转子端面与泵盖的间隙，用厚薄规按图2-6-4(c)进行测量。如果间隙大于允许值，可以将泵体至于平面上进行修磨；如间隙过大，则应更换油泵转子副或泵体。

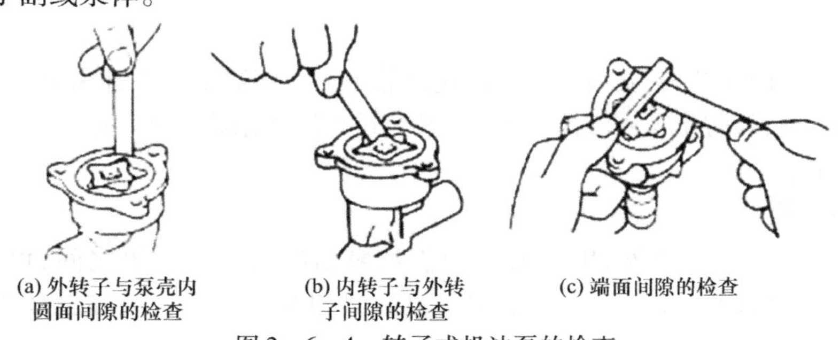

(a) 外转子与泵壳内圆面间隙的检查　(b) 内转子与外转子间隙的检查　(c) 端面间隙的检查

图2-6-4　转子式机油泵的检查

任务3　机油滤清器检修

【任务描述】

通过柴油机机油滤清器的检修，掌握机油滤清器的检测和维修方法。

【任务目标】

(1)了解柴油机机油滤清器的功用、组成、分类和工作原理。

(2)掌握柴油机机油滤清器的检测和维修方法。

【任务所需设备、工具和材料】

(1)柴油发动机润滑系的各式机油滤清器。

(2)柴油发动机维修手册、零件图册。

(3)拆装工具、机油壶、润滑油、棉纱。

【任务相关知识】

一、机油滤清器的功用和分类

机油滤清器的功用是滤掉润滑油中的杂质、磨屑、油泥和水分等,保证送到各润滑部位的润滑油干净、清洁,以减轻零件磨损,并延长机油的使用期限。

润滑系的滤清器按过滤能力分为机油集滤器、机油粗滤器和机油细滤器三种,设于润滑系的不同部位。

机油集滤器多为滤网式,能滤掉机油中粒度大的杂质,其流动阻力小,串联安装于机油泵进油口之前。

机油粗滤器能滤掉机油中的粒度较大的杂质,其流动阻力小,串联安装于机油泵出口与主油道之间。

机油细滤器能滤掉机油中的细小杂质,但其流动阻力较大,故多与主油道并联,只有少量的机油通过细滤器过滤。

二、机油滤清器的构造和工作原理

1. 机油集滤器

集滤器采用滤网式结构,安装在机油泵进油管上。大多数发动机都采用固定式集滤器,其在油面下方吸油,可防止吸入泡沫。同时,固定式集滤器结构简单,由一层滤网通过卡簧固定在机油收集器上。

2. 机油粗滤器

粗滤器属于全流式滤清器,串联安装于机油泵出油口与主油道之间,可滤掉机油中粒度较大(直径为0.05~0.1 mm)的杂质。粗滤器和细滤器都安装在缸体外面,以方便维护。

粗滤器主要由外壳、端盖和滤芯等组成,如图2-6-5所示。滤芯采用新型酚醛树脂材料为黏结剂的锯末滤芯,滤芯筒由薄铁皮制成,上面加工出许多小孔。滤芯安装于外壳滤芯底座和端盖下端面之间,并用弹簧压紧。密封圈用来防止外壳内的机油不经过滤直接进入滤芯筒内。端盖与外壳之间用密封圈固定,端盖通过螺栓固定于缸体上,并和缸体上相应的油口对齐。

如图2-6-5所示,从机油泵输出的压力油经端盖上的进油孔进入粗滤器与滤芯之间,经滤芯过滤后，进入滤芯筒，并经端盖上的出油孔进入主油道，旁通阀装于端盖上，当滤芯发生堵塞而阻力增加时，将旁通阀打开，外壳内的机油经旁通阀和端盖出油孔进入主油道。旁通阀还起指示器的作用。当滤芯阻力增大到0.1 MPa时，指示器将驾驶室仪表上的指示灯接通，指示灯闪亮，表明需要更换滤芯或者对粗滤器进行维护。发动机冷起动时，由于机油黏度大，使滤芯阻力增加，指示灯也闪亮，但当发动机温度升高，机油变热时，该灯熄灭。

目前，越来越多的发动机为方便维护，采用旋装式粗滤器。其滤芯为纸质折叠式结构，封闭式外壳，定期更换，直接旋装于滤清器盖上。

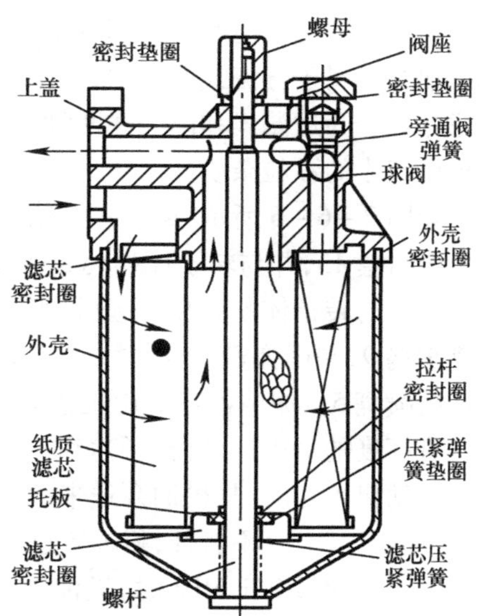

图2-6-5　机油粗滤器的结构

3. 机油细滤器

离心式细滤器的结构，如图2-6-6所示。

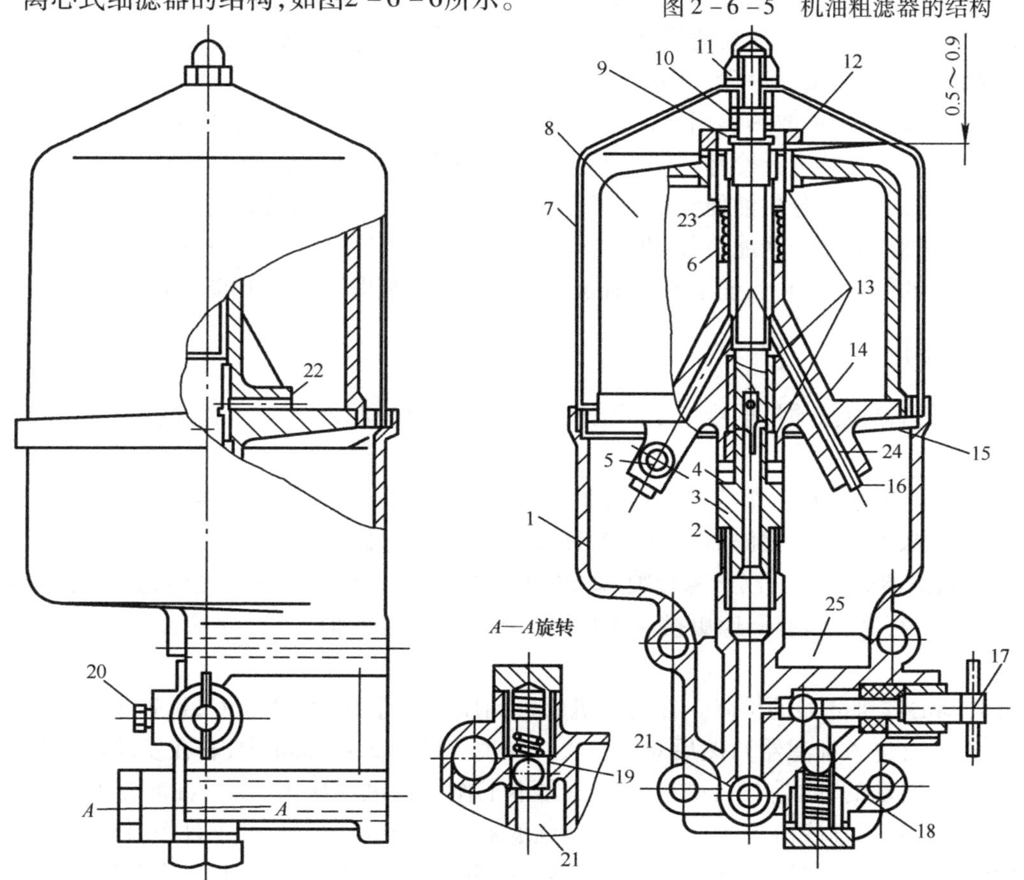

图2-6-6　离心式机油细滤器的结构

1—壳体；2—锁片；3—转子轴；4—止推轴承；5—喷嘴；6—转子体端套；7—滤清器盖；8—转子盖；9—支承垫；10—弹簧；11—压紧螺母；12—压紧螺套；13—衬套；14—转子体；15—挡板；16—螺塞；17—调整螺钉；18—旁通阀；19—进油限压阀；20—管接头；21—滤清器进油孔；22—出油孔；23—进油孔；24—喷嘴油道；25—滤清器出油口

离心式细滤器主要由三部分组成:壳体与滤清器盖、转子轴、转子体与转子盖。

细滤器属于分流式滤清器,过滤能力强,但流动阻力大,与主油道并联安装。细滤器按过滤方式分为过滤式和离心式两种。过滤式细滤器与粗滤器结构基本相同,只是滤芯能过滤掉更细小的颗粒杂质。

如图 2-6-6 所示,离心式细滤器的转子轴 3 固定于滤清器壳体 1 上,转子体 14 上压有三个衬套 13,并与转子体端套 6 连成一体,套在转子轴上可以自由转动。压紧螺套 12 将转子盖 8 与转子体紧固在一起后,须经动平衡测试。转子下面装有止推轴承 4,转子上面装有支承垫 9,并用弹簧 10 压紧以限制转子的轴向窜动。转子下端有两个水平安装的互成反方向的喷嘴 5。滤清器盖 7 用压紧螺母 11 装在滤清器壳体上,使转子密封。滤清器盖与壳体具有高度的对中性,使转子达到一定转速,以保证润滑油的滤清质量。

发动机工作时,从机油泵送来的机油进入滤清器进油孔 21。当机油压力低于 0.1 MPa 时,进油限压阀 19 不打开,机油不进入细滤器而全部流入主油道,以保证发动机可靠润滑。当机油压力超过 0.1 MPa 时,进油限压阀被顶开,机油沿外壳和转子轴的中心孔经出油孔 22 进入转子内腔,然后经进油孔 23、油道 24 从两喷嘴喷出。在机油喷射的反作用力的推动下,转子及转子内腔的机油高速旋转。在离心力作用下,机油中的杂质被甩向转子盖内壁并沉淀,清洁的机油由出油口 25 流向油底壳。

管接头 20 与机油散热器相连,当机油温度过高时,可旋松机油散热器调整螺钉 17,使部分机油流向散热器进行冷却。滤清器还设有机油散热器旁通阀 18,当油压高于 0.4 MPa 时,旁通阀被顶开,部分机油便流回油底壳,以防油压过高而损坏机油散热器。

离心式细滤器的滤清能力强,并且不需要滤芯,但其对胶质的滤清效果差。转子上的喷嘴又是机油的限量孔,它保证了通过细滤器的油量为油泵出油量的 10% ~15%。

【任务实施】

机油滤清器应按原厂的规定定期清洗、调整或更换滤芯,以保证润滑油的清洁,减少发动机的磨损。

(1)集滤器的维护。集滤器的损坏形式有油管和滤网堵塞,应采用柴油或煤油清洗后,用压缩空气吹干。浮式集滤器的浮子若有破损,应进行焊修。

(2)粗滤器的维护。汽车每行驶 12 000 km 左右时,应拆洗粗滤器壳体,更换滤芯,检查各密封圈,若有老化、损坏,应更换。无特殊情况,不必拆卸和调整旁通阀,而装配时应先充满机油。

(3)离心式细滤器的检修。在发动机的机油压力高于 0.15 MPa 时,运转 10 s 以上(油压较低时不会进入细滤器),然后立即熄火。在熄火后的 2 ~3 min 内,若在发动机旁听不到细滤器转子转动的“嗡嗡”声,则说明细滤器不工作。若机油压力正常,细滤器的进油单向阀也未堵塞,则为细滤器故障,应拆检清洗细滤器。拧开压紧螺母,取下外罩,将转子转到喷嘴对准挡油板的缺口时,取出转子。清除转子内壁上的污物,清洗转子并疏通喷嘴,经调整或换件后再组装。

模块三　拖拉机底盘结构与检修

项目一　传动系的结构与检修

任务1　传动系认知

【任务描述】

通过拖拉机实物和资料,认知拖拉机传动系的构造和工作原理。

【任务目标】

(1)了解拖拉机传动系的功用、组成、分类。
(2)能正确说明拖拉机传动系的工作原理。

【任务所需设备、工具和材料】

(1)拖拉机实物。
(2)拖拉机传动系的主要零部件。
(3)拖拉机维修手册、零件图册。
(4)拖拉机传动系视频资料。

【任务相关知识】

一、拖拉机传动系的功用和类型

从发动机到驱动轮之间的一系列传动部件的总称为拖拉机传动系,其功用如下。

(1)传递、切断动力。传动系能够把发动机的动力传递给驱动轮,并能根据需要(如挂挡、换挡或零时停车等)随时切断驱动轮与发动机的联系,以实现发动机无负荷起动、顺利变速及不熄火停车等。

(2)减速增转矩。将发动机的转速通过传动系减速后传递给驱动轮,以达到增加转矩的效果。

(3)变速、变转矩。根据拖拉机作业的负荷,随时改变驱动轮的转速和转矩。

(4)改变旋转方向。根据作业需要,改变驱动轮的旋转方向,以实现拖拉机的前进及倒退。

(5)改变旋转平面。大多数拖拉机(除小轮拖拉机外)发动机都是纵向布置,飞轮旋转平面与驱动轮旋转平面呈90°。传动系能使飞轮旋转平面呈90°转变,以使飞轮工作在符合驱动轮要求的旋转平面。

(6)平稳起步。传动系能使发动机传递给驱动轮的动力逐步增加,以实现拖拉机的平稳起步。

(7)输出动力。传动系能把发动机的动力传递给动力输出轴,以便使拖拉机在行走过程中带动农机具或完成固定作业。

拖拉机的传动系有机械式和液压式两大类,目前我国制造的拖拉机大都采用机械式传动系。

二、轮式拖拉机传动系的组成

由于轮式拖拉机具有工作范围大、速度快及离合器与变速箱距离短等特点,所以它的传动系与履带式拖拉机的传动系虽基本相同,但也有一定的差异。轮式拖拉机的传动系中少了万向传动装置而多了差速器,其传动系主要由离合器、变速箱、中央传动、最终传动和动力输出轴(半轴)组成。中央传动、最终传动和差速器在同一壳体内,也称为后桥。轮式拖拉机传动系的组成如图3－1－1所示。

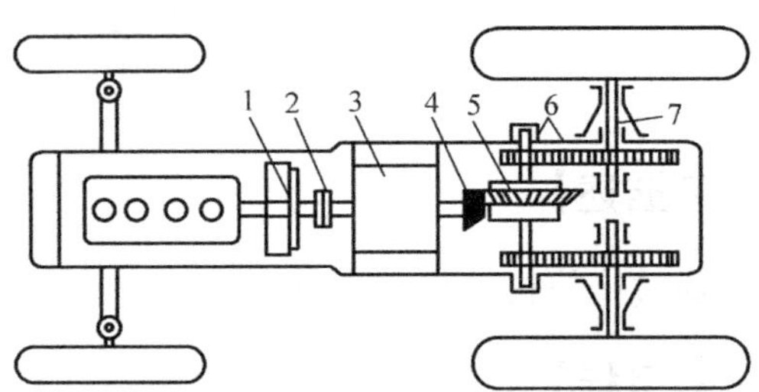

图3－1－1　轮式拖拉机传动系的组成

1—离合器;2—联轴器;3—变速箱;4—中央传动;5—差速器;6—最终传动;7—半轴

三、履带式拖拉机传动系的组成

履带式拖拉机,如东方红－75型、802型及1002型等,它们的传动系都是由离合器(又称主离合器)、万向传动装置、中央传动、最终传动和动力输出轴等组成。履带式拖拉机的传动系与轮式拖拉机传动系的区别是它没有差速器。又因其中央传动、最终传动和动力输出轴都安装在同一壳体内,通常将这一壳体内的机构连同壳体一起称为后桥。履带式拖拉机传动系的组成如图3－1－2所示。

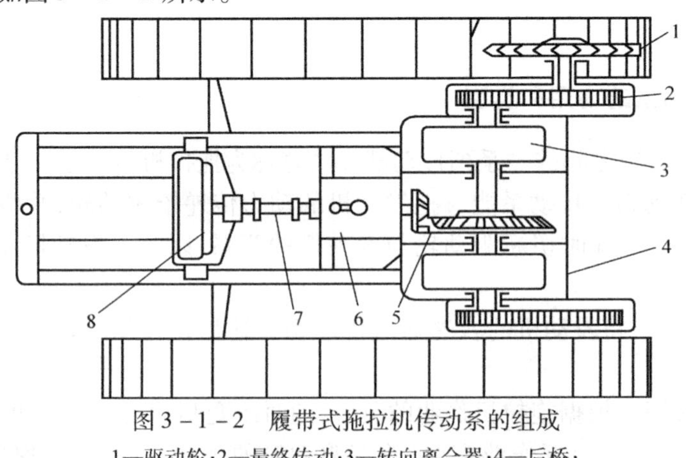

图3－1－2　履带式拖拉机传动系的组成

1—驱动轮;2—最终传动;3—转向离合器;4—后桥;5—中央传动;6—变速箱;7—传动轴;8—离合器

【任务实施】

通过观察拖拉机实物，填写表 3－1－1。

表 3－1－1　拖拉机传动系组成

序号	传动系类型	传动系主要部件
1		
2		

任务 2　离合器检修

【任务描述】

通过拖拉机离合器实物和资料，了解其构造和工作原理，并会使用工量具检修离合器。

【任务目标】

（1）了解拖拉机离合器的功用、组成、分类、工作原理。
（2）能使用工量具检修离合器。

【任务所需设备、工具和材料】

（1）各类拖拉机传动系离合器的实物。
（2）各类型拖拉机传动系离合器的维修手册、零件图册。
（3）拖拉机传动系离合器视频资料。
（4）拆装工具、相关量具。

【任务相关知识】

一、离合器的功用

（1）切断柴油机与变速箱之间的动力，以使变速箱顺利换挡。
（2）柔顺地接合动力，保证拖拉机平稳起步。
（3）超负荷时，离合器可以通过自身打滑保护传动系零件，使其免受损坏。

二、离合器的分类

（1）按动力传递方式，分为摩擦式离合器、液力式离合器和电磁离合器三类。拖拉机常用摩擦式离合器，它通过摩擦力传递动力。

（2）按从动盘的数目，分为单片式、双片式和多片式。中、小型拖拉机多采用单片式离合器。

（3）按压紧状态，分为常接合式和常分离式。拖拉机多采用常接合式离合器。

（4）按操纵方式，分为机械式、液压式和气压式。拖拉机常采用机械式离合器。

(5)按作用方式，分为单作用式和双作用式。小型拖拉机常采用单作用式离合器，大型拖拉机常采用双作用式离合器。

一般大中型拖拉机采用摩擦式、双片式、常接合式、机械式、双作用式离合器；小型拖拉机采用摩擦式、单片式、常接合式、机械式、单作用式离合器。

三、单作用式离合器

单作用式离合器只起切断和接合发动机与传动系之间的动力传递作用；双作用式离合器则能起到将发动机功率分别传递给传动系和动力输出装置的双重作用。小型拖拉机常采用单作用式离合器，其结构如图3－1－3所示。

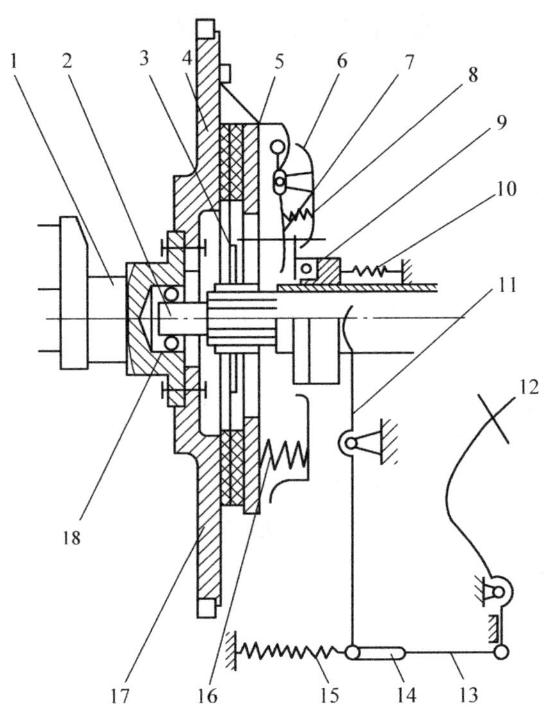

图3－1－3　单作用式离合器的结构

1—曲轴；2—从动轴；3—从动盘；4—飞轮；5—压盘；6—离合器盖；7—分离杠杆；8—弹簧；9—分离轴承；10、15—回位弹簧；11—分离叉；12—踏板；13—拉杆；14—调节叉；16—压紧弹簧；17—从动盘摩擦片；18—轴承

1. 主动部分

主动部分包括飞轮、压盘、离合器盖。柴油机的动力经过飞轮与压盘的摩擦面传递给从动盘。离合器盖用螺栓固定在飞轮上。

2. 从动部分

从动部分包括从动盘和离合器轴。其中，从动盘由轮毂、摩擦片、甩油盘和从动片等组成。从动盘与甩油盘一起铆接在具有内花键的轮毂上，轮毂安装在离合器轴上，从动盘带动离合器转动，并能在离合器轴的轴向上移动。

3. 压紧部分

压紧部分由均匀布置在压盘圆周上的压紧弹簧组成。压盘在压紧弹簧作用下，紧紧地压在从动盘上，使从动盘带动离合器轴转动。

4. 操纵机构

操纵机构由踏板、分离轴承、分离杠杆、分离叉和拉杆等组成。三个分离杠杆均匀地安装在离合器盖上，分离杠杆可绕定位销转动，一端与压盘连接，另一端与分离轴承有 3 ~ 4 mm的间隙。分离轴承安装在分离套筒上，并随分离套筒在轴向上移动，分离叉一端安装在轴承两侧的耳销上，另一端与操纵机构的拉杆及离合器踏板相连。

四、双作用式离合器

双作用式离合器中的主离合器控制传动系统的动力，副离合器控制动力输出轴的动力。主、副离合器只控制一套操纵机构且按顺序操纵的称为联动双作用离合器；主、副离合器分别由两套操纵机构控制的称为双联动离合器。双作用式离合器的结构如图 3 – 1 – 4 所示。

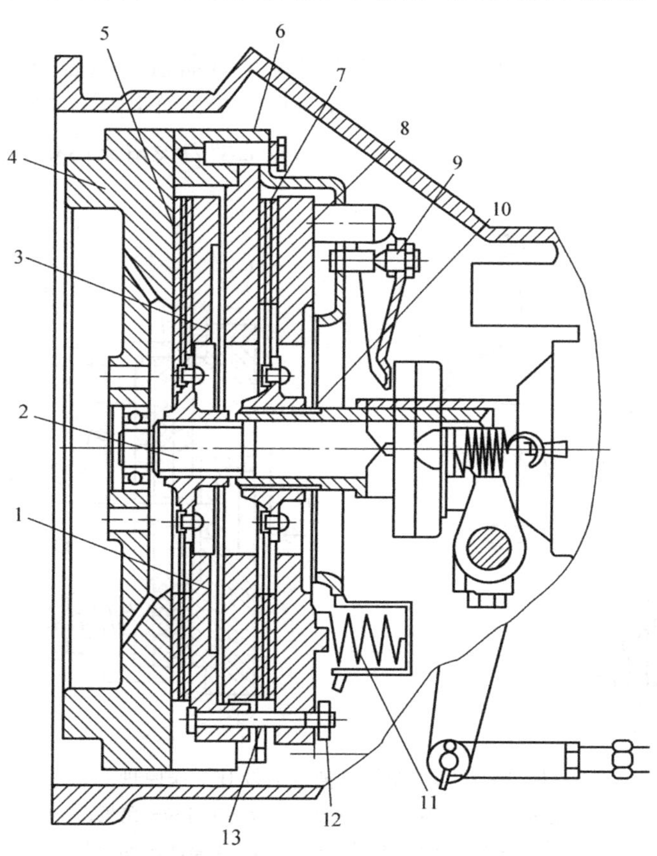

图 3 – 1 – 4　双作用式离合器的结构

1—弹簧；2—副离合器轴；3—前压盘；4—飞轮；5—副离合器从动盘；6—隔板；7—主离合器从动盘；8—后压盘；9、12—调整螺钉；10—主离合器轴；11—主离合器弹簧；13—联动销

双作用式离合器中的两个离合器装在一起，用同一套操作机构操纵。其中，一个离合器将柴油机的动力传递给变速箱和后桥，驱动拖拉机行驶，一般称为主离合器；另一个离合器

将柴油机的动力传给动力输出轴，向农机具提供动力，称为动力输出离合器或副离合器。

这种双作用式离合器的主、副离合器不是同时分离或结合的，而是有先后次序。在分离过程中，踩下离合器踏板，首先分离的是主离合器，其使拖拉机停车，再往下踩离合器踏板则分离副离合器，其使动力输出轴及农机具工作部件停止转动。接合过程则正好相反，先接合副离合器，后接合主离合器，即农机具工作部件先运转，拖拉机后起步。

这种按次序分离和结合的特点，在农业生产中十分必要。例如，在拖拉机配合联合收割机工作时，要求收割机割刀先运转，然后拖拉机起步前进，以免起步时机组惯性力矩过大，造成起步困难；在收割过程中，转弯、倒车时要求拖拉机停驶，而割刀不能停止运转，此时踩下主离合器部分即可。但这种双作用式离合器不能满足拖拉机行驶中使农具停止运转的要求。

五、离合器的工作原理

1. 离合器的工作过程

1）接合状态

如图3－1－5所示，当柴油机工作时，飞轮带动离合器盖和压盘一起旋转，在压紧弹簧的作用下，压盘把从动盘紧紧地压在飞轮上，在摩擦力矩的作用下，飞轮和压盘带动从动盘一起旋转，从动盘带动变速箱第一轴一起旋转，从而把动力传给变速箱。

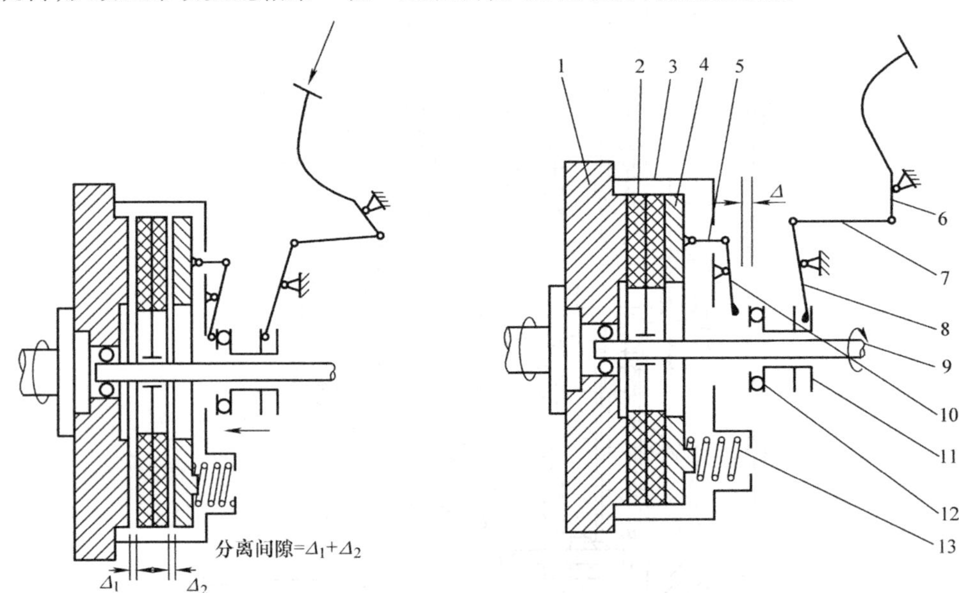

图3－1－5　摩擦式离合器及其工作原理

1—飞轮；2—从动盘；3—离合器盖；4—压盘；5—分离拉杆；6—踏板；7—调节拉杆；8—拨叉；9—离合器轴；10—分离杠杆；11—分离轴承座套；12—分离轴承；13—弹簧

2）分离过程

当踩下离合器踏板时，分离轴承座在分离拨叉的拨动下，沿离合器轴向前移动一段距离，使分离轴承的端面向前推压分离杠杆端部的触头，通过分离拉杆拉动压盘向后移动，压缩离合器压紧弹簧，使压盘不再紧压从动盘，摩擦面上的摩擦力消失，从动盘立即停止转动，离合器处于分离状态，切断发动机的动力传递。为保证分离彻底，要求摩擦面间有一定间隙,该间隙称为分离间隙。

3)接合过程

当起步时,缓慢松开踏板,被压缩的压紧弹簧逐渐伸长,通过压盘将从动盘压紧在飞轮端面上,离合器便恢复接合状态。

2. 离合器的自由间隙和离合器踏板的自由行程

1)离合器的自由间隙

离合器在正常接合状态下,分离轴承端面与分离杠杆端部的触头面之间都留有间隙,一般有几毫米,在拖拉机出厂时已调好。这个间隙称为离合器的自由间隙,如果没有自由间隙,将导致离合器打滑,拖拉机行驶无力。

2)离合器踏板的自由行程

自由行程是为消除离合器的自由间隙和离合器零件的弹性变形而设置的离合器踏板的一般行程。

3)离合器踏板的总行程

离合器接合或分离时,踏板的总行程包括自由行程和工作行程两部分。

【任务实施】

一、从动盘检修

(1)检查从动盘摩擦片表面,有烧蚀、破裂、严重油污时应更换。

(2)检查从动盘磨损情况,用深度尺测量铆钉头距摩擦片表面的距离,小于0.5 mm时更换新片。

(3)检查从动盘毂与钢片的连接,不应有松动;检查花键槽与变速箱第一轴的配合,二者不应有明显晃动。

(4)检查从动盘的轴向偏摆。将离合器从动盘固定在定位轴上,用百分表在距边缘2.5 mm处测量其轴向偏摆。

(5)检查从动盘与变速箱输入轴花键的配合情况。检查二者配合有无松旷,从动盘能否在轴上灵活移动。

二、压盘总成检修

(1)压盘表面若有裂纹或烧蚀情况,应更换。

(2)压盘工作表面有超过0.5 mm深的沟槽时,应予以磨修或更换。

(3)压紧弹簧折断、松动时,应更换;分离杠杆端部高度误差不应超过0.3 mm,否则予以调整。

(4)对于膜片弹簧离合器,应检查膜片内端的磨损情况,当变薄或磨损深度超限时,应更换。

三、分离轴承检修

用手转动分离轴承,应能灵活自如转动,且没有过大的噪声和阻力;分离轴承与分离杠杆或膜片弹簧内端接触磨损沟槽深度不得超过0.3 mm。

四、离合器踏板自由行程调整

在使用过程中，由于离合器摩擦片的不断磨损，会造成离合器踏板的自由行程发生变化，因此必须定期检查调整。离合器踏板自由行程的调整方法有两种。

1. 内部调整

从离合器壳左侧的检查孔内取下调节螺母上的开口销，拧出调节螺母，使分离杠杆端部与分离滑套推力轴承端面之间的间隙达到 2 ~ 3 mm，然后穿入新的开口销锁好。采用这种方法调节时，必须保证 3 个分离杠杆端部在同一垂直平面内，用厚薄规检查，其误差不应大于 0.3 mm。

2. 外部调整

松开拉杆上的锁紧螺母，取下连接销，拧出调节叉，使踏板的自由行程达到 30 ~ 40 mm，然后穿入连接销，拧紧锁紧螺母。

为了保证离合器正常工作，必须保证离合器分离杠杆端部与分离轴承端面之间的间隙在 2 ~ 3 mm 范围内，其对应的离合器踏板自由行程为 30 ~ 40 mm。离合器踏板自由行程过大，离合器分离工作行程变小，离合器分离不彻底，易造成挂挡时打齿；该自由行程过小甚至没有自由行程，会给分离杠杆施加一定的压力，造成离合器结合不彻底，严重时打滑，驱动力下降，同时使离合器摩擦片及分离轴承易发生磨损烧蚀。

五、离合器打滑故障检修

拖拉机起步时缓慢无力，加速时柴油机转速上升而车速不能迅速上升，这种现象称为离合器打滑。这种故障的检修方法如下。

(1) 检查摩擦片及压盘是否有油污，若有油污，则用汽油清洗或更换。

(2) 检查摩擦片是否存在磨损过多或烧毁，若磨损过多或烧毁，则更换。

(3) 检查压紧弹簧片压力，若弹簧压力降低，则更换。

(4) 检查踏板自由行程是否过小或无自由行程，若过小或没有则调整到规定值。

(5) 检查离合器从动盘变形是否严重，若变形严重，则校正或更换。

任务 3　变速箱检修

【任务描述】

通过拖拉机变速箱实物和资料，了解其构造和工作原理，并会使用工量具检修变速箱。

【任务目标】

(1) 了解拖拉机传动系变速箱的功用、组成、分类、工作原理。

(2) 能使用工量具检修变速箱。

【任务所需设备、工具和材料】

(1) 各类拖拉机传动系变速箱实物。

（2）各类拖拉机传动系变速箱维修手册、零件图册。

（3）拖拉机传动系变速箱视频资料。

（4）拆装工具、相关量具。

【任务相关知识】

一、变速箱的功用

（1）减速增转矩。变速箱以减小转速的方式来增大发动机传递的转矩。

（2）变速变转矩。在发动机转矩、转速不变的情况下，通过对变速箱换挡，使传动系的传动比发生改变，从而改变拖拉机的驱动力和行驶速度。

（3）实现空挡。在发动机不熄火的情况下可以长时间停车，同时也为发动机顺利起动创造条件。

（4）实现倒挡。使拖拉机能够倒退行驶。

二、变速箱的分类

（1）按传动比，分为有级式和无级式，一般拖拉机变速箱为有级式变速箱。

（2）按是否设有中间轴，分为两轴式和三轴式。

（3）按是否有副变速箱，分为普通变速箱和主、副组合变速箱。

三、变速箱内齿轮传动变速原理

拖拉机变速箱是利用不同齿数的齿轮形成不同的传动比，从而实现变速、变矩。拖拉机变速箱采用齿轮传动，齿轮传动起减速增矩作用。相互啮合的两个齿轮靠齿轮传递转矩，即主动齿轮的一个齿推动从动齿轮的一个齿，从而把动力逐级传递下去。

1. 一对齿轮变速原理

一对齿数不同的齿轮啮合传动时，可以实现变速，而且两齿轮的转速比与其齿数成反比。

主动齿轮（即输入轴）转速与从动齿轮（即输出轴）转速之比称为传动比，用符号 i_{12} 表示，即由齿轮 1 传到齿轮 2 的传动比为

$$i_{12} = n_1/n_2 = z_2/z_1$$

式中：n_1为主动齿轮转速，z_1为主动齿轮齿数，n_2为从动齿轮转速，z_2为从动齿轮齿数。

上式表明，一对齿轮传动时，当小齿轮为主动齿轮，带动大齿轮转动时，输出转速降低，即 $n_2 < n_1$，称为减速传动，此时转动比为 $i > 1$；当大齿轮驱动小齿轮时，输出转速升高，即 $n_2 > n_1$，称为增速传动，此时传动比为 $i < 1$。这就是齿轮传动的变速原理，变速器就是根据这一原理利用若干大小不同的齿轮副传动而实现变速的。变速原理如图3－1－6所示。

2. 两级齿轮变速原理

图 3－1－7 所示为两级齿轮传动示意图，齿轮 1 为主动齿轮，驱动齿轮 2 转动，齿轮 3 与齿轮 2 固连在一起，再驱动齿轮 4 转动并输出动力，此时由齿轮 1 到齿轮 4 的传动比为

$$i_{14} = n_1/n_4 = (z_2 z_4)/(z_1 z_3) = i_{12} i_{34}$$

因此，可以总结出多级齿轮传动的传动比为

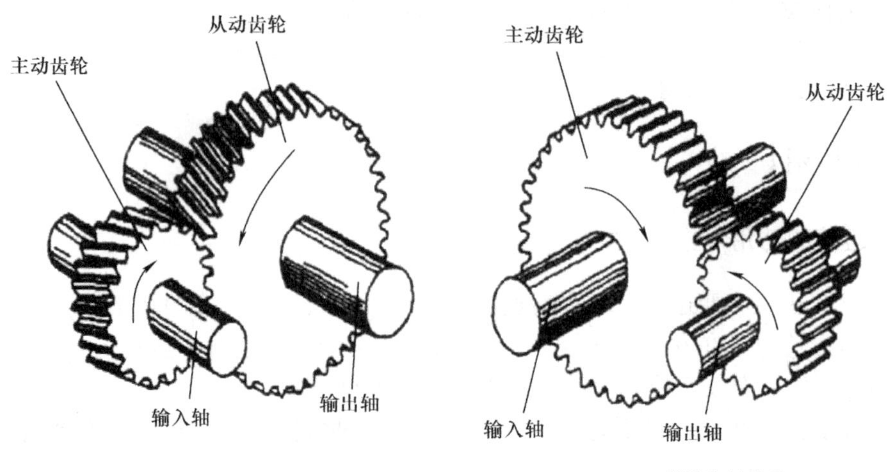

(a) 降速增矩传动　　(b) 增速降矩传动

图 3－1－6　一对齿轮传动的基本原理

i = 所有从动齿轮齿数的乘积 ÷ 所有主动齿轮齿数的乘积 = 各级齿轮传动比的乘积

两级齿轮传动与一对齿轮传动相比，如要实现同样的传动比，两级齿轮传动的大、小齿轮的尺寸不会相差太大，这样变速箱的壳体尺寸可小些，内部结构紧凑。采用两级齿轮传动的变速箱很多，通常第一级传动是常啮合的，第二级传动用于变换挡位。

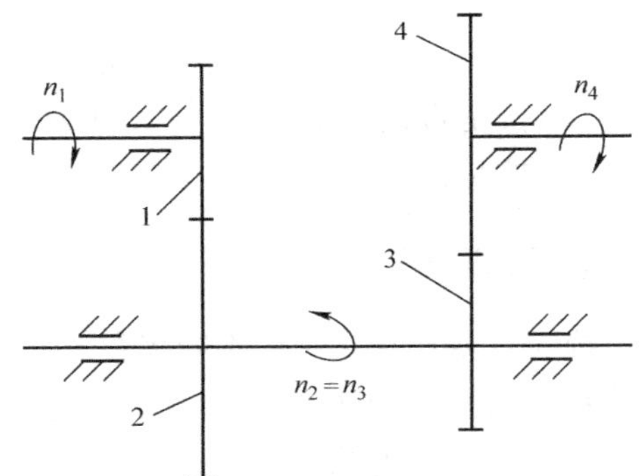

图 3－1－7　两级齿轮传动示意图

1、3—主动齿轮；2、4—从动齿轮

3. 变速箱倒挡传动原理

变速箱要实现倒挡传动，就要改变输出齿轮的转动方向，一般倒挡传动是由三个齿轮相互啮合传动实现的，其中中间齿轮称为惰轮，主要起变换方向的作用，其不改变传动比。倒挡传动的原理如图 3－1－8 所示，输出齿轮的转动方向实现了改变。

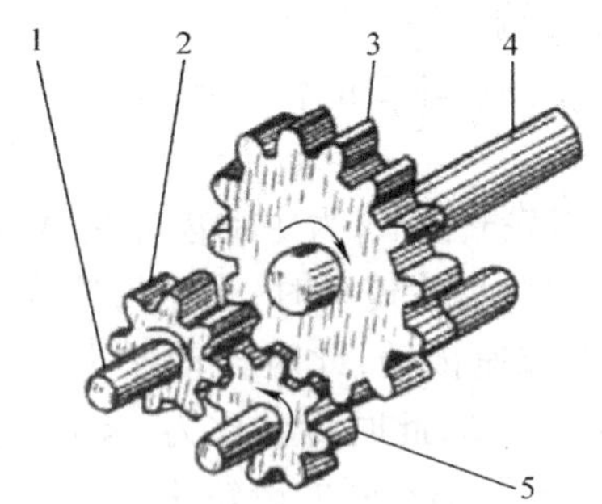

(a) 前进挡　　(b) 倒退挡

图 3－1－8　倒挡齿轮传动示意图

1—主动轴；2—主动齿轮；3—从动齿轮；4—从动轴；5—中间齿轮

要使拖拉机倒退行驶，只需要改变从动轴 4 的旋转方向即可。实际上只要在主动轴 1 与从动轴 4 之间增加一次齿轮啮合，从动轴 4 的旋转方向就和原来的旋转方向相反，前进挡为两个齿轮一次啮合，这时如主动轴1顺时针旋转，则从动轴4为逆时针旋转。倒退挡为三个齿轮两次啮合，主动轴1顺时针旋转，经中间齿轮5传递给从动齿轮3，使从动轴4的旋转方向也成为顺时针方向，即从动轴的旋转方向与前进挡时相反，实现了倒退行驶。

4. 变速箱各挡传动比

对于变速箱，各挡的传动比 i 就是变速器输入轴转速与输出轴转速之比或输出转矩与输入转矩之比，即

$$i = n_{\text{输入}}/n_{\text{输出}} = T_{\text{输出}}/T_{\text{输入}}$$

当 $i>1$ 时，$n_{\text{输出}}<n_{\text{输入}}$，$T_{\text{输出}}>T_{\text{输入}}$，此时实现降速增矩，为变速器的低挡位，且 i 越大，挡位越低；当 $i=1$ 时，$n_{\text{输出}}=n_{\text{输入}}$，$T_{\text{输出}}=T_{\text{输入}}$，为变速器的直接挡；当 $i<1$ 时，$n_{\text{输出}}>n_{\text{输入}}$，$T_{\text{输出}}<T_{\text{输入}}$，此时实现升速降矩，为变速器的超速挡。

要实现变速和变转矩，变速箱必须由不同传动比的多对齿轮组成，当需要某一对齿轮传递动力时，其他齿轮脱开啮合或处于空转状态。变速箱通常采用滑移齿轮来实现不同挡位的转换。如图3－1－9所示，主动齿轮2、3在主动轴1的花键上移动，可形成三个挡位；主动齿轮2、3在中间时形成空挡；向左移动，2、6齿轮啮合，形成一个挡位；向右移动，3、5齿轮啮合，形成另一个挡位。

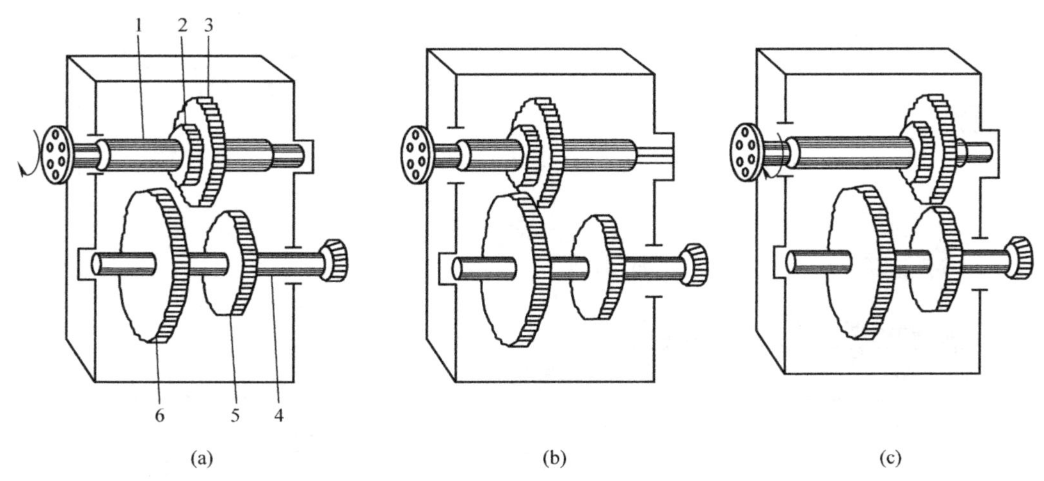

图3－1－9　变速箱换挡原理

1—主动轴；2、3—主动齿轮；4—从动轴；5、6—从动齿轮

四、变速箱的构造和动力传动路线

1. 东方红－802型拖拉机的两轴式变速箱构造和动力传动路线

东方红－802型拖拉机的变速箱如图3－1－10所示，该变速箱为两轴式变速箱，有五个前进挡、一个倒退挡。

第一轴：输入动力的花键轴，该轴上套有 A_2、A_3 及 A_4、A_1 两副双联动滑动齿轮，前部设有固定齿轮 C_1，它与倒挡轴上的固定齿轮 C_2 常啮合。

第二轴：输出动力的轴，该轴上有四个固定齿轮 B_2、B_3、B_4、B_1，它们分别与第一轴相应的齿轮啮合而获得相应的挡位。与 B_2 制成一体的 B_5，是Ⅴ挡的固定齿轮，轴的后端制有中央传动主动圆锥齿轮。

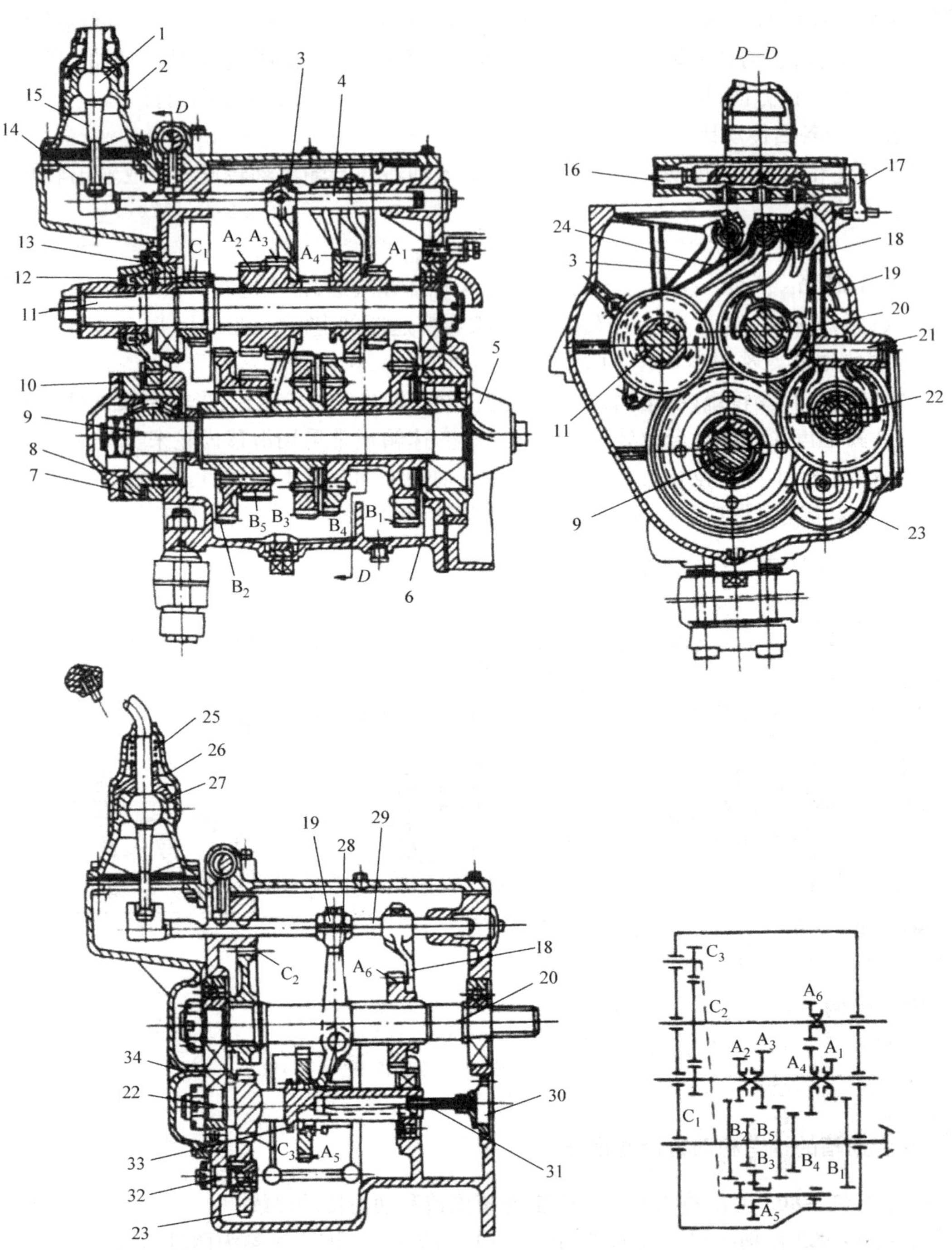

图 3-1-10　东方红-802 型拖拉机变速箱

1—球头；2—变速杆座；3—Ⅱ、Ⅲ挡拨叉；4—挡拨叉轴；5—小锥齿轮；6—箱体；7—调整垫片；8—轴承座；9—第二轴；10—调整垫片；11—第一轴；12—油封；13—轴承卡环；14—拨头；15—变速杆；16—联锁轴；17—联锁轴臂；18—倒挡拨叉；19—Ⅴ挡拨块；20—倒挡轴；21—Ⅴ挡销；22—Ⅴ挡轴；23—溅油齿轮；24—Ⅰ、Ⅱ挡拨叉；25—弹簧；26—防尘套；27—碗盖；28—Ⅴ挡拨叉；29—Ⅴ挡拨叉轴；30—集油槽；31—引油管；32—轴；33—接合器；34—卡环倒挡轴:布置在箱体的右上方,其两端由球轴承支承,与固定齿轮 C_2 与 C_1 为常啮合,另一个齿轮为滑动齿轮 A_6。

东方红-802 型拖拉机的变速箱各挡传动路线见表 3-1-2。

表 3-1-2 东方红-802 型拖拉机变速箱传动路线

挡位	滑动齿轮移动方向	传动路线	传动比
Ⅰ	A_1→	第一轴—A_1/B_2—第二轴	2.647
Ⅱ	←A_2	第一轴—A_2/B_2—第二轴	2.263
Ⅲ	A_3→	第一轴—A_3/B_3—第二轴	1.82
Ⅳ	←A_4	第一轴—A_4/B_4—第二轴	1.52
Ⅴ	←A_5	第一轴—C_1/C_2—C_2/C_3—A_5/B_2—第二轴	1.154
倒	←A_6	第一轴—C_1/C_2—A_6/B_4—第二轴	4.295

2. 上海-50 型拖拉机三轴式变速箱构造和动力传动路线

上海-50 型拖拉机是由 1 个具有 3 个前进挡和 1 个倒退挡的三轴式主变速箱和 1 个具有行星齿轮机构的副变速箱组合而成的组合式变速箱,其传动简图如图 3-1-11 所示。

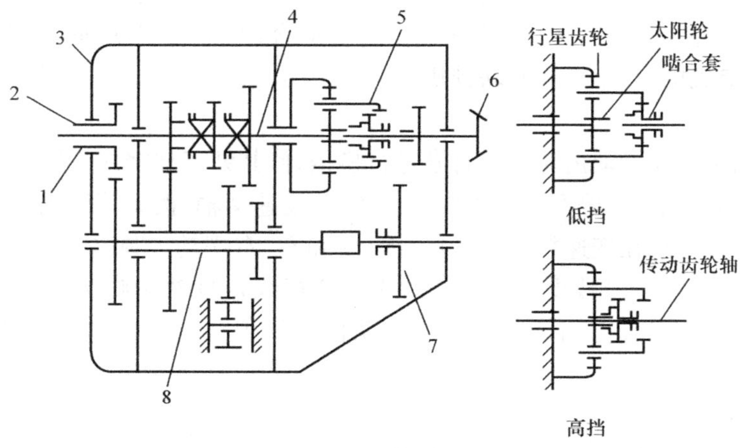

图 3-1-11 上海-50 型拖拉机三轴式变速箱传动简图

1—第一轴;2—副离合器轴;3—变速箱壳;4—第二轴;5—高低挡齿轮;
6—小锥齿轮;7—动力输出轴传动齿轮;8—中间轴

1)主变速箱

主变速箱的第一轴是输入轴,中间轴为空心轴,第二轴为花键轴,各轴前、后端通过滚针轴承或滚动轴承支承。倒挡轴是短轴,倒挡齿轮与主动齿轮为常啮合。第一轴外面套有功率输入轴,其前端花键与副摩擦片毂的花键孔相连接,后端齿轮与功率输出轴前端齿轮为常啮合。

2)副变速箱

副变速箱为单级行星齿轮机构。当太阳轮转动时,行星齿轮除绕本身轴线自转外,还沿着内齿圈滚动做公转,并带动行星架以低于太阳轮的转速旋转。当拨动啮合套使行星架与太阳轮上的花键套啮合时,动力直接由第二轴传给传动齿轮轴,行星架空转,此时为高挡运行。拨动啮合套后移至与行星架的内齿圈啮合时,第二轴的动力经行星架减速后再传给传动齿轮轴,此时为低挡运行。上海 -50 型拖拉机变速箱的各挡传动路线见表 3 -1 -3。

表 3 -1 -3　上海 -50 型拖拉机变速箱传动路线

挡次	滑动齿轮移动方向	传动路线	传动比
Ⅰ	B_1→、啮合套→	第一轴 C_1/C_2—A_1/B_1—第二轴/行星架—行星架/啮合套—传动轴	12.50
Ⅱ	B_2→、啮合套→	第一轴 C_1/C_2—A_2/B_2—第二轴/行星架—行星架/啮合套—传动轴	7.58
Ⅲ	←B_3、啮合套→	第一轴 C_1/C_2—A_3/B_3—第二轴/行星架—行星架/啮合套—传动轴	4.00
倒Ⅰ	←B_1、啮合套→	第一轴 C_1/C_2—B_2/A_4—A_4/B_1—第二轴/行星架—行星架/啮合套—传动轴	9.48
Ⅳ	B_1→、←啮合套	第一轴 C_1/C_2—A_1/B_1—第二轴—啮合套—传动轴	3.13
Ⅴ	B_2→、←啮合套	第一轴 C_1/C_2—A_2/B_2—第二轴—啮合套—传动轴	1.90
Ⅵ	←B_3、←啮合套	第一轴 A_3/B_3—第二轴—啮合套—传动轴	1.00
倒Ⅱ	←B_1、←啮合套	第一轴—C_1/C_2—B_2/A_4—A_4/B_1—第二轴—啮合套—传动轴	2.37

五、变速箱操纵机构

变速箱操纵机构主要用来操纵变速箱的滑动齿轮或接合套,使其与有关齿轮分离和啮合,进行换挡。另外,为了使两个齿轮达到全齿长啮合,并可靠制动,防止同时挂上两个挡位,还设置了锁定机构、互锁机构和联锁机构。

1. 换挡机构

换挡机构用来拨动滑动齿轮或接合套进行换挡,使其处于挂挡或空挡位置,以实现拖拉机的速度变换、倒挡或空挡停车。它主要由变速杆、变速叉轴、拨叉等组成,如图3 -1 -12所示。变速杆用球头支承在变速杆座上,可以前、后和左、右摆动。弹簧使变速杆球头紧压在球座表面上,球座上置可以减少磨损。为防止变速杆绕自身轴线旋转,球头上开有纵向切槽,止转销插入槽中。变速杆下端伸入滑杆拨头的凹槽中。当操纵变速杆前、后运动时,便拨动滑杆和固定在滑杆上的拨叉,使滑动齿轮挂上或脱开相应挡位。

2. 锁定机构

锁定机构的功用是防止拖拉机在工作中自动挂挡或自动脱挡,并保证变速箱的挂挡齿轮能全齿长啮合及在空挡时所有滑动齿轮能完全脱离啮合,如图 3 -1 -13 所示。变速器采用锁销式锁定机构,由锁销、弹簧和滑杆上的 3 个 V 形槽组成。锁销和弹簧装在箱体前壁孔中,并由上盖封闭。拨动滑杆,当 V 形槽与锁销相对时,锁销在弹簧力作用下嵌入槽中,使滑杆定位,可防止自动挂挡和脱挡。拨叉安装位置与 3 个 V 形槽的距离是经过计算确定的,完全可以保证全齿长啮合。

3. 互锁机构

互锁机构的功用是防止同时挂上两个挡。当用变速杆移动一个滑动齿轮时,其他滑动齿轮不应该移动,防止"乱挡"。互锁机构的构造有框式和销式。典型的销式互锁机构,如图 3 -1 -14 所示。

4. 联锁机构

有些拖拉机为保证换挡时离合器能首先彻底分离,在离合器操纵机构和变速箱操纵机构之间装有联锁机构,防止在离合器还未完全分离时换挡。切有长槽的联锁轴装在变速器

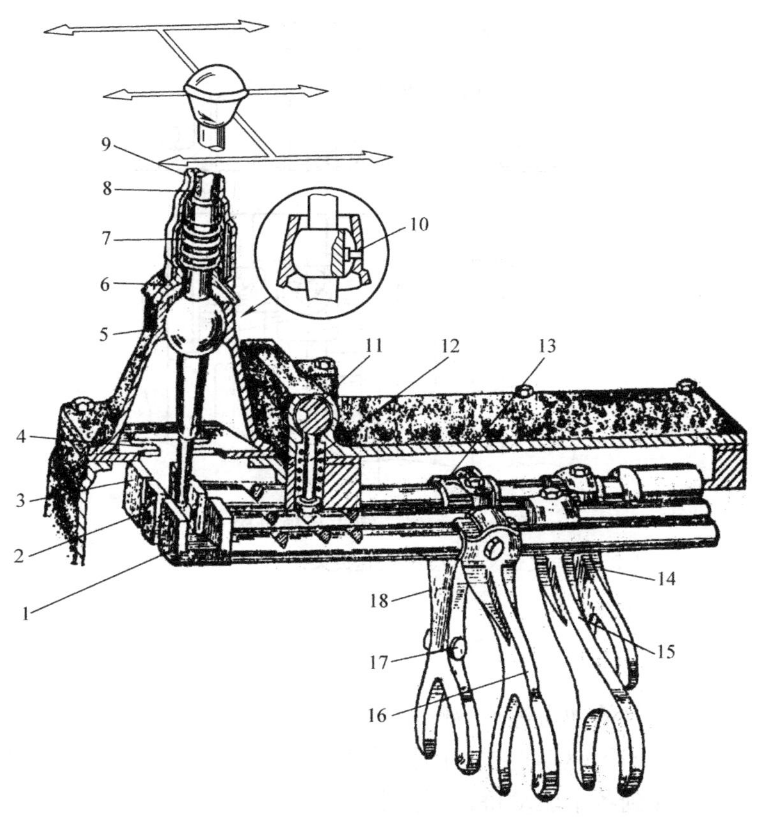

图 3－1－12　拖拉机变速箱的操纵机构

1—Ⅱ、Ⅲ挡滑杆;2—Ⅰ、Ⅳ挡滑杆;3—倒挡、Ⅴ挡滑杆;4—导板;5—变速杆支座;6—变速杆支座罩;7—弹簧;8—变速杆;9—变速杆橡胶套;10—止动销;11—联锁轴;12—锁定销;13—Ⅴ挡拨块;14—倒挡拨叉;15—Ⅰ、Ⅳ挡拨叉;16—Ⅱ、Ⅲ挡拨叉;17—拨叉销;18—Ⅴ挡拨叉

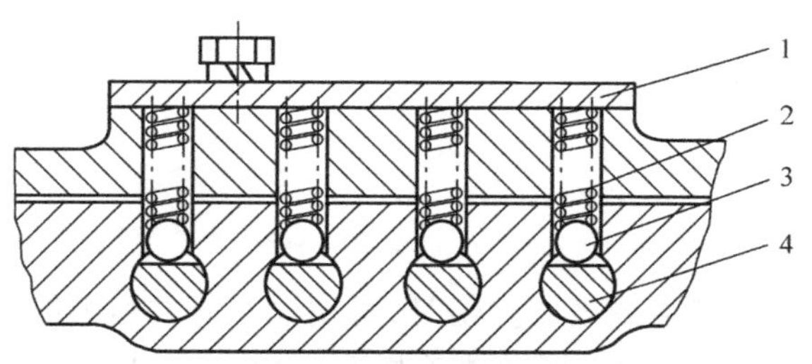

图 3－1－13　锁定机构

1—压板;2—锁定弹簧;3—钢球;4—高、低挡变速叉轴

盖的水平孔中,置于 3 个滑杆锁销的一端,联锁轴端装有转臂,并通过推杆与离合器踏板相连。当离合器踏板放松时,推杆拉动转臂,使联锁轴圆柱面压住锁销上端面使之无法抬起,使锁定更加可靠。当彻底踩下离合器踏板时,推杆向后推转臂使联锁轴上的切槽对准锁销上端。此时,锁销才能被抬起进行摘挡和换挡。因此,装有联锁机构的变速器只有将离合器踏板踩到底,即离合器彻底分离时才能摘挡和换挡。

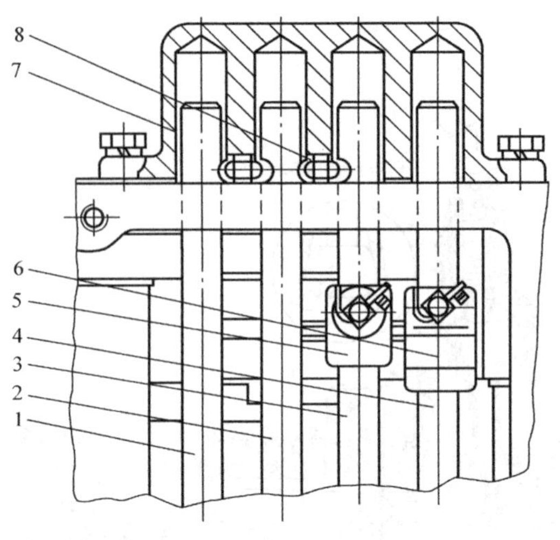

图 3-1-14　销式互锁机构

1、2、3、4—变速叉轴;5、6—变速拨叉;7—端盖;8—互锁销

六、分动箱

分动箱就是将柴油机的动力进行分配的装置,它可以将动力输出到后轴,或者同时将动力输出到前轴和后轴。四轮驱动拖拉机的传动系中均装有分动箱。分动箱的主要功用是将变速箱输出的动力分配到各个驱动桥,兼起副变速箱的作用。

分动箱由齿轮传动机构和操纵机构两部分组成,其中:齿轮传动机构由一系列齿轮、轴和壳体等零件组成;操纵机构由操纵杆、拨叉、拨叉轴和一系列传动杆件等组成。

拖拉机需要前桥驱动时,驾驶员通过操作分动箱操纵杆,使前桥结合套向左移把变速箱传来的动力传递给前桥,实现前桥驱动。

【任务实施】

一、齿轮检修

1. 轮齿检查

(1)齿轮的齿面有轻微斑点或表面擦伤时,可用油石修磨后继续使用,若齿轮的啮合面上出现明显的疲劳麻点、麻面、斑痕、脱落或阶梯形磨损,甚至出现轮齿破碎等现象时,必须更换新件。

(2)固定齿轮或相配合的滑动齿轮,其齿长正常损伤不应超过全齿长的 15%,使用极限为 30%。

2. 啮合位置检查

齿轮齿面的啮合面中线应位于齿高的中部,啮合面积不得低于工作面面积的 2/3。

3. 啮合间隙检查

变速箱的常啮合齿轮齿厚磨损不超过 0.25 mm,啮合间隙一般不大于 0.25 mm,接合齿轮齿厚磨损不超过 0.40 mm,啮合间隙不超过 0.60 mm,超过极限应更换齿轮。检测时,将输出轴与输入轴按标准中心距安装后，固定住一个轴上的齿轮，转动另一个轴上的齿轮，用百分表测量转动齿轮的摆动量，即为两齿轮的啮合间隙。

二、故障检修

1. 跳挡检修

正在行驶的拖拉机上，出现柴油机转速突然升高，车速变慢而停车，变速杆自动移入空挡位置，即为“跳挡”。故障检修方法如下。

(1)检查拨叉轴定位槽磨损是否严重，若磨损严重，则更换拨叉轴。

(2)检查弹簧压力是否不足，若弹簧弹力不足，则更换弹簧。

(3)检查齿轮轴上的轴承磨损是否使轴产生倾斜，若磨损严重，则更换轴承。

(4)检查齿轮花键的磨损情况，若磨损严重，则更换齿轮。

2. 挂挡困难检修

拖拉机在工作时，踩下离合器，难以挂上所需要挡位或出现响齿的现象，即为“挂挡困难”。故障检修方法如下。

(1)检查离合器的分离情况，若分离不彻底，则按要求调到规定值。

(2)检查变速杆拨头是否磨损，如果磨损严重，则更换变速杆。

(3)检查啮合套端面及齿轮面磨损，如果磨损严重，则更换啮合套或齿轮。

3. 乱挡检修

在变速箱工作中，变速杆不能退出挡位，也不能向需要的挡位方向拨动，变速杆不能放到空挡位置或同时挂上两个挡，而使柴油机熄火或不能起动，即为“乱挡”。故障检修方法如下。

(1)检查变速杆拨头是否磨损，如果磨损严重，则更换。

(2)检查变速导板槽是否磨损，如果磨损严重，则更换。

(3)检查变速杆拨叉和啮合套拨槽是否磨损，如果磨损严重，则更换。

(4)检查互锁销及拨叉轴定位槽是否磨损，如果磨损严重，则更换。

任务4　后 桥 检 修

【任务描述】

通过拖拉机后桥实物和资料，了解其构造和工作原理，并会使用工量具检修后桥。

【任务目标】

(1)了解拖拉机传动系后桥的功用、组成、分类、工作原理。

(2)能使用工量具检修后桥。

【任务所需设备、工具和材料】

(1)各类型拖拉机后桥实物。

(2)各类型拖拉机后桥维修手册、零件图册。

(3)拖拉机后桥视频资料。

(4)拆装工具、相关量具。

【任务相关知识】

一、拖拉机后桥的功用

后桥是拖拉机后部的两驱动轮之间所有传动机构及其桥壳的总称。其功用如下。

(1)进一步减速增转矩。以减小转速的方式来增大发动机传递的转矩。

(2)改变动力传递方向。将动力传递旋转平面旋转 90°,使动力传递到两驱动轮。

(3)协助拖拉机驱动轮转向。

二、拖拉机后桥的分类及组成

(1)履带式拖拉机后桥由中央传动、转向离合器和最终传动等组成,转向离合器既是传动部件,又是转向系统的组成部分,其结构如图 3-1-15 所示。

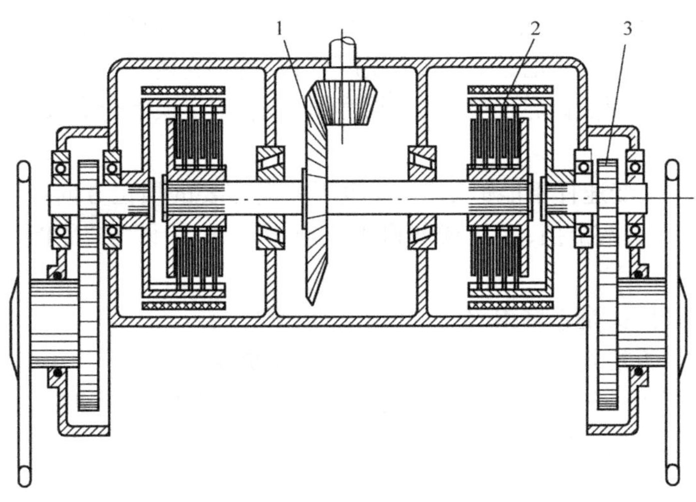

图 3-1-15　履带式拖拉机的后桥

1—中央传动;2—转向离合器;3—最终传动

(2)轮式拖拉机的后桥由中央传动、差速器和最终传动组成。轮式拖拉机后桥根据最终传动的布置方式有两种基本形式。一种如图 3-1-16(a)所示,两个最终传动分别有单独的壳体,分别安装在两侧靠近驱动轮处,称为外置式,其有较大的离地间隙。另一种如图 3-1-16(b)所示,中央传动、差速器和最终传动安装在同一壳体内,而最终传动靠近后桥的中部,称为内置式,其结构较紧凑,离地间隙较小。

三、中央传动

1. 中央传动的组成与功用

中央传动由一对圆锥齿轮组成,它的功用是将变速箱传来的扭矩进一步放大,转速进一部降低,并将动力的旋转平面旋转 90°,然后再传给差速器,驱动两半轴,以适应拖拉机行驶

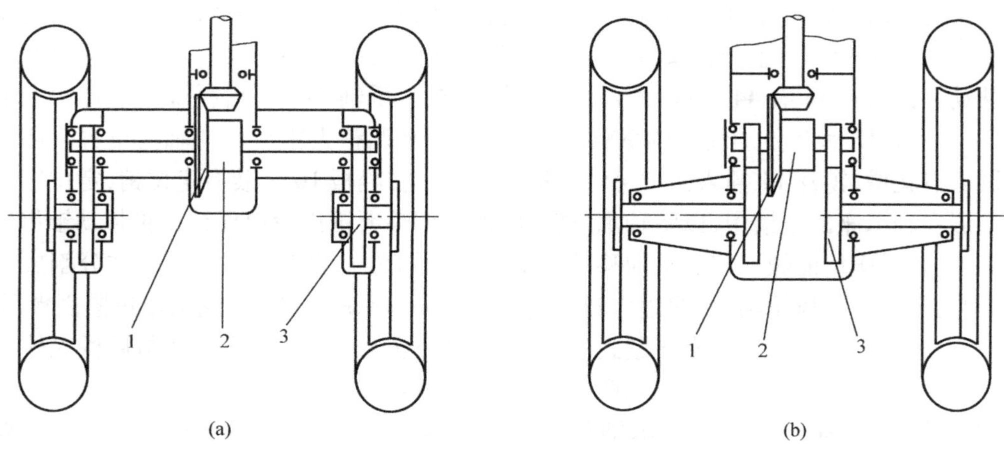

图 3 - 1 - 16　轮式拖拉机后桥结构简图

1—中央传动;2—差速器;3—最终传动

的需要。目前,大、中型拖拉机大多采用螺旋齿锥齿轮式中央传动,也有少数拖拉机采用直齿锥齿轮式中央传动。

2. 东方红 - 75 型履带式拖拉机的中央传动

东方红 - 75 型履带式拖拉机的中央传动由一对螺旋角为 25°的弧齿锥齿轮组成,如图 3 - 1 - 17所示。

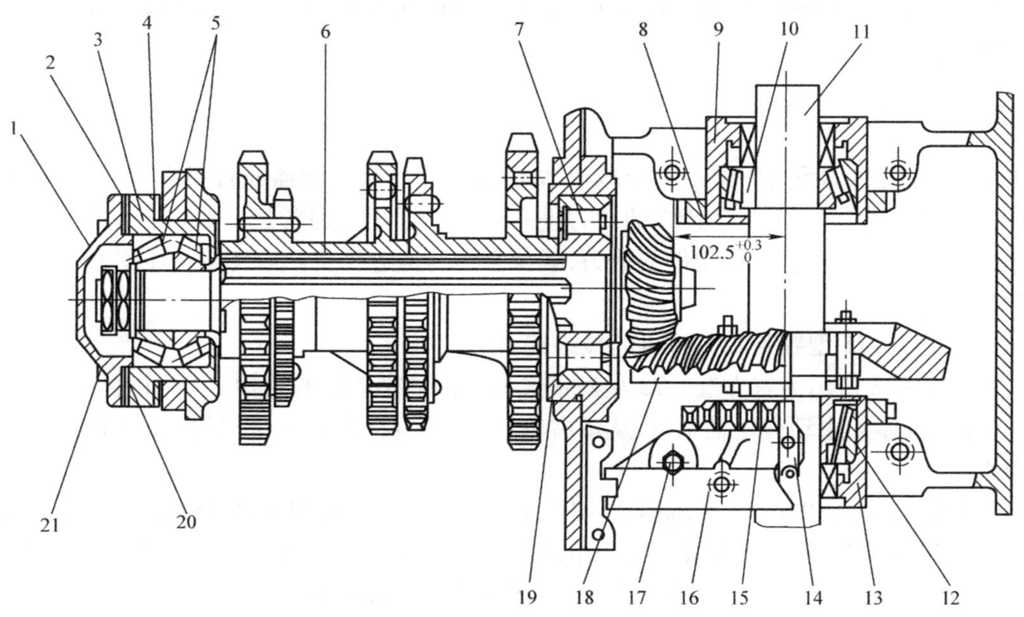

图 3 - 1 - 17　东方红 - 75 型履带式拖拉机中央传动

1—轴承盖;2、4—调整垫片;3—轴承座;5—轴承;6—轴;7—轴承;8、5—调整螺母;9、13—轴承座;10—轴承;11—后桥轴;12—轴承;14—调整螺母锁片;16—隔板;17—隔板紧固螺母;18—大锥齿轮;19—轴承座;20—密封环;21—紧固螺钉中央传动的小锥齿轮有 14 个齿,它与变速箱内的Ⅱ轴 6 做成一体,其轴向力由前端的一对轴承 5 来承受。调整垫片 2、4 分别用来调整Ⅱ轴的轴向游动量和小锥齿轮的安装距离。从动大锥齿轮 18 有 44 个齿,用六个螺栓固定在后桥轴 11 上,后桥轴支承在两个轴承 12 上。轴承座 13 和 9 分别装有调整螺母 8 和 15,用来调整大锥齿轮的轴向位置。调整螺母外圆上有花槽,锁片 14 插入槽中可防止螺母松动。在隔板 16 上装有定位销,定位销的头部分别嵌在轴承座的缺槽中,以防轴承座转动,但在调整大锥齿轮以保证中央传动锥齿轮副的间隙时,轴承座仍能做一定的轴向移动。支承后桥轴总成的隔板将后桥壳体分割成三个室,中间为中央传动齿轮副室,两边为转向离合器室。轴承座 9、13 由隔板通过紧固螺母 17 将其压紧,轴承座孔上还安装有自紧式油封,并在其下方钻有回油孔,该孔与后桥壳体上的回油孔相同,以防齿轮副室的油进入两侧的转向离合器室内。

中央传动齿轮副及后桥轴支承轴承的润滑,都是靠锥齿轮副旋转时产生的溅油来实现的。

中央传动锥齿轮副应经过配对,再成对使用。在小锥齿轮头部的工艺凸台上和大锥齿轮的背锥面上,均刻(或写)有配对号码。实践证明,只有经过配对的齿轮副才能有较长的使用寿命,因此在更换齿轮时也应成对更换,而不能只更换其中一个。

对中央传动进行调整一般常发生在以下几种情况:原来齿轮损坏需要更新齿轮副;取出后桥轴或分解变速箱及后桥总成;技术保养发现问题。

影响中央传动齿轮副正常工作及使用寿命的因素很多,但最重要的是要有合理的安装距离、良好的接触印痕及正常的轴向游动量。

调整的目的是保证正确的接触印痕和正常的轴向游动量,保证齿轮副良好啮合,以延长齿轮副的使用寿命。

四、最终传动

最终传动是传动系统中最后一个减速增矩部件,它位于差速器或转向机构之后、驱动轮之前,用来把变速箱、中央传动传来的动力进一步减速增矩。通常这一级的传动比比较大,以减轻变速箱、中央传动等传动件的受力,减少它们的构造尺寸。最终传动还用来增大后桥的离地间隙。

1. 东方红 -75 型履带式拖拉机的最终传动

图 3 -1 -18 所示为东方红 -75 型履带式拖拉机最终传动的结构,主要由主动齿轮(齿轮与轴做成一体)、主动齿轮轴承座、从动齿轮、后轴、底板、齿轮室、密封装置和驱动轮等零件组成。

最终传动的主动齿轮 12 和轴做成一体,靠两个轴承支承在轴承座 15 上,轴承座与后桥壳体 18 和齿轮室 23 静配合连成一体。主动齿轮花键轴部分与从动鼓轮毂 16 的内花键联接,以传递动力。从油封处外漏的润滑油,经集油槽和回油孔 19 流回齿轮室,以防止流入转向离合器内。

从动齿轮 22 与齿轮室外的驱动轮 13 都是用螺钉固定在轮毂 8 上。轮毂 8 通过两个圆锥滚子轴承支承在固定不动的后轴 20 上。后轴安装在车架上,它是车架的一根横梁。后轴端面上装有调整垫片 7,用来调整两个圆锥滚子轴承的间隙,轴承的间隙要求在 0.2 ~ 0.4 mm范围内。外侧圆锥滚动轴承的内圈端面用驱动轮盖 6 封盖,内侧轴承用橡胶密封环

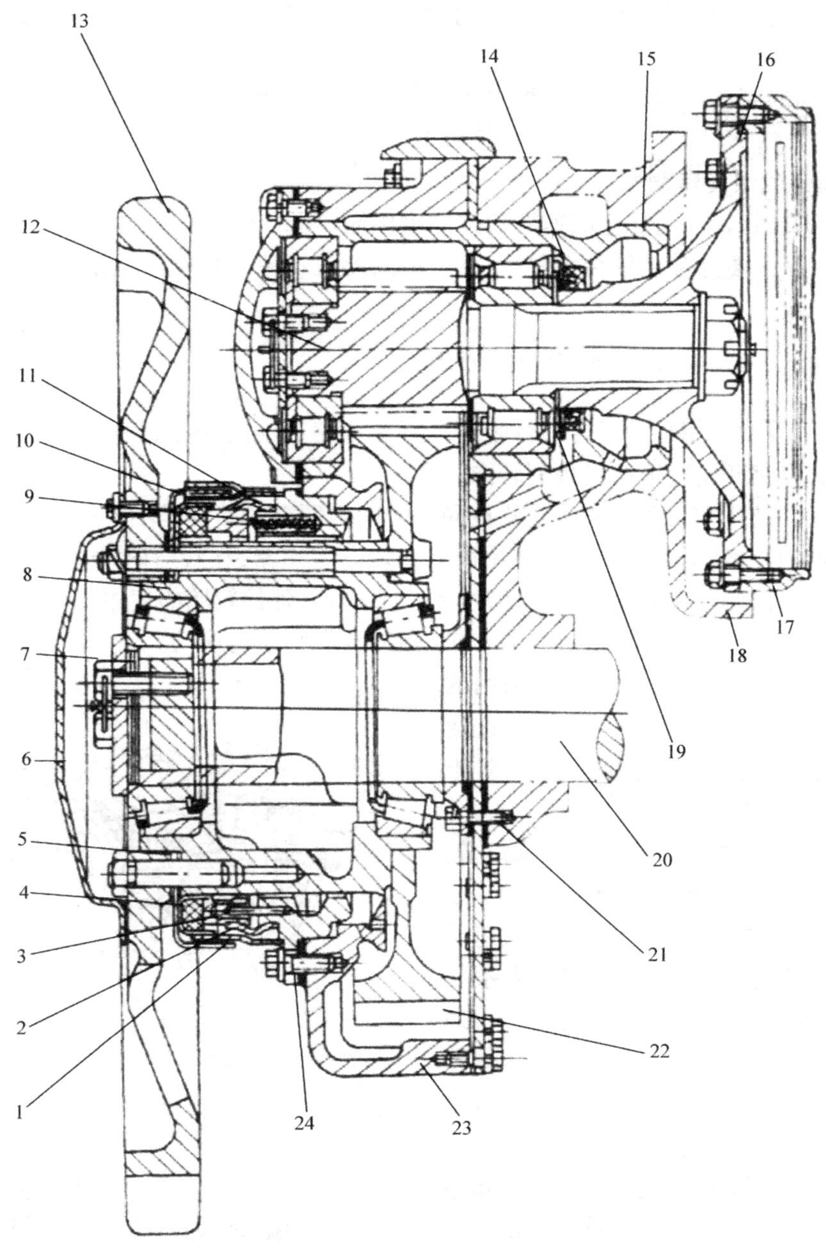

图 3－1－18　东方红－75 型履带式拖拉机最终传动

1、5、11—防尘罩；2—橡胶套；3—导向销；4—毛毡环；6—驱动轮盖；7—调整垫片；8—驱动轮轮毂；9—弹簧；10—油封压环；12—主动齿轮；13—驱动轮；14—自紧油封；15—主动齿轮轴承座；16—从动鼓轮毂；17—转向离合器从动鼓；18—后桥壳体；19—回油孔；20—后轴；21—橡胶密封环；22—从动齿轮；23—齿轮室；24—端面油封固定盘

21 密封，以防止润滑油渗漏。

为保证驱动轮轴轮毂能够可靠地带动驱动轮，轮毂上除了 8 个螺钉外，还装有 4 个定位销。传递扭矩主要是靠定位销，而螺钉主要是起承受轴向力的作用。

在端面密封装置外面，还有密封罩及挡泥板，较好地起到保护油封和防止泥沙侵入的作用。

最终传动的壳体由齿轮室和底板组成，底板上设有加油口、放油螺塞和用来检查油面的螺塞。

2. 行星齿轮最终传动

行星齿轮最终传动由与主减速器相连的太阳轮、与壳体相连的齿圈和与半轴相连的行星架组成，主减速器的动力传给太阳轮，由于齿圈固定不转，动力经行星齿轮传递给行星架，实现减速增矩。

五、差速器

差速器的主要功用是为了转弯行驶或在不平等路面上行驶时，使两侧驱动轮能以不同的转速转动，以实现轮式拖拉机顺利转向。

轮式拖拉机转弯时，左右两驱动轮在同一时间内所走的路程是不同的，外侧轮走的距离长，内侧轮走的距离短。因此，轮式拖拉机上都装有差速器，在转弯时使两个驱动轮以不同的转速转动，以保证两个驱动轮做纯滚动，不产生滑移，延长轮胎的使用寿命。同时，差速器还能把中央传动传来的动力传给左、右半轴，驱动两个驱动轮滚动。

如图 3－1－19 所示，拖拉机上采用的对称式锥齿轮差速器主要由半轴 1、6，差速器壳体 2，行星齿轮轴 4，行星齿轮 5、8，锥齿轮 3，半轴齿轮 9 组成。

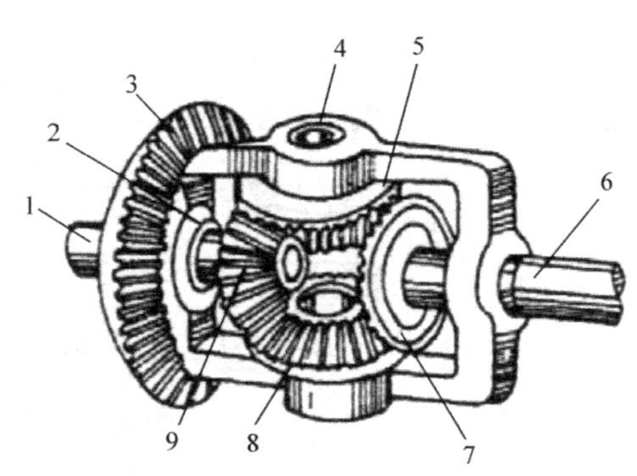

图 3－1－19　对称式锥齿轮差速器

1、6—半轴；2—差速器壳体；3—中央传动大锥齿轮；4—行星齿轮轴；5、8—行星齿轮；9—半轴齿轮

差速器的工作特点：无论左、右驱动轮转速是否相等，两半轴上输出的转矩总是平均分配的，即“差速”不“差扭”。差速器的这一特点，会给拖拉机的工作带来不利影响，当一侧驱动轮陷入泥泞或在冰雪地面打滑时，即使另一个驱动轮是在良好路面上，拖拉机也不能前行。因为差速器平均分配转矩的特点，使在良好路面上的驱动轮得到的转矩和在泥泞路面上的滑转驱动轮得到的较小转矩相等，使拖拉机的总牵引力不足以克服行驶阻力，拖拉机不能前行。

为消除差速器的这一缺陷，不少拖拉机上设有差速锁。当拖拉机在行驶或作业过程中遇到单边驱动轮打滑，拖拉机不能前进时，可踩下差速锁踏板或通过拨动杠杆、接合叉接合差速锁，使左右驱动轮轴刚性连接，使差速器失去差速功能。当驱动轮离开打滑地段后，使差速器恢复功能即可。

差速锁有两种布置形式，一种是连接两半轴，另一种是连接一根半轴与差速器壳。拖拉机一般采用后者。差速锁上设有弹簧回位机构，只要松开操纵手柄或踏板，差速锁就自动分离。在平时行驶中和转弯时，禁止使用差速锁，以免造成机件损坏。

【任务实施】

一、中央传动的调整

影响中央传动齿轮副正常工作及使用寿命的因素很多,调整时最重要的是确保有合理的安装距离、良好的接触印痕及正常的轴向游动量。

调整一般发生在以下几种情况:原来的齿轮损坏需要更新齿轮副;取出后桥轴或分解变速箱及后桥总成;技术保养发现问题。

调整的目的是保证有良好的接触印痕和正常的轴向游动量,保证齿轮副啮合良好,以延长齿轮副的使用寿命。

1. Ⅱ轴轴向游动量的检查与调整

先用撬杠将Ⅱ轴推向远离后桥轴的方向,使Ⅱ轴的圆锥滚子轴承靠紧轴承盖,用内径千分尺或内卡钳测量小锥齿轮端面到后桥轴外圆表面的尺寸;再用撬杠将Ⅱ轴撬向后桥轴方向,并量出小锥齿轮面到后桥轴外圆表面的尺寸。两次测量尺寸之差就是Ⅱ轴的轴向游动量。

Ⅱ轴的轴向游动量的正常值为0.15~0.30 mm。拖拉机在工作一段时间后,该游动量将超过正常值,这时就要进行调整。调整的方法:拆下轴承盖,按所测得数据减去相应厚度的调整垫片,然后再装上轴承盖并紧固,再按上述检测方法重复检查一次。

2. 后桥轴轴向游动量的检查与调整

先将百分表架固定,使百分表触头支顶在大锥齿轮的端面上,然后用撬杠左右撬动大锥齿轮,大锥齿轮左右移动量之和即为后桥轴的轴向游动量。

后桥轴的轴向游动量的正常值为0.15~0.30 mm。当拖拉机在工作一段时间后,该游动量会逐渐增大,当超过正常值时就需要进行调整。调整的方法:卸下调整螺母锁片,把隔板紧固螺母旋松1~2圈,再用钩形扳手旋松右调整螺母,再拧紧左调整螺母,直至齿轮副无齿侧间隙为止,最后再将它退回10~12个齿。

拧紧右调整螺母,使后桥轴向左移动,到左调整螺母与隔板贴紧位置再退回4~5个齿;用撬杠向右拨动大锥齿轮,使后桥轴向右移动,直至右调整螺母贴紧右隔板为止,使大锥齿轮转动一周,然后分别拧紧左、右隔板紧固螺母。

3. 啮合印痕的检验与调整

螺旋锥齿轮副的正确啮合,理论上应该是两个齿轮的截锥母线重合并和截锥顶点相交于一点,实际上这两点无法准确加以测量。一般常用检查安装距离、啮合时的啮合印痕及齿侧间隙等方法,来进行间接判断。

一般来讲,只要安装距离在规定的尺寸范围内,就应该能得到理想的啮合印痕,若安装距离合理而啮合印痕不理想,不是调整不当就是零件质量不合格。应具体分析原因,使实际啮合印痕和理想啮合印痕趋于一致。

调整啮合印痕时,应首先保证前进工况时齿轮副工作面的啮合印痕,但也要适当照顾倒退工况时齿轮副工作面的啮合印痕。

检验啮合印痕的方法:把红铅油均匀涂在大锥齿轮的工作面上(前进时工作面为凸面,倒退时工作面为凹面),摇转发动机曲轴,使其带动大锥齿轮转动一周以上,直至小锥齿轮的工作面上得到清晰的印痕为止，此时则可判断印痕是否符合要求。正确的啮合印痕应分布在齿长和齿高中部并略偏向小端，其长度不得小于齿宽的55%，高度不得小于齿高55%。

在调整过程，当啮合间隙和啮合印痕有矛盾时，应以啮合印痕为准，但啮合间隙不得小于0.16 mm。

二、最终传动的调整

1. 最终传动轴承间隙检查与调整

大齿轮轴承间隙为0.20～0.25 mm，小齿轮轴承间隙应以轴能用手灵活转动，又无轴向窜动为宜。

在进行大齿轮轴承间隙调整时，可用管钳把轴头螺母压盖拧到底然后再退回1/9圈，之后用螺母将定位花键卡铁锁紧。

当小齿轮轴承间隙过大时，可在轴承后部增加适当厚度的金属垫圈。还可以用车床对内侧轴承盖与壳体的接触面车一刀，使轴承盖凸肩的实际尺寸加大，也可得到同样的效果。

2. 最终传动齿轮检修

若间隙调整不当或花键卡铁磨损，锁紧螺母松动或轴承磨损都会导致轴承间隙增大，破坏齿轮的正常啮合印痕，从而易产生淬硬层脱落，严重时会发生打齿。

若齿轮的齿面磨损或脱落严重，也可将两侧的减速齿轮对调、翻面使用。

项目二　行走系的结构与检修

任务1　轮式拖拉机行走系检修

【任务描述】

通过轮式拖拉机行走系实物和资料，了解其构造和工作原理，并会使用工量具检修其零部件。

【任务目标】

（1）了解轮式拖拉机行走系的功用、组成、分类、工作原理。
（2）能使用工量具检修轮式拖拉机的行走系零部件。

【任务所需设备、工具和材料】

（1）各类轮式拖拉机行走系实物。
（2）各类轮式拖拉机行走系维修手册、零件图册。
（3）轮式拖拉机行走系视频资料。
（4）拆装工具、相关量具。

【任务相关知识】

一、拖拉机行走系的功用和分类

拖拉机行走系的功用有以下几点。

（1）行走系把发动机经传动系传到驱动轮上的驱动转矩，转变为拖拉机工作时所需要的牵引力。

（2）行走系把驱动轮的旋转运动转变为拖拉机的行走运动。

（3）行走系支承拖拉机的重量。

拖拉机行走系分为轮式拖拉机行走系和履带式拖拉机行走系两种。

二、轮式拖拉机行走系的组成和结构特点

轮式拖拉机的行走系主要由前桥、后桥、前轮、后轮、轮胎、车架等组成。

轮式拖拉机有四个车轮，前面两个车轮安装在前轴上，可相对于机体发生偏转，使拖拉机顺利转向，所以前轮又称导向轮；后面两个车轮分别安装在最终传动的左、右两个驱动轮轴上，用于驱动拖拉机行驶，发挥驱动力，故后轮又称驱动轮。

一般拖拉机都由后轮驱动，但有的拖拉机为增大驱动力，除后轮驱动外，前轴也由发动机经传动系而驱动，此时前轴常称为前桥。由于这种拖拉机的四个轮全是驱动轮，故又称为

四轮驱动拖拉机。

轮式拖拉机由于在田间作业的特殊性,其行走系具有自身的结构特点。

(1)驱动轮不仅直径大,而且轮胎面上有较高凸起的花纹。

(2)导向轮直径小,其轮胎面大多具有一条或多条环状花纹。

(3)有比较合适的农艺离地间隙。

(4)前轴与机体用铰链连接。

三、轮式拖拉机行走系的主要部件结构

1. 车架

车架是拖拉机的骨架和安装基础,拖拉机的车架分为全架式、半架式、无架式三种。

2. 前桥

前桥是拖拉机的前支撑,承受拖拉机前部的质量,并保证拖拉机直线行驶或转向行驶。前桥由前梁总成、前轮、横拉杆总成、纵拉杆总成和转向臂等组成,如图 3-2-1 所示。

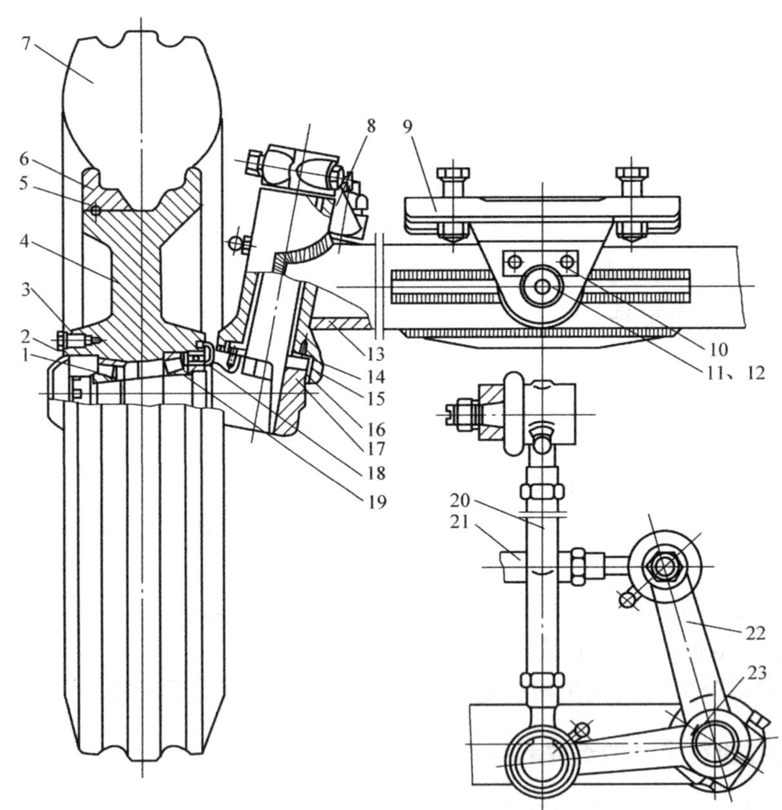

图 3-2-1　轮式拖拉机前桥

1—单列圆锥滚子轴承;2—纸垫;3—前轮体盖;4—前轮体;5—卡簧;6—前轮辐圈;7—导向轮胎总成;8—右转向臂;9—前托架;10—锁片;11—前桥销轴;12—减摩垫;13—前梁总成;14—上支承垫片;15—支承垫片;16—上防尘罩;17—右转向总成;18—油封;19—单列圆锥滚子轴承;20—横拉杆总成;21—纵拉杆总成;22—左转向臂;23—半圆键

前桥一般采用刚性悬架，即前轴与机体铰接。当拖拉机在不平的地面上行驶时，前轴可以摆动，以保证前两轮都能同时接地，一般摆动角度为4°～10°。为适应对不同行距的茎秆作物的行间作业，前轮轮距一般是可调的，即将前轴做成可伸缩式。

3. 车轮

车轮用来承受拖拉机的全部质量，并保证拖拉机在地面上能够可靠地行驶。车轮主要由轮辋、轮毂和辐板等组成，如图3－2－2所示。

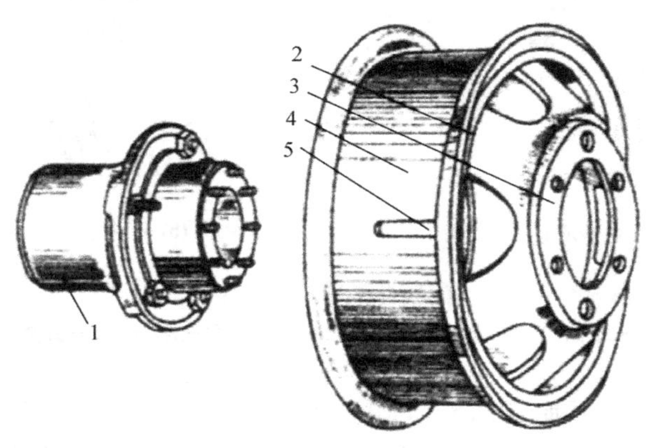

图3－2－2 车轮

1—轮毂；2—挡圈；3—辐板；4—轮辋；5—气门嘴伸出口

（1）轮毂，用来连接车轮和轮轴。拖拉机的前轮轮毂通常通过两个锥轴承安装在前轮轴上，后轮轮毂则通常用花键或平键与驱动轴相连，轮毂的外缘则是用螺栓连接在辐板上。

（2）轮辋，用薄钢板滚轧形成后焊接而成，具有特殊的断面，用于安装轮胎。

（3）辐板，用来连接轮毂和轮辋，并增加轮毂的刚度。拖拉机上广泛采用盘式辐板，一般前轮的辐板和轮辋焊接在一起，后轮的辐板则采用可拆式连接。一般在后轮轮辋上焊接有连接凸耳，辐板则多采用螺栓紧固在凸耳上，能调节后轮轮距。

4. 轮胎

1）轮胎构造

拖拉机上常用有内胎的轮胎。内胎是一个封闭的橡胶圈，安装在轮辋和外胎之间，内部充满压缩空气，内胎的内侧有一个气门嘴，穿过轮辋上的气门嘴伸出口露在外面，利用它可以向内胎充气以使轮胎承受重量，并具有一定的弹性。垫带用于保护内胎，以延长内胎的使用寿命。外胎是车轮与地面直接接触的部分，和地面产生相互的作用力。

如图3－2－3所示，外胎由胎面、胎侧、帘布层、缓冲层和钢丝圈组成，根据其胎体中帘线的排列方向，外胎分为普通斜交线外胎和子午线外胎。普通斜交线外胎的帘线一般与轮胎的横断面的交角为52°～54°，帘线料可以是棉线、人造丝、尼龙丝或钢丝等。拖拉机轮胎常采用斜交线外胎。

子午线外胎的帘线顺着轮胎子午线方向排列，各层帘线彼此不相交，这种排列使帘线的强度被充分利用，帘布层数比普通轮胎可以减少近一半。子午线外胎承载大、耐磨、滚动阻力小、缓冲能力强、不易被刺穿，并且质量较轻。

按胎内的空气压力大小，充气轮胎可分为高压胎、低压胎和超低压胎三种。一般气

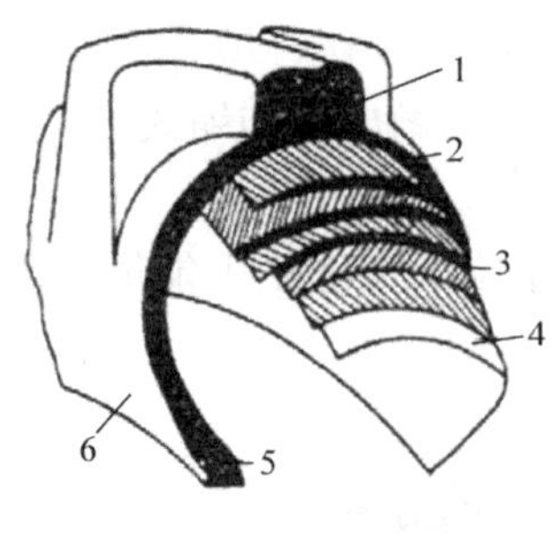

(a) 普通斜交线外胎

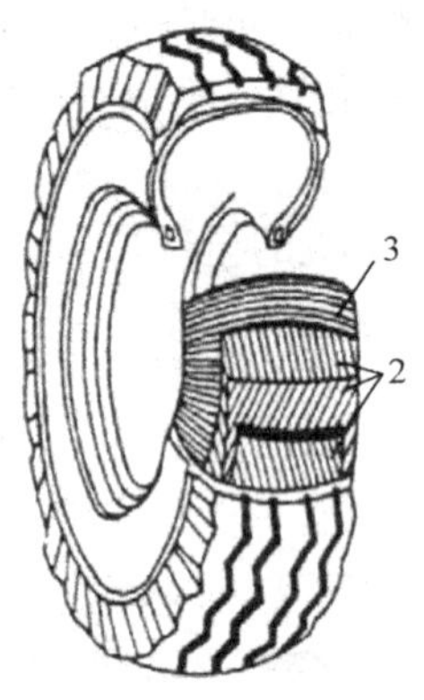

(b) 子午线外胎

图 3－2－3　外胎结构

1—胎面;2—缓冲层;3—帘布层;4—胶层;5—钢丝圈;6—胎侧

压在 0.5～0.7 MPa 为高压胎,0.15～0.45 MPa 为低压胎,0.15 MPa 以下为超低压胎。拖拉机采用的轮胎都是低压轮胎,在松软的地面上工作时可采用降低轮胎气压的方法增加附着性能。

2)轮胎规格

如图 3－2－4 所示,一般用轮胎的外径 D、轮辋的直径 d、断面宽度 B 和断面高度 H 的公称尺寸来表示轮胎的基本尺寸。

低压轮胎规格尺寸表示方法一般用 $B-d$ 表示,单位均为英寸,"－"表示低压胎,如"9.00－20"表示轮胎断面宽度为 9 英寸,轮辋直径为 20 英寸的低压胎。

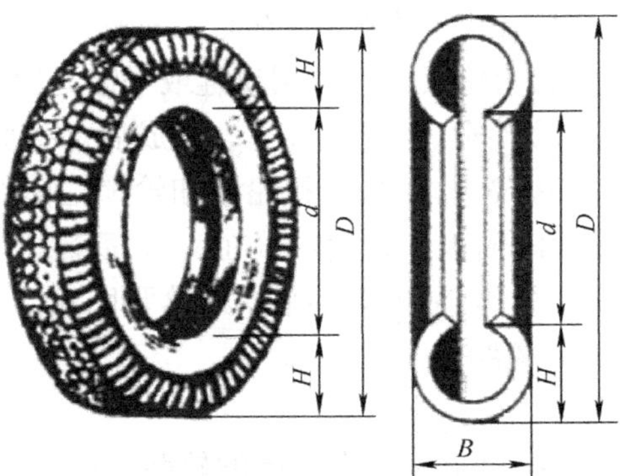

图 3－2－4　轮胎的尺寸规格

D—轮胎外径;d—轮辋直径;

B—断面宽度;H—断面高度

四、轮式拖拉机的前轮定位

轮式拖拉机的前轮并不与地面垂直,而是其上端略向外倾斜,前端略向内收拢。转向节主销也不与地面垂直,而是其上端略向内和向后倾斜。前轮定位是主销内倾和后倾,前轮外倾和前束的总称。前轮定位的作用是保证拖拉机直线行驶的稳定性和转向灵活、轻便,并可减少轮胎的磨损。

1. 主销后倾

转向节主销的上端沿拖拉机纵向向后倾斜一个角度,称为转向节主销后倾角 β。如图 3－2－5所示。

转向节主销后倾的目的是使前轮具有自动回正的作用。显然,转向节主销后倾角越大,回正力矩也越大,但是过大的回正力矩反而会使拖拉机在行驶中产生晃头的现象,转向费

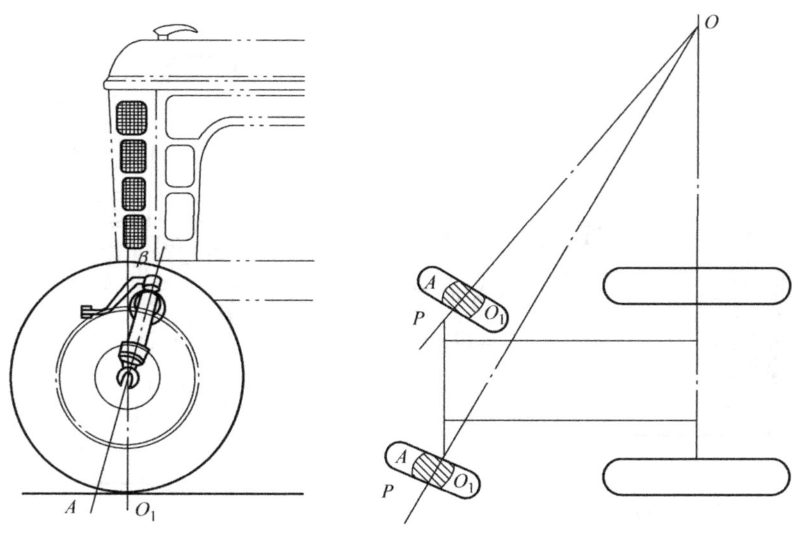

图 3－2－5　转向节主销后倾角

力，所以后倾角应适当。一般拖拉机的后倾角 $\beta=0°\sim5°$，该角度在焊接前轴时已经确定。

2. 主销内倾

转向节主销上端向内倾斜一个角度，称为向节主销内倾角 α，其作用是使前轮具有自动回正的作用，保证拖拉机直线行驶的稳定性，如图 3－2－6 所示。

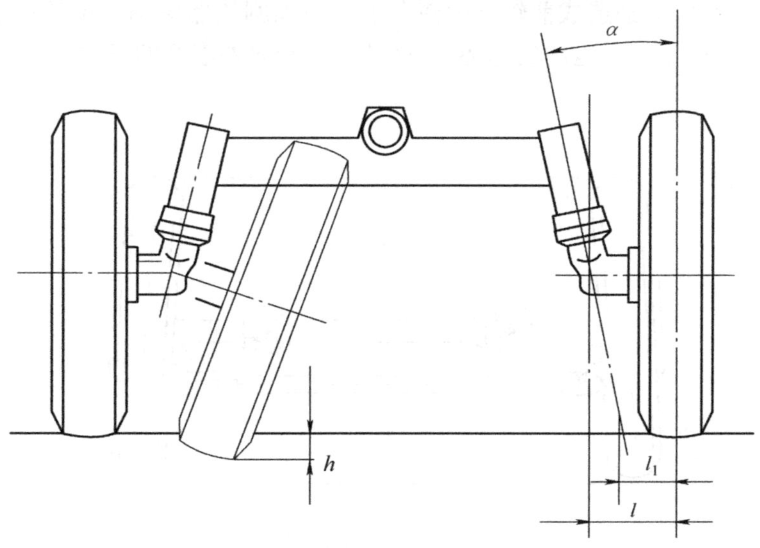

图 3－2－6　转向节主销内倾角

3. 前轮外倾

前轮在垂直于地面的平面内向外倾斜一个角度，称为前轮外倾角 γ。前轮外倾角通过焊接前轮时向下倾斜而得到，作用是使转向操作轻便。同时，地面反作用力将前轮向里压，减小了外端小轴承的负荷，使前轮不易松脱，前轮外倾角一般为 $1°\sim4°$，如图 3－2－7 所示。

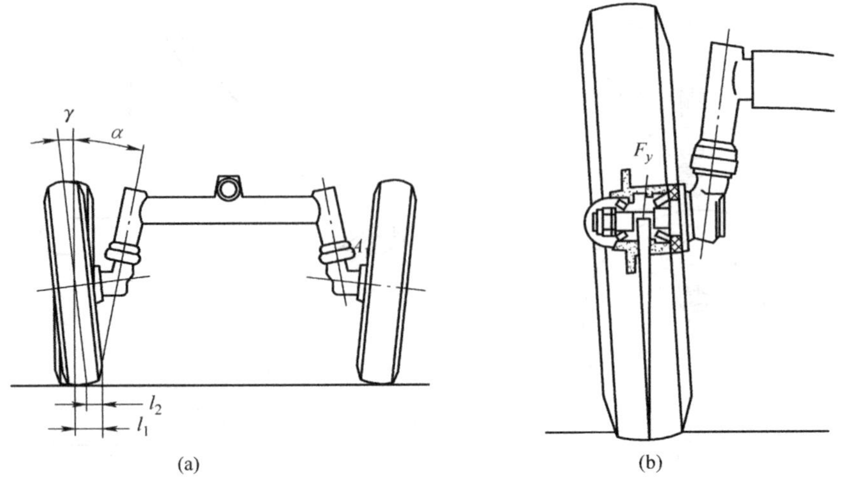

图 3－2－7　前轮外倾角

4. 前轮前束

在通过前轮中心的水平面内，两轮前端的距离比后端的距离小一些的，称为前轮前束。前、后端距离的差值为前束值，一般在 2～12 mm 范围内，如图3－2－8所示。

由于前轮外倾，前轮在行驶中有向外滚开的趋势，因为有前轴的连接，不可能向外滚开而强制其做直线运动，势必造成前轮产生横向滑移而加剧轮胎磨损。前轮前束的作用就是使前轮向前滚动时产生向内运动的趋势，从而减小轮胎向外滚开的倾向，这样有利于减轻轮胎磨损。

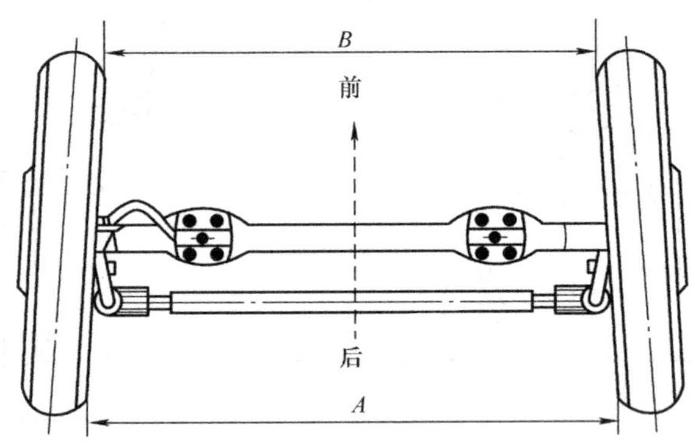

图 3－2－8　前轮前束

【任务实施】

前轮前束的前束值在拖拉机工作一段时间后会发生变化，如果不及时调整不仅会加快前轮轮胎的磨损，还会发生前轮在行驶中的摆动现象，这样将影响拖拉机直线行驶的稳定性。

在调整前轮前束装置时，一定要注意，前束是当两轮保持在直线行驶位置时的状态，应在与前轮轴等高的水平面测得。东方红－150 型拖拉机的前束值在 4～10 mm。

前束值的调整方法：先将拖拉机开到平地上，转动横拉杆使其伸长或缩短，使 A 值减去 B 值的差值为 4～10 mm，然后将锁紧螺母锁紧。调整结束后，可选择平直的沙土路面进行检验。检验的方法：让拖拉机在沙土路面上沿直线行驶一段距离后，不打方向盘也不刹车，让拖拉机逐渐自动停止，观察轮胎与地面的接触印痕。良好的印痕应该是轮胎面着地面的土粒为麻点状，没有横向滑移的痕迹；否则说明前束值不当，应重新调整、检查，直至适合为止。

任务 2　履带式拖拉机行走系检修

【任务描述】

通过履带式拖拉机行走系实物和资料，了解其构造和工作原理，并会使用工量具检修其零部件。

【任务目标】

(1)了解履带式拖拉机行走系的功用、组成、分类、工作原理。

(2)能使用工量具检修履带式拖拉机行走系零部件。

【任务所需设备、工具和材料】

(1)各类履带式拖拉机行走系实物。

(2)各类履带式拖拉机行走系维修手册、零件图册。

(3)履带式拖拉机行走系视频资料。

(4)拆装工具、相关量具。

【任务相关知识】

一、履带式拖拉机行走系的组成和特点

1. 履带式拖拉机行走系组成

履带式拖拉机的行走系由车架、行走装置和悬架组成，如图 3－2－9 所示。其中，行走装置由驱动轮、履带、支重轮、导向轮、张紧装置和拖链轮等组成。

2. 履带式拖拉机行走系特点

(1)履带式拖拉机的驱动轮不和地面接触，它在旋转时带动履带滚动，由履带和地面接触，使拖拉机前进、后退和转向。

(2)履带的支承面积大，对地面的压强小(只有轮式拖拉机的 1/10～1/4)，拖拉机的全部质量都通过履带作用在地面上，所以在松软的土地上的下陷深度小。拖拉机的滚动阻力

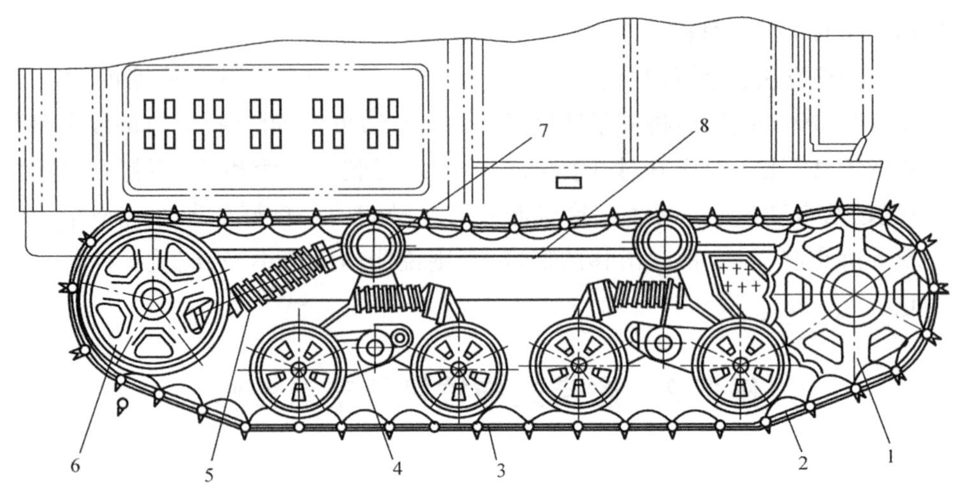

图 3－2－9　履带式拖拉机行走系的组成

1—驱动轮;2—履带;3—支重轮;4—台车;5—张紧装置;6—导向轮;7—拖架;8—车架

小，由于履带支承面上同时与土壤作用的履刺较多,它的抓着能力强,牵引附着性能好,所以它具有较大的牵引力,能在恶劣条件下工作。

(3)拖拉机工作一段时间后,各履带板上的履带销会磨损,使履带的张紧程度发生变化,需要调整,因此拖拉机行走系中设置了张紧装置。张紧装置不仅可以调整履带的松紧,还能起到一定的缓冲作用。导向轮是张紧装置中的另一个组成部分,作用是引导履带正确地卷绕,但它不相对于机体发生偏转,因此它不具有引导拖拉机转向的作用。

(4)履带式拖拉机行走系的质量很大,因而运动的惯性也很大,为缓冲与减震,支重轮与拖拉机机体的连接不能完全采用刚性连接,而设置有弹性元件。

(5)履带式拖拉机行走系的结构复杂,消耗金属材料多,磨损较快,维修量大。此外,由于行走系的结构所限,故履带的轨距无法调节,再加上履带式拖拉机的速度较慢,使拖拉机的综合利用受到限制。

履带式拖拉机驱动力的最大值一方面取决于发动机的功率,另一方面又与履带和土壤间的附着条件有关。履带式拖拉机的滚动阻力是由土壤在竖直方向的变形和行走系各机件之间的摩擦作用而产生的。因此,只要设法减小滚动阻力和改善附着性能,就能增大拖拉机的牵引力。

二、履带式拖拉机的主要部件结构

1. 履带

履带用来将拖拉机的质量传递给地面,并保证其与土壤的附着发挥足够的推进力。履带由若干块履带板通过履带销相互连接而成,履带板有整体式和组合式两种。

2. 驱动轮

如图 3－2－10 所示,驱动轮安装在最终传动的从动轴后的从动毂上,将驱动转矩转换成卷绕履带的作用力，以保证拖拉机行驶。

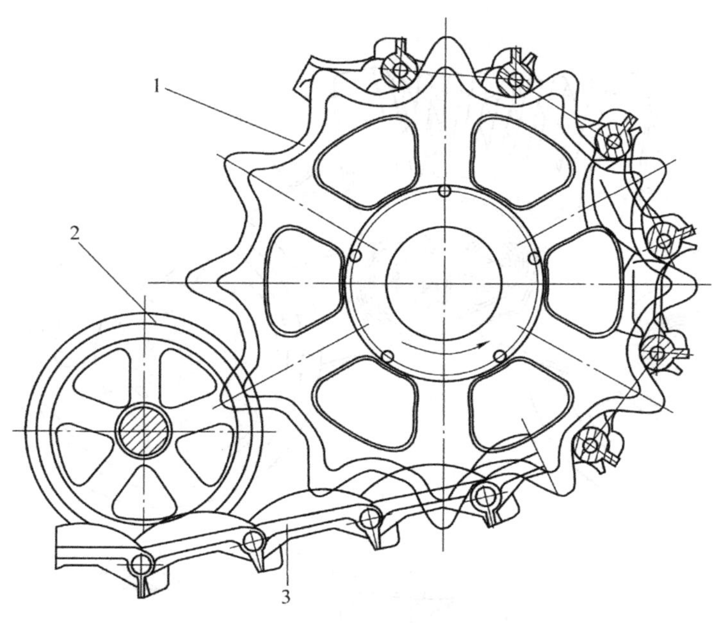

图3－2－10　履带式拖拉机行走系的履带与驱动轮

1—驱动轮；2—支重轮；3—履带

3. 悬架

如图3－2－11所示，东方红－75型拖拉机行走系为多台式，其悬架和支重轮由四组弹性平衡式支重台车构成。每组支重台车均由支重轮轴、内外平衡臂、内外平衡弹簧组成。内、外平衡臂由摆臂销轴铰接，上方装有悬架弹簧，外平衡臂轴孔中装有衬套与台车轴间隙配合，使整台车绕台车轴摆动。

4. 支重轮

支重轮经常与水泥、沙接触，承受外界冲击，要求轮缘有较好的耐磨性。农用履带式拖拉机经常采用直径较小，数量较多的支重轮，使履带支持面的接地压力较均匀，减少拖拉机在松软土壤工作时的下陷深度。

5. 张紧装置

如图3－2－12所示，张紧装置用来保持履带张紧度，以减少拖拉机在行驶过程中履带的震颤和由此引起的额外功率损失；履带张紧后还可以防止它在工作时滑落；张紧装置的缓冲弹簧可以使它兼有缓冲作用。张紧装置主要由张紧度调节机构和缓冲弹簧等组成。

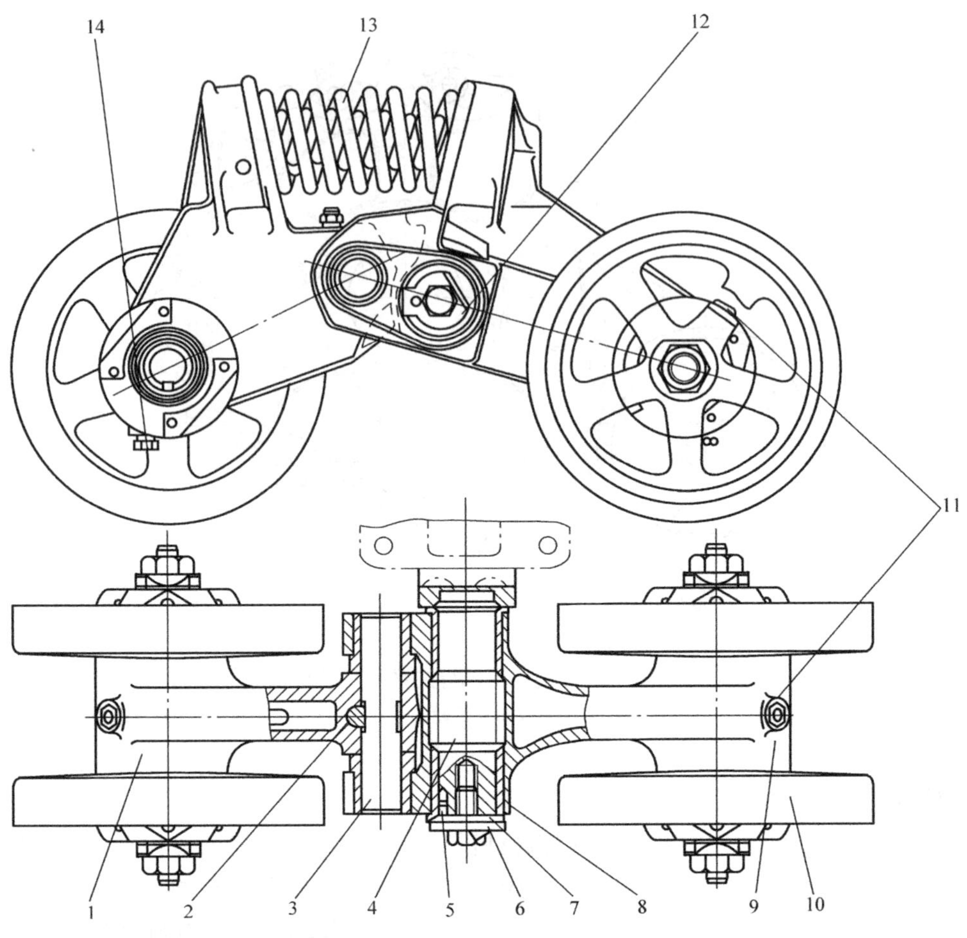

图 3－2－11　东方红－75 型拖拉机支重台车

1—内平衡臂;2—销;3—摆动轴;4—台车轴;5—定位销;6—挡圈;7—调整垫片;8—轴套;9—外平衡臂;10—支重轮;11—注油螺塞;12—锁紧片;13—悬架弹簧;14—放油螺塞

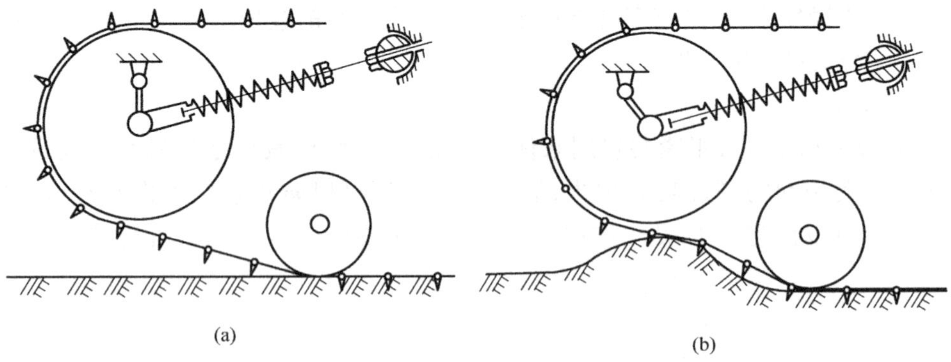

图 3－2－12　履带式拖拉机张紧装置缓冲示意图

【任务实施】

一、履带下垂度检查调整

将拖拉机停放在平坦的硬地面上，取平直木条放在两个拖链轮上方的履带履刺上，测量履带下垂量最大处的履刺上端至木条下端面的距离，应为 30 ~50 mm，这时张紧弹簧压缩长度为 260 ~265 mm。若下垂度过大，可转动张紧螺杆后端的调整螺母，使导向轮前移，履带下垂度符合要求。

二、导向轮检查调整

导向轮的轴向间隙过大时，应拆下导向轮盖，松开锁紧螺母，将调整螺母拧紧，以消除轴向间隙，再退回 1/5 ~1/3 圈，使轴承间隙为 0.3 ~0.5 mm。最后，拧紧锁紧螺母和锁片，装上导向轮盖。

三、支重轮检查调整

检查支重轮轴承间隙时，应支起拖拉机，使被检查的支重轮离开履带轨道，轴向晃动支重轮不得有间隙，若间隙过大，应拆下支重轮、轴承盖，减少轴承盖处垫片，再重新检查，直到合适为止。支重轮轴承间隙为 0.3 ~0.5 mm。

项目三　转向系的结构与检修

任务1　轮式拖拉机转向系检修

【任务描述】

通过轮式拖拉机转向系实物和资料，了解其构造和工作原理，并会使用工量具检修其零部件。

【任务目标】

(1)了解轮式拖拉机转向系的功用、组成、分类、工作原理。

(2)能使用工量具检修轮式拖拉机转向系零部件。

【任务所需设备、工具和材料】

(1)各类轮式拖拉机转向系实物。

(2)各类轮式拖拉机转向系维修手册、零件图册。

(3)轮式拖拉机转向系视频资料。

(4)拆装工具、相关量具。

【任务相关知识】

一、拖拉机转向系的功用和分类

1. 拖拉机转向系的功用

拖拉机转向系的功用是按照驾驶者的意图改变和控制拖拉机的行驶方向，并保证拖拉机直线行驶的稳定性。

2. 拖拉机转向系的分类

拖拉机转向系分为轮式拖拉机转向系和履带式拖拉机转向系两种。

轮式拖拉机转向系和履带式拖拉机转向系的结构和工作原理完全不同。轮式拖拉机转向系是通过改变和控制导向轮来实现转向功能的，履带式拖拉机转向系是通过转向操纵杆控制转向离合器来实现转向功能的。

轮式拖拉机转向时，前轮相对机体偏转一个角度，两前轮偏转的角度大小不等，内侧前轮的偏转角大，外侧前轮的偏转角小。两侧驱动轮(后轮)的转速也不一样，外侧后轮转速快(行程远)，而内侧后轮转速慢(行程近)。这就要求轮式拖拉机的转向系必须适应转向时的上述这种运动情况。使两前轮偏转角度不等，靠操纵系统来实现；使两驱动轮转速不等，靠差速器来实现。

二、轮式拖拉机转向系的分类和组成

1. 轮式拖拉机转向系的分类

轮式拖拉机的转向系按其转向动力源的种类，可分为机械式转向系和液压式动力转向系。

液压式动力转向系按所用液压动力的多少分为液压助力式和全液压式两种。目前，大、中型拖拉机广泛采用动力转向，动力转向多采用液压式。在驾驶员控制下，动力装置对转向装置或转向器某一传动件施加不同方向的液压作用力，该转向装置总称为转向助力装置。

2. 轮式拖拉机转向系的组成

轮式拖拉机机械式转向系由转向操纵机构、转向器、转向传动机构等组成。

液压式助力式转向系是在机械式转向系的基础上，增加了转向控制阀、转向油泵、转向动力缸等一套液压助力装置。

全液压式转向系是由液压式转向器代替了机械式转向器，并由软管将转向器和转向油缸连接。全液压式转向系由油泵总成、转阀式全液压转向器和转向油缸等组成。

三、转向器

转向器是转向减速机构，用来增大方向盘作用到转向垂臂轴上的扭矩。当操纵方向盘向左或向右旋转时，蜗杆即驱动蜗轮带动垂臂前后摆动，进而借助转向纵拉杆驱使导向轮向左或向右偏转，以完成拖拉机的转向动作。

转向器按构造形式，可分为球面蜗杆滚轮式、蜗杆曲柄指销式和螺杆螺母循环球式。

1. 球面蜗杆滚轮式转向器

图 3 – 3 – 1 所示为拖拉机采用的球面蜗杆滚轮式转向器。转向轴通过三角花键固定在球面蜗杆上，球面蜗杆用两个无内圈锥轴承支承于壳体上，锥轴承间隙由下盖与壳体之间的调整垫片来调整。三齿滚轮与球面蜗杆相啮合，滚轮用两排滚针支承在滚轮轴上，滚轮轴固定在摇臂轴的 U 形支座上。摇臂轴由壳体滚柱轴承和侧盖的衬套支承。通过方向盘使蜗杆转动时，滚轮沿蜗杆的螺旋槽滚动，从而带动摇臂轴转动，使摇臂前后摆动，再通过纵拉杆、转向梯形等驱动前轮偏转。蜗杆和滚轮的轴心连线与摇臂轴不垂直，有偏距。旋转调整螺钉使摇臂轴轴向移动时，可改变啮合副的啮合间隙。转向轴的上支承用黄油润滑。转向器壳体内加注齿轮润滑油。

蜗杆蜗轮式转向器与球面蜗杆滚轮式转向器属于同一类型，只是将球面蜗杆改成普通蜗杆，滚轮改为扇形蜗轮。它的传动效率低、操纵费力、磨损快，所以有被球面蜗杆滚轮式转向器取代的趋势。

2. 螺杆螺母循环球式转向器

如图 3 – 3 – 2 所示，螺杆与螺母的螺纹槽内安装 28 颗钢球，导流管连接螺母螺纹的始末两端。当转动方向盘带动螺杆旋转时，通过钢球使螺母轴向移动，螺母又通过驱动销带动两个扇形齿轮以不同方向旋转，从而使固定在两个扇形齿轮轴上的左、右摇臂以相反的方向前后摆动，并通过纵拉杆使前轮偏转。螺杆上端支承在带球面支座的止推轴承上，其下端没有支承，以适应螺母的轴向圆弧运动。转动止推轴承上座可调整止推轴承间隙。驱动销与螺母的间隙通过增减调整垫片进行调整。

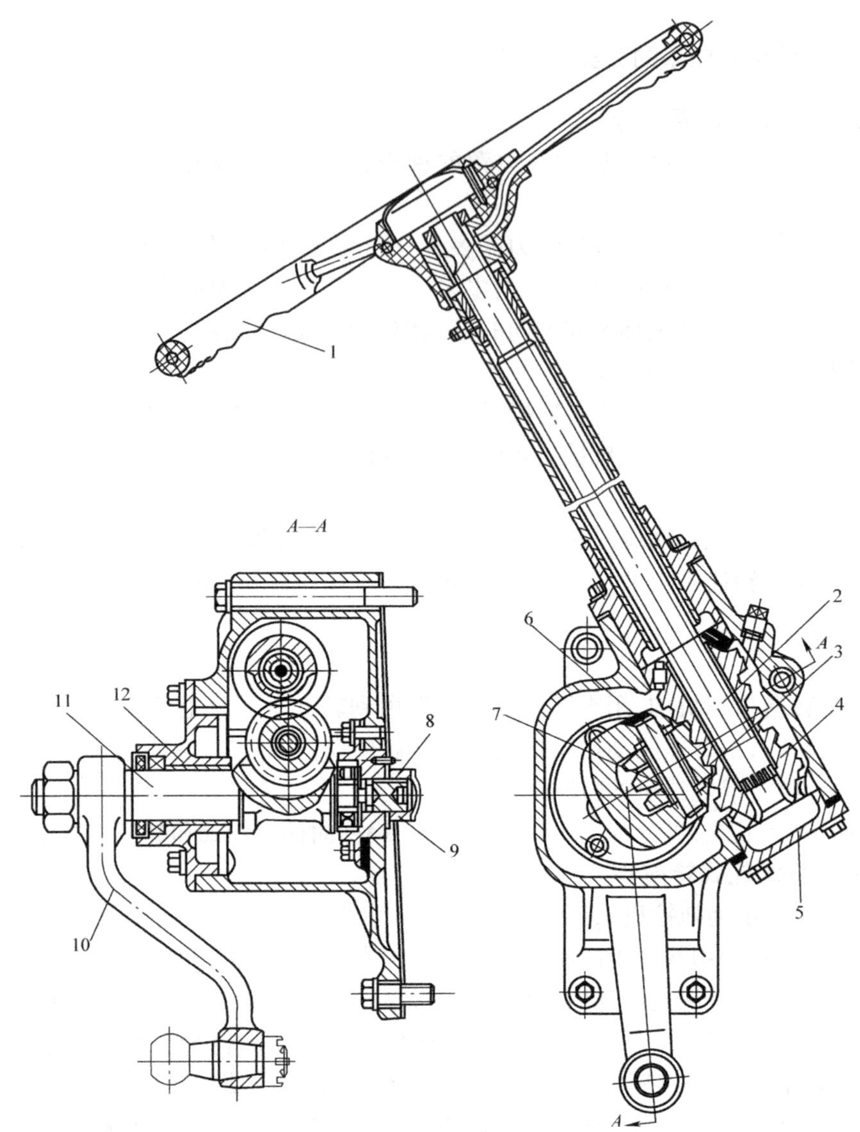

图 3－3－1　球面蜗杆滚轮式转向器

1—方向盘；2—转向轴；3—滚轮；4—球面蜗杆；5—下盖；6—液轮轴；7—滚针；8—调整螺钉；9—锁紧螺母；10—垂臂；11—垂臂轴；12—平键

3. 蜗杆曲柄指销式转向器

蜗杆曲柄指销式转向器的传动副以转向蜗杆为主动件，其从动件是装在转向摇臂轴上的曲柄端部的指销，曲柄销插在蜗杆的螺旋槽中。转向时，蜗杆转动，使曲柄销绕摇臂轴做圆弧运动，同时带动摇臂轴转动。

四、转向传动机构

轮式拖拉机上常用的转向机构布置成梯形，称为转向梯形。当驾驶员转动方向盘时，通过转向器将转动变成转向垂臂的前后摆动，再通过纵拉杆和转向节轴带动转向梯形，从而带

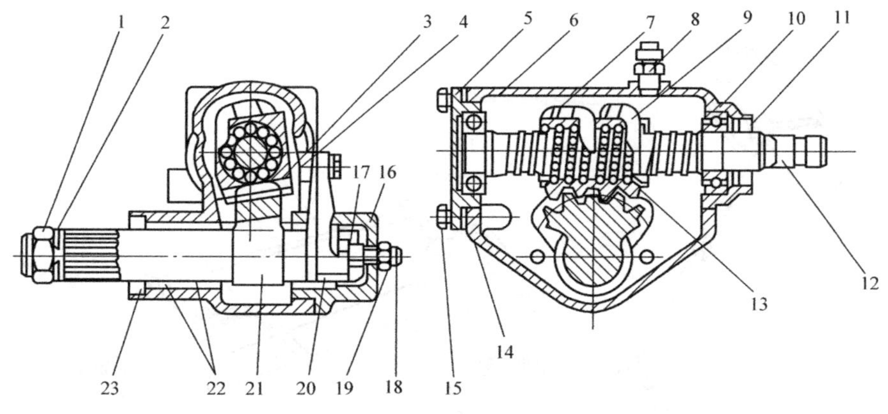

图 3－3－2　螺杆螺母循环球式转向器

1—螺母;2—弹簧垫圈;3—转向螺母;4—垫片;5—底盖;6—壳体;7—导管卡子;8—通气塞和加油螺栓;9—导管;10—轴承;11、23—油封;12—转向螺杆;13—钢球;14、17—调整垫片;15—螺栓;16—侧盖;18—调整螺钉;19—锁紧螺母;20、22—滚针轴承;21—齿扇轴

动两导向轮偏转,实现转向。上述转向梯形设置在前轴(前桥)前面,称为前置式转向梯形。某些拖拉机将它设置在前桥后面,称为后置式转向梯形,如图 3－3－3 所示。

操纵方向盘时,通过转向器使内侧垂臂向前、外侧垂臂向后协调摆动,达到内侧导向轮偏转角大于外侧偏转角的功能。

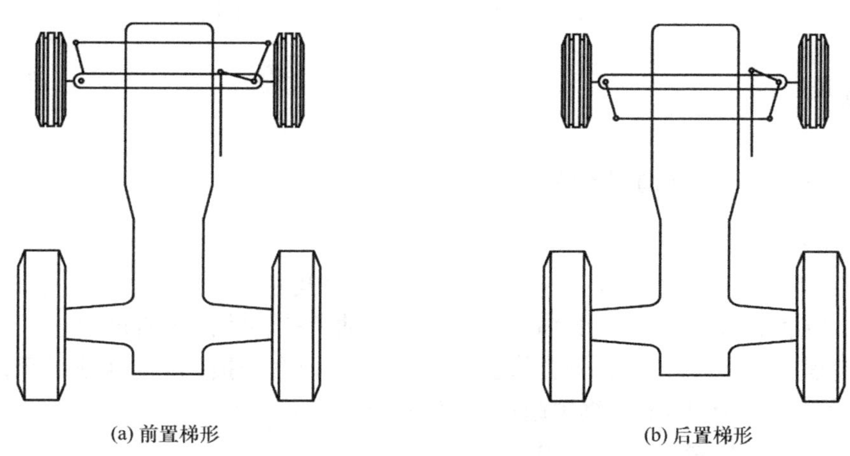

图 3－3－3　轮式拖拉机转向传动机构布置形式

五、转向操纵机构

轮式拖拉机的转向操纵机构主要由方向盘、转向器和一系列的传动杆件组成。

如图 3－3－4 所示,横拉杆 9、转向杠杆 8、转向摇臂 10 与前轴 7 共同组成了转向梯形。需要转向时,只要方向盘 1 带动转向轴 2 转动,通过转向器带动垂臂 5 在竖直平面内摆动,垂臂带动纵拉杆 6,然后通过转向梯形使两前轮同时偏转,满足转向要求。

转向梯形并不能使两侧前轮的偏转角完全达到要求,只能使两前轮的偏转角近似达到无侧滑滚动所需要的条件。

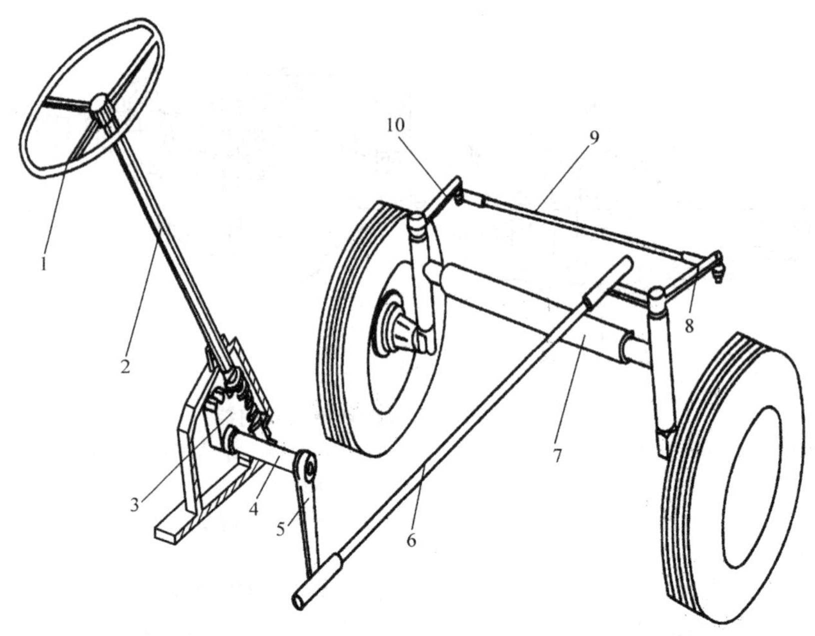

图 3－3－4　轮式拖拉机的转向操纵机构

1—方向盘；2—转向轴；3—转向机；4—垂臂轴；5—垂臂；6—纵拉杆；
7—前轴；8—转向杠杆；9—横拉杆；10—转向摇臂

【任务实施】

一、球面蜗杆滚轮式转向器检修

1. 转向器壳、盖检修

转向器壳体及侧盖出现裂纹，应换新件；壳体、侧盖及底盖各结合平面的平面度误差超过 0.01 mm，应磨平；蜗杆轴承孔的轴线与侧盖摇臂轴承孔轴线的垂直度超过规定时，应换新件；蜗杆轴承座孔磨损，可进行镶套修复；转向臂轴承衬套磨损，应配换新衬套；转向器壳的侧盖和下盖放在壳体上扣合，缝隙超过 0.05 mm 时，应修磨平整。

2. 转向轴、蜗杆检修

对转向轴进行探伤检查或敲击法检查时，不应有任何性质的裂损，否则应更换。转向轴上端的键槽磨损可换位另开键槽，螺纹损伤超过规定时，可焊后加工予以修理；转向轴发生弯曲时，应将转向轴放在 V 形铁上，在平板上用百分表检验。转向轴弯曲变形若超过 0.05 mm，应进行冷压校正。校正时，为防止轴管凹陷变形，应先在轴管内腔充满细砂并挤紧。蜗杆工作面上有脱层或阶梯形磨损时，应更换，更换蜗杆后，将其与转向轴下端翻边铆紧，以保证其牢固配合。

3. 摇臂轴检修

用探伤法检查摇臂轴，不得有任何性质的裂纹，否则更换新件。摇臂轴与衬套和轴承的配合间隙一般为 0.03～0.07 mmn，不得大于 0.10 mm。摇臂轴轴颈磨损可修复或更换；衬套和轴承磨损，应更换；铰削新衬套时，要注意同心度要求。摇臂轴端部花键齿的扭曲变形大于 1.0 mm 时，应更换。

4. 滚轮检修

滚轮在滚轮轴上的转向间隙大于 0.15 mm，径向间隙大于 0.2 mm 时，应予修理。修理方法是更换轴承或换加大的滚针并加厚止推圈，然后焊修滚轮两端面，以消除过大的间隙。滚轮如有裂纹、疲劳剥落，应予更换。滚轮轴下 V 形止推垫圈的转向间隙为 0.02～0.16 mm，若超过该间隙应配换加厚的止推圈。

5. 摇臂轴检修

摇臂轴必须进行探伤检验，产生裂纹后应更换，不许焊修。轴端花键出现台阶形磨损、扭曲变形时，应更换。扇形齿面严重剥落、磨损、变形，应予更换。摇臂轴与衬套的配合间隙超限时，应更换衬套。

二、转向沉重故障检修

拖拉机左右转弯时，转动方向盘沉重费力，驾驶员体力消耗增大，这种现象称为转向沉重。转向沉重，故障检修方法如下。

(1)检查轮胎气压是否充足，若不足，则按规定给轮胎充气。

(2)检查转向器是否缺油，若缺油，则添加至规定油面高度。

(3)检查转向传动机构的各个活动节点是否缺少润滑，若润滑不好，则应重新润滑。

(4)检查横拉杆或转向节臂产生弯曲变形的情况，若弯曲变形，则校正或更换 。

(5)检查转向轴弯曲或转向轴管是否凹陷，若存在凹陷，则更换转向轴管。

(6)检查转向器蜗杆上下轴承是否调整过紧，蜗杆和滚轮或齿扇和钢球螺母的间隙是否过小，若间隙过小，则按要求重新调整。

(7)检查前轮定位情况，若定位不正确，则重新调整。

(8)检查车架、前轴发生弯曲变形的情况，若存在变形，则进行校正或更换。

任务 2　履带式拖拉机转向系检修

【任务描述】

通过履带式拖拉机转向系实物和资料，了解其构造和工作原理，并会使用工量具检修其零部件。

【任务目标】

(1)了解履带式拖拉机转向系的功用、组成、分类、工作原理。

(2)能使用工量具检修轮式拖拉机转向系零部件。

【任务所需设备、工具和材料】

(1)各类履带式拖拉机转向系实物。

(2)各类履带式拖拉机转向系维修手册、零件图册。

(3)履带式拖拉机转向系视频资料。

(4)拆装工具、相关量具。

【任务相关知识】

一、履带式拖拉机转向系的组成、分类和转向原理

1. 履带式拖拉机转向系的组成

履带式拖拉机的转向系由转向机构和转向操纵机构两部分组成。

在履带式拖拉机中,用来改变传到两侧驱动轮上驱动力矩的机构,称为转向机构。转向机构安装在履带式拖拉机的后桥壳内,它将中央传动传来的动力传递给两侧的最终传动,从传递动力的作用上来说,转向机构也可以说是传动系中的一个机构。

2. 履带式拖拉机转向系的分类

履带式拖拉机转向机构有离合器式、行星齿轮式和双差速器式三种。我国生产的履带式拖拉机主要采用离合器式转向机构。

3. 履带式拖拉机转向机构的转向原理

转向机构既能使拖拉机转大弯(转弯半径大),也可以转小弯。当拖拉机向一侧转弯时,只要减小这一侧驱动轮的驱动力矩,就可以转大弯;如果完全切断这一侧的驱动力矩,就可以转小弯;若切断驱动力矩后再对制动轮进行制动,就可以转更小的弯,甚至原地转圈。由此可知,转向机构的工作过程包括两个阶段:第一阶段是逐渐减小直至切断一侧驱动轮的驱动力矩,使该侧履带受到的驱动力逐渐减小直至为零;第二阶段是逐渐对该侧驱动轮施加制动力,直至完全制动,使该侧履带不仅没有受到驱动力,而且还受到与拖拉机行驶方向相反的制动力。只有这样,才能满足履带式拖拉机作业时对小转弯半径的需求。

二、履带式拖拉机转向离合器

1. 转向离合器的结构与工作原理

履带式拖拉机的转向机构由转向离合器和操纵机构组成。履带式拖拉机上多采用干式、多片常接合式摩擦离合器 。

东方红 -75 型拖拉机的转向离合器构造,如图 3 -3 -5 所示。横轴 11 由中央传动大锥齿轮带动,其花键端装有主动鼓 1,主动鼓的外圆齿槽上松动地套有 10 片主动片 6,每两片主动片之间有一片两面铆有摩擦片的从动片 5。从动片的外圆周上有齿,与从动鼓 4 的内齿套合上。从动鼓用螺钉固定在从动鼓接盘 3 上,并通过它带动最终传动主动齿轮。6 对大、小压紧弹簧 7 通过弹簧拉杆 8 将压盘 12 压向主动鼓 1,使主、从动片压紧,即常接合式。

分离轴承被螺母压紧在压盘的颈部,分离轴承座 10 的外面套有分离拨叉 9。当转动分离拨叉时,分离轴承向中央传动方向移动,带动压盘和压紧弹簧,进而使主、从动片之间的压紧力降低或彻底分离。

转向离合器的装配过程是先将两个转向离合器在后桥壳体外预先装配到后桥轴上,然后由后桥壳体的上面装入,当后桥轴的位置装妥后,再用上隔板把支承后桥轴的轴承座压紧。上隔板四周的接合面上均装有油毡条,防止中央传动室内的润滑油进入转向离合器室内。分离轴承用润滑油脂润滑,用油枪从后桥箱体后壁的“内注黄油”口中伸入注油。分离

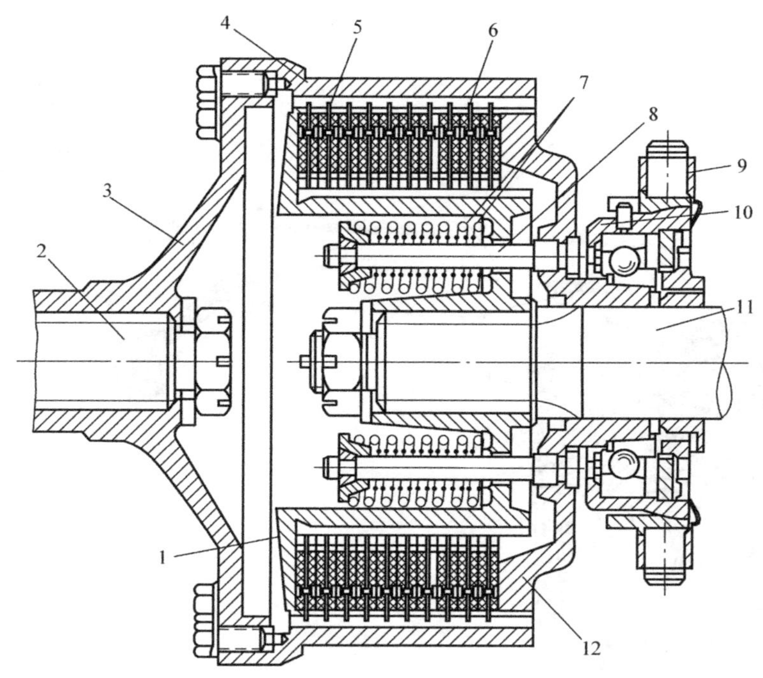

图 3-3-5　东方红-75 型拖拉机的转向离合器构造

1—主动鼓;2—最终传动主动轴;3—从动鼓接盘;4—从动鼓;5—从动片;6—主动片;
7—大、小压紧弹簧;8—弹簧拉杆;9—分离拨叉;10—分离轴承座;11—横轴;12—压盘

轴承两端装有挡油环,离合器室的底部还有放油塞,以便及时放掉漏入该室的油污。

2. 转向操纵机构

转向操纵机构的作用是控制转向离合器的分离与结合,以满足转向的需要。

东方红-75 型拖拉机的转向操纵机构是机械式操纵机构,如图 3-3-6 所示。它由左、右两根转向操纵杆(又称转向离合器操纵杆)8、9,转向轴 6,转向推杆 5 和转向分离杠杆 2 等部件组成。当需要向左侧转向时,就拉动左转向操纵杆 8,使左转向操纵杆带动转向杆轴转动,转向杆轴推动转向推杆,使转向推杆向后移动,转向推杆又带动转向分离杠杆转动,分离杠杆又带动分离叉 12 转动,分离叉拉动分离轴承座向内(图中向右)移动,使左边转向离合器分离,拖拉机就向左转弯。当转向结束,需要拖拉机直向前进时,只要松开左转向操纵杆,让左转向操纵杆复位,左侧转向离合器结合,拖拉机即直行。若向右转向,其操纵动作过程和向左转向时操作相同。

转向操纵杆的全行程为 400~500 mm,其中自由行程为 60~80 mm,当转向离合器中的摩擦片磨损后,自由行程将减小,如不及时调整,则不能保证转向离合器的可靠接合。要恢复自由行程的规定数值,可用调整接头 4 进行调整,以缩短转向推杆 5 的长度,来保证自由行程的合理尺寸。

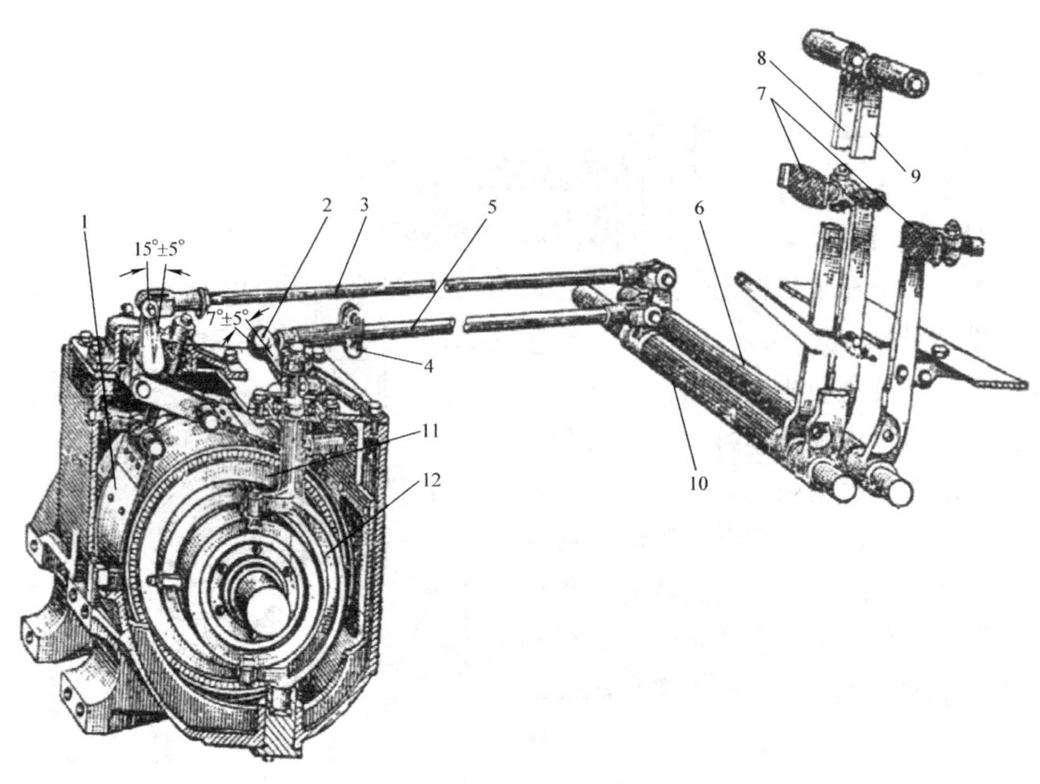

图 3－3－6　东方红－75 型拖拉机的转向操纵机构

1—制动带；2—转向分离杠杆；3—制动拉杆；4—调整接头；5—转向推杆；6—转向轴；7—左、右制动踏板；8—左转向操纵杆；9—右转向操纵杆；10—制动器踏板轴；11—转向离合器；12—分离叉

【任务实施】

拖拉机的自由行程是保证转向离合器时刻处于完全接合状态而要求的。拖拉机在使用过程中，由于摩擦片的磨损，自由行程减小，此时拖拉机在重负荷工况下工作会出现打滑现象，将增大从动盘的磨损。自由行程过大，也将会出现转向离合器分离不彻底的现象，致使转向不灵，若此时用制动器配合转向，将会严重损伤转向离合器从动盘，致使摩擦片松动，增加磨损。所以，自由行程必须及时给予检查和调整。

如前所述，转向操纵杆的自由行程为 60～80 mm。拧松推杆接头的夹紧螺钉，转动推杆接头可调整自由行程。另一边的操纵杆也按此调整。

项目四　制动系的结构与检修

任务1　蹄式制动器检修

【任务描述】

通过拖拉机制动系实物和资料,了解其功用、组成、分类、工作原理,并会使用工量具检修蹄式制动器。

【任务目标】

(1)了解拖拉机制动系的功用、组成、分类、工作原理。

(2)熟悉蹄式制动器的构造和工作原理。

(3)能使用工量具检修蹄式制动器。

【任务所需设备、工具和材料】

(1)各类拖拉机制动系实物。

(2)各类拖拉机维修手册、零件图册。

(3)拖拉机制动系蹄式制动器视频资料。

(4)拆装工具、相关量具。

【任务相关知识】

一、拖拉机制动系的功用和类型

1. 拖拉机制动系的功用

(1)根据需要使拖拉机减速或在最短距离内停车。

(2)下坡时限制拖拉机车速,保持车速稳定。

(3)使拖拉机在坡道和平地上可靠停车,并能实现固定作业。

(4)履带式拖拉机利用单边制动协助转向。

2. 拖拉机制动系的类型

(1)按制动器的功能,分为行车制动器和驻车制动器。

(2)按制动操纵能源,分为人力制动系、助力制动系和动力制动系。

(3)按照制动能量的传递方式,分为机械式、液压式、气压式、电磁式和组合式制动系。液压式和气压式制动系按其布置管路的套数,分为单管路、双管路和多管路三种。

(4)按照制动器旋转元件的结构形式,分为鼓式和盘式制动器两种。鼓式制动器按其制动元件的类型又可分为蹄式制动器和带式制动器。

拖拉机广泛采用机械摩擦式制动系。

二、拖拉机制动系的组成和工作原理

拖拉机制动系一般由制动器和制动传动机构组成。制动器用来产生制动力矩，迫使车轮减速或停转；制动传动机构用来传递使制动器起作用的操纵力。制动器由旋转元件、制动元件和操纵机构组成，旋转元件随车轮同步旋转，制动元件与机体相连，操纵机构使旋转元件与制动元件压紧，利用机械摩擦产生制动力矩。

制动系的基本结构与工作原理如图 3－4－1 所示，其由蹄式车轮制动器和液压传动机构组成。旋转元件是固定在车轮轮毂上的制动鼓。制动元件是制动蹄，它通过支承销铰接在制动底板上。制动底板与转向节或桥壳紧固连接。操纵机构是液压制动轮缸，它经油管与制动主缸相通，回位弹簧使制动蹄上端紧靠在轮缸活塞上。制动传动机构包括制动踏板、推杆、制动主缸和油管等。

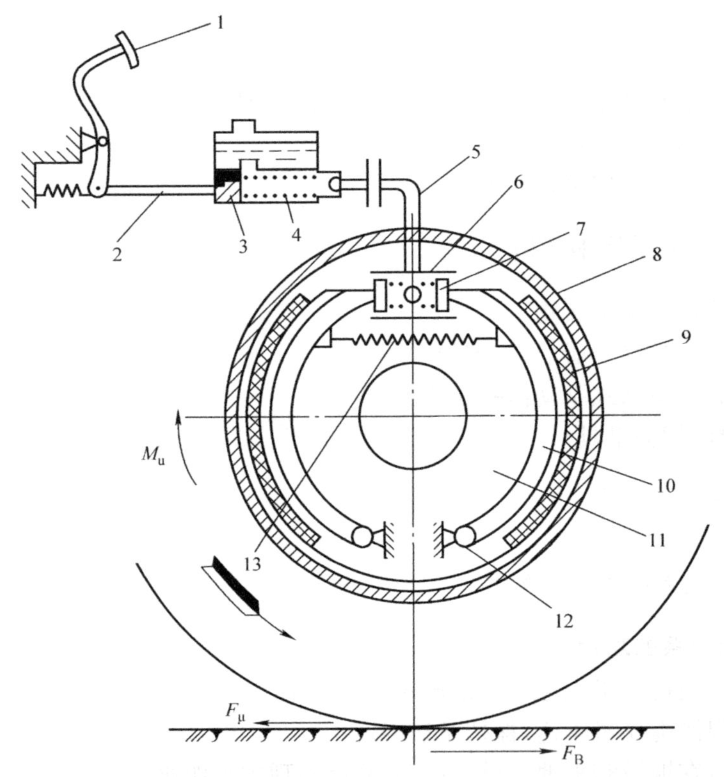

图 3－4－1　制动系的组成和工作原理

1—制动踏板；2—主缸推杆；3—主缸活塞；4—制动主缸；5—油管；6—制动轮缸；7—轮缸活塞；8—制动鼓；9—摩擦片；10—制动蹄；11—制动底板；12—支承销；13—制动蹄复位弹簧

不制动时，回位弹簧使制动蹄与制动鼓之间保持一定的间隙。踩下制动踏板时，推杆推动主缸活塞，将制动油液经油管压入制动轮缸，推动两个轮缸活塞外移，使两个制动蹄绕支承销转动而张开，把摩擦片紧紧压在制动鼓的内圆柱面上，对旋转的制动鼓产生反向的摩擦力矩 M_μ，使减速的车轮对路面作用一个向前的周缘力 F_μ。同时，路面给车轮一个向后的反作用力，即制动力 F_B。制动力由车轮经车桥、悬架传给车架和车身，迫使机车减速至停车。

制动力的大小取决于缸轮张力、制动鼓与制动蹄的摩擦系数和几何尺寸，以及车轮与路面的附着性能等。

三、带式制动器

带式制动器的旋转元件是制动鼓，制动元件是铆有摩擦衬片的制动钢带，制动带环抱着制动鼓的外圆表面。根据拉紧制动带的方式，带式制动器分为单端拉紧式、双端拉紧式和浮式三种。带式制动器在我国生产的东方红系列履带式拖拉机上得到广泛应用。

四、蹄式制动器

小型拖拉机常采用蹄式制动器。蹄式制动器主要由制动鼓、制动蹄、制动凸轮、回位弹簧、制动底板、支承销等组成，如图 3-4-2 所示。不制动时，制动蹄与制动鼓之间保持一定的间隙，制动鼓随车轮自由转动而不受阻碍。当踩下制动踏板时，制动踏板通过制动操纵机构的传动杆件，使制动器凸轮转动，撑开两制动蹄，使其摩擦片压紧在制动鼓的内圆表面上。制动蹄与制动鼓接触面上产生一个与车轮旋转方向相反的摩擦力矩，使制动鼓停止转动，从而拖拉机被制动。

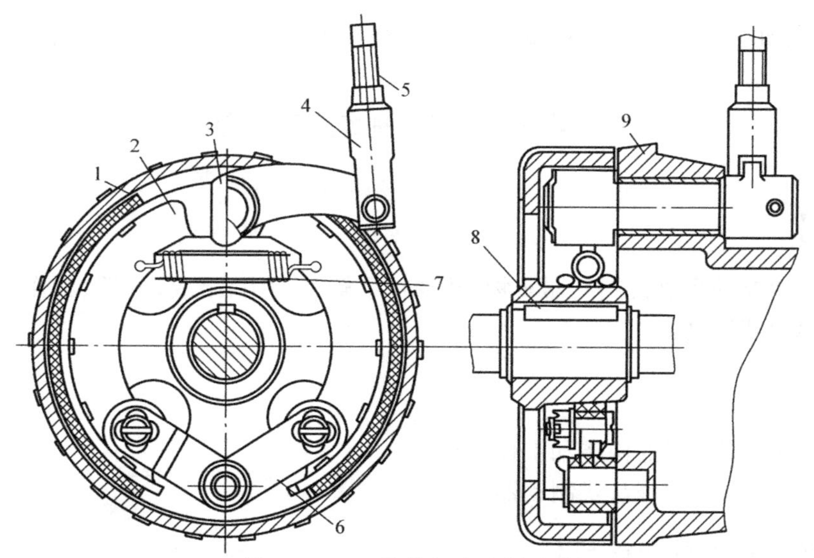

图 3-4-2　拖拉机蹄式制动器

1—制动鼓；2—制动蹄；3—制动凸轮；4—调节叉；5—拉杆；6—连接板；7—弹簧；8—平键；9—半轴壳

【任务实施】

一、制动蹄检修

(1)检查制动蹄有无油污、裂纹。若摩擦片上油污较轻，或摩擦片只有少量磨损，可用汽油清洗油污，清洗后必须加温烘干，然后用锉刀和粗砂布修磨平整。

(2)检查制动蹄摩擦片的磨损是否超限。用游标卡尺测量摩擦片铆钉头距摩擦片表面的距离，应不小于 0.80 mm，衬片厚度应不小于 9 mm，否则换用新制动蹄总成。

二、制动鼓检修

(1)检查制动鼓摩擦片表面是否有沟槽。
(2)检查制动鼓的磨损和圆度误差。

三、制动蹄与制动鼓接触面积检查

将制动蹄摩擦片表面打磨干净后,靠在制动鼓上,检查二者的接触面积,应不小于60%,否则应继续打磨制动蹄摩擦片的表面,直到达标。

四、制动踏板自由行程检查调整

制动踏板自由行程是用手推动制动踏板至感觉其有阻力时为止时,踏板所移动的距离,一般为40~80 mm。制动踏板自由行程的调整方法如下。

(1)用手按下制动踏板时,可通过钢板尺测量。

(2)若自由行程过大或过小,可将调节叉与推杆连接处的锁紧螺母松开,拧动调节叉或者推杆,使推杆变长或变短,使踏板的自由行程减小或增大。左、右轮制动踏板应同时进行调整。

(3)调整结束后,应进行检验,使左、右两侧的推杆对左、右制动摇臂的拉力基本相同。

任务2　盘式制动器检修

【任务描述】

通过拖拉机制动系盘式制动器实物和资料,了解其功用、组成、分类、工作原理,并会使用工量具检修盘式制动器。

【任务目标】

(1)熟悉盘式制动器的构造和工作原理。
(2)能使用工量具检修盘式制动器。

【任务所需设备、工具和材料】

(1)各类拖拉机制动系盘式制动器实物。
(2)各类拖拉机维修手册、零件图册。
(3)拖拉机制动系盘式制动器视频资料。
(4)拆装工具、相关量具。

【任务相关知识】

一、盘式制动器构造

在大、中型拖拉机上常采用盘式制动器,其结构如图3-4-3所示。

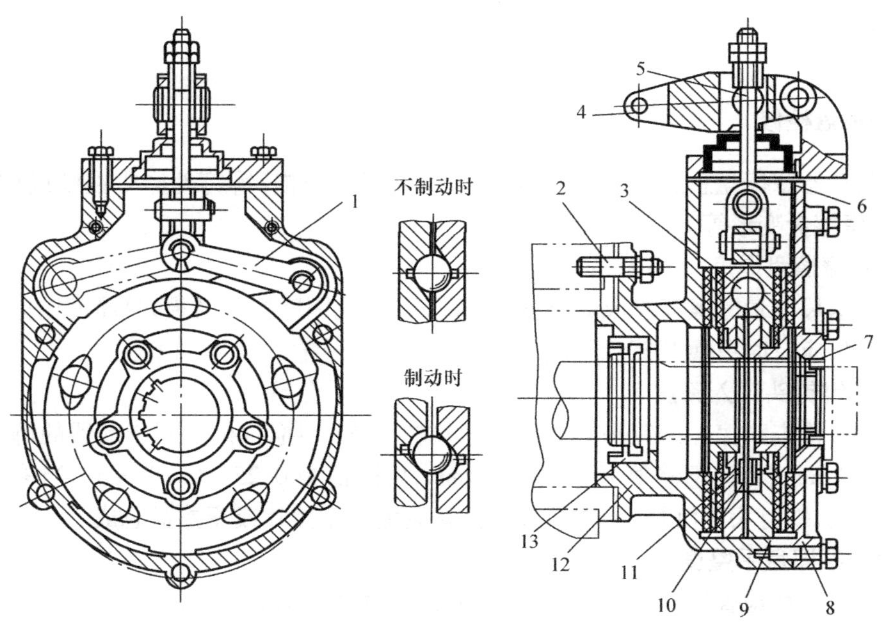

图 3－4－3　拖拉机盘式制动器

1—斜拉板；2—双头螺栓；3—钢球；4—摇臂；5—拉杆；6—调整垫片；7、13—油封
8—制动器盖；9—盘；10—弹簧；11—制动压盘；12—制动器壳体

盘式制动器主要由支承在机体上可轴向移动的制动压盘、机体上的固定盘和端面铆有摩擦片的摩擦制动盘等组成。在操纵机构作用下，制动压盘将旋转的摩擦制动盘压向固定盘，它们之间产生摩擦力矩对摩擦制动盘产生制动作用。

二、盘式制动器工作过程

盘式制动器的四个工作阶段如图 3－4－4 所示。

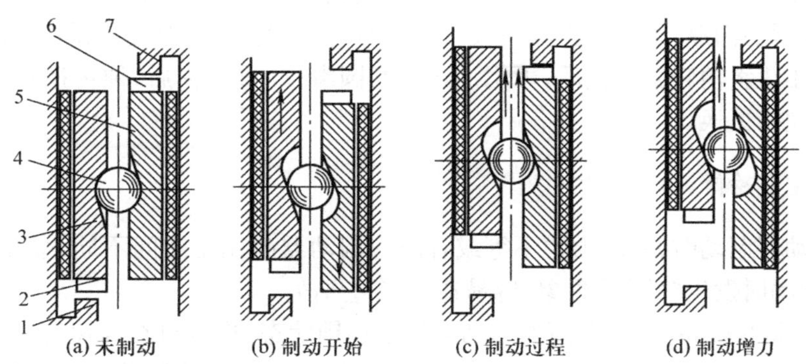

图 3－4－4　拖拉机盘式制动器工作过程

1、7—制动器壳体上的凸肩；2、6—压盘上的凸耳；3、5—压盘；4—钢球

盘式制动器具有结构紧凑、操纵省力、制动盘摩擦磨损均匀、密封性好等优点，但其结构复杂，制动平顺性较差。盘式制动器在东方红－30/40、铁牛 55/60、东风－50、丰收－35 等型号的拖拉机上得到广泛应用。

【任务实施】

一、摩擦盘检修

盘式制动器摩擦盘总成的主要缺陷:摩擦片磨损及烧损;铆钉处产生裂纹或铆钉松动;花健磨损;摩擦盘变形等。

1. 检查摩擦盘厚度

用游标卡尺测量摩擦盘总成的厚度,当摩擦盘总成因摩擦片磨损,总厚度比标准尺寸小3 mm以上时,应及时更换摩擦盘总成。

2. 检查铆钉头沉入深度

用深度尺检查摩擦片铆钉头的下沉量,如铁牛-55型拖拉机所用制动器的铆钉头下沉量标准值为1 mm,允许不修值为0.5~0.8 mm,极限值为0.25~0.30 mm。当铆钉处有裂纹或铆钉松动,铆钉头下沉量小于极限值时,就应更换摩擦片或摩擦盘总成。

3. 检查摩擦盘平整度

将摩擦盘套在检查用心轴上,将百分表触针接触摩擦钢盘边缘,钢盘转动时的端面跳动不能超0.5 mm。若超限,可用宽口扳手进行校正。

二、制动压盘检修

制动压盘总成的主要缺陷:工作表面磨损、龟裂和翘曲、安装钢球的斜槽磨损。

1. 检查压盘总成的厚度

用游标卡尺测量压盘总成的厚度,如铁牛-55型拖拉机制动压盘总成的总厚度标准值应为32~32.8 mm,修后允许值为30~30.8 mm。

2. 检查压盘工作表面

将制动压盘分开至43 mm时,其不平行度不大于0.48 mm,在拉簧作用下能自动回到原始位置为合适。当制动压盘工作表面翘曲、龟裂轻微时,可用手工加研磨砂磨平;若其严重翘曲或有较深的沟痕,则可磨去其痕迹,并消除其不平度,但其厚度不得比标准值小1 mm以上;当制动压盘斜槽轻微磨损后,可用油石打磨圆滑;严重磨损后,须更换新片;钢球磨损后,须按标准规格更换。

三、制动跑偏检修

左、右制动器制动时,制动力矩不等或者两边制动器起作用时间不同,会使拖拉机在高速行驶紧急制动时发生“跑偏”现象,容易造成严重事故。

(1)检查制动跑偏时,左、右两侧制动器处于连锁状态,拖拉机在高速行驶状态下,踩下离合器并使其分离,进行紧急制动,观察左、右制动轮在路面上的制动印痕。若两印痕均为直线,且相互平行、长度相等,则说明左、右制动器工作一致、性能良好;若印痕长度不一,拖拉机有“跑偏”现象,则应对制动器进行调整。

(2)将制动印痕较长的一侧对应的制动踏板的自由行程适当调大,使左、右两侧制动器的制动效果一致,再通过调整左、右制动器使其同时起作用,并能可靠制动。调整完毕后,再次进行路试检查,确认其工作一致性后方可使用。

任务3　气压制动传动装置检修

【任务描述】

通过拖拉机制动系气压制动传动装置实物和资料，了解其功用、组成、工作原理，并会使用工量具检修气压制动传动装置。

【任务目标】

(1)熟悉气压制动传动装置组成和工作原理。

(2)能使用工量具检修气压制动传动装置。

【任务所需设备、工具和材料】

(1)各类拖拉机制动系气压制动传动装置实物。

(2)各类拖拉机维修手册、零件图册。

(3)拖拉机制动系气压制动传动装置视频资料。

(4)拆装工具、相关量具。

【任务相关知识】

一、拖拉机制动传动装置的功用与分类

制动传动装置的功用是将驾驶员或其他动力源的作用力传到制动器，同时控制制动器的工作，从而使拖拉机获得所需要的制动力矩。一般按传力介质的不同，制动传动装置可分为机械式制动传动装置、气压式制动传动装置、液压式制动传动装置。轮式拖拉机挂车大多采用气压式制动传动装置。

二、气压式制动传动装置

气压式制动传动装置利用压缩空气的压力并将其转变为机械推力，使车轮制动。其特点是踏板行程较短、操纵轻便、制动强度大；但需要消耗柴油机的动力，动作粗暴，构造比较复杂。气压制动装置主要由空气压缩机、储气筒、刹车阀、气压表、安全阀、操纵装置及一些连接管路组成，如图3－4－5所示。

工作时，空气压缩机3产生的压缩空气经单向阀进入储气筒5，当踩下制动踏板时，通过机械制动系统制动拖拉机，同时推动制动阀7利用气压对挂车进行制动。

制动控制阀控制从储气筒进入制动气室和挂车制动阀的压缩空气，即控制制动气室的工作气压。这种制动方式在制动过程中具有渐进随动的作用。从而保证制动气室的工作气压与制动踏板的行程有一定的比例关系，确保制动的稳定、可靠、安全。

在挂车的车轮上装有膜片式气压制动气室，其主要由盖、膜片、外壳及回位弹簧等部件组成，如图3－4－6所示。制动气室将输入空气的压力转变为制动凸轮的机械力，使车轮制动器产生摩擦力矩。

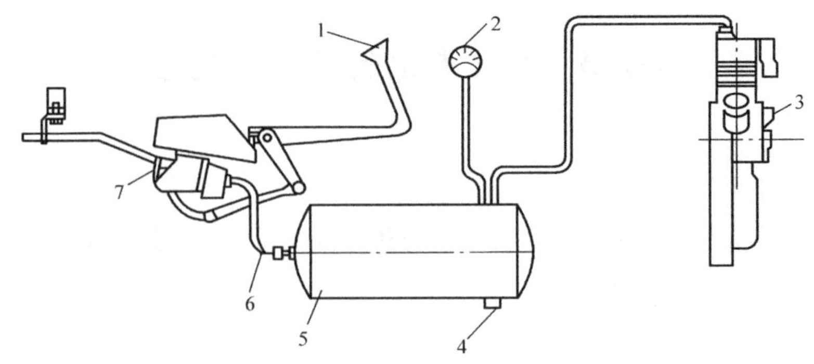

图 3－4－5　拖拉机挂车气压式制动装置传动示意图

1—制动踏板;2—气压表;3—空气压缩机;4—排气阀;
5—储气筒;6—安全阀;7—制动阀

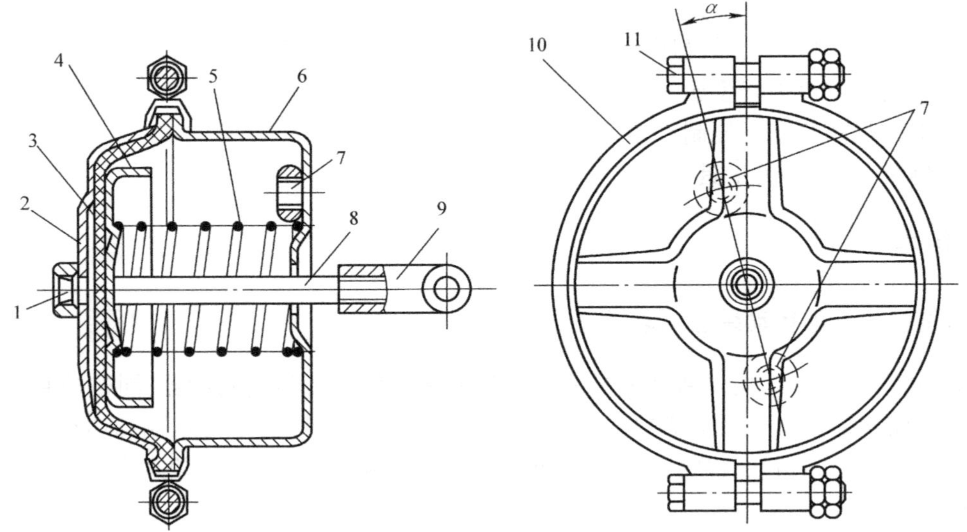

图 3－4－6　气压制动气室

1—通气口;2—盖;3—膜片;4—支承盘;5—回位弹簧;
6—壳体;7—固定螺孔;8—推杆;9—连接叉;10—卡箍;11—螺栓

【任务实施】

一、制动控制阀检修

(1)用厚薄规检测制动阀壳体接合面的平面度误差,应不大于 0. 10 mm,否则须进行修磨。若阀门压痕深度超过 0. 50 mm,应换用新件。

(2)直观检查各弹簧,如出现断裂或弹力明显减弱,应换用新件。应确保各弹簧的技术状况符合要求。

(3)检查进、排气阀和阀座,若有刮伤、凹痕或过度磨损,应换用新件;若有轻微磨损,可在接触面上均匀涂上细研磨膏进行研磨。

(4)检查制动信号灯开关工作是否正常。若壳有裂纹或损坏,应换用新件。

(5)在进行大修时,解体拆下的各种橡胶密封圈及膜片均应换用新件,推杆与衬套配合松旷时,也应换用新件。

二、制动气压不足故障检修

(1)检查管路是否漏气,若有漏气,则排除漏气点。

(2)检查气泵进、排气阀片的磨损或弹簧损坏情况,若磨损或损坏,则更换。

(3)检查气泵活塞环、气缸套的磨损情况,若磨损严重,则更换活塞环、气缸套。

(4)检查气压表是否失灵,若失灵,则修理或更换气压表。

(5)检查安全气阀是否关闭不严,若关闭不严,则更换安全阀。

项目五　拖拉机工作装置的结构与检修

任务1　拖拉机工作装置认知

【任务描述】

通过拖拉机工作装置的构造实物和资料，熟悉拖拉机牵引装置的结构和工作过程。

【任务目标】

掌握拖拉机工作装置的构造及主要组成部分。

【任务所需设备、工具和材料】

(1)拖拉机牵引装置实物。
(2)相关视频资源和教材。
(3)常用工具。

【任务相关知识】

一、工作装置的组成与功用

拖拉机的工作装置包括牵引装置、动力输出装置和悬挂装置等，它们的功用是把拖拉机动力通过各种方式传递给农具，使拖拉机能与农具配合进行各种形式的作业，如田间作业、运输和场地固定作业(包括排灌、发电、农副产品加工等)。

二、牵引装置的功用和类型

1. 牵引装置的功用

有些农机具如牵引式收割机械、播种机等都没有各自的行走装置，它们都由拖拉机牵引进行工作。把拖拉机和农机具连接起来的装置叫牵引装置。拖拉机的牵引装置上连接农机具的铰接点，称为牵引点。为了适应不同类型的牵引式农机具，实现合理的连接并配合工作，牵引装置的主要尺寸及安装位置都应符合标准化要求。牵引点的位置可进行水平(左、右)调节，有的还可以通过调节，获得不同的牵引点高度。

2. 牵引装置的类型

拖拉机的牵引装置可分为两大类型：固定式牵引装置和摆杆式牵引装置，如图3－5－1所示。

1)固定式牵引装置

如图3－5－2所示，牵引板5用插销固定在后桥壳体两侧，与后下方的牵引托架1连

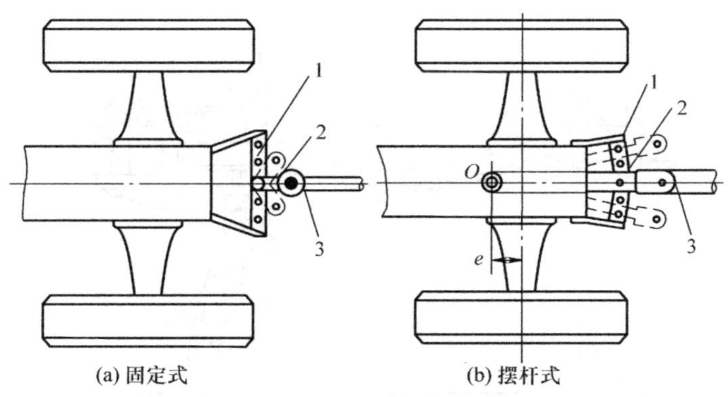

图3-5-1　牵引装置的类型

1—牵引板;2—牵引叉;3—辕杆

接。牵引叉4是一个两端呈U形的挂钩,一端用插销2与牵引板5相连,另一端则通过牵引销3与农具铰接。这样所连接的农具可在一定范围内摆动。

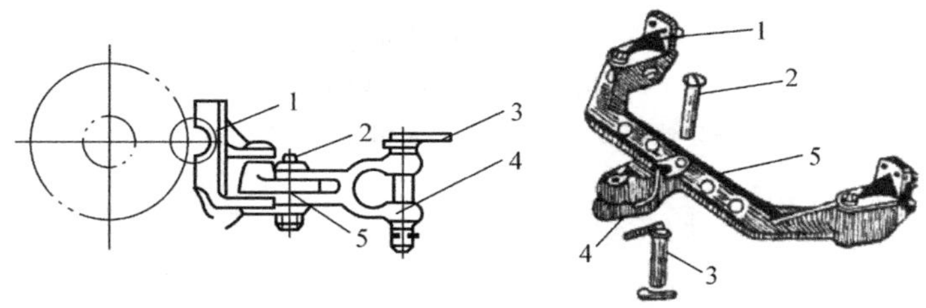

图3-5-2　固定式牵引装置结构

1—牵引托架;2—插销;3—牵引销;4—牵引叉;5—牵引板

牵引板5上有五个孔,用以获得不同的横向牵引位置。翻转牵引托架或牵引叉,则可获得四种不同的牵引点高度。

东方红-75型拖拉机采用上述固定式牵引装置。在多数轮式拖拉机上,常在悬挂机构的左、右下拉杆上装上牵引板,并用斜撑板固定,构成固定式牵引装置。

2)摆杆式牵引装置

如图3-5-3所示,牵引杆6的前端用轴销1与拖拉机机身相铰接,此铰接点也就是牵引杆的摆动中心,牵引杆的后端通过牵引销5与农机具连接。由于牵引杆可横向摆动,挂接农机具比较方便。又由于牵引杆较长,故又在拖拉机后两侧各装一个后支架3,两个支架间连接一个穿过牵引杆的牵引板7,其上有孔,当拖拉机牵引农机具倒退时,将定位销4插入,即可使牵引杆不再摆动。

这种牵引装置,由于摆动中心在驱动轮轴线之前,当农机具工作阻力与拖拉机行驶方向不一致时,迫使拖拉机转向的力矩较小,亦即拖拉机的直线行驶性好,转向也较易。但这种牵引装置的结构较复杂,一般只用在如红旗-100型这样的大型拖拉机上。

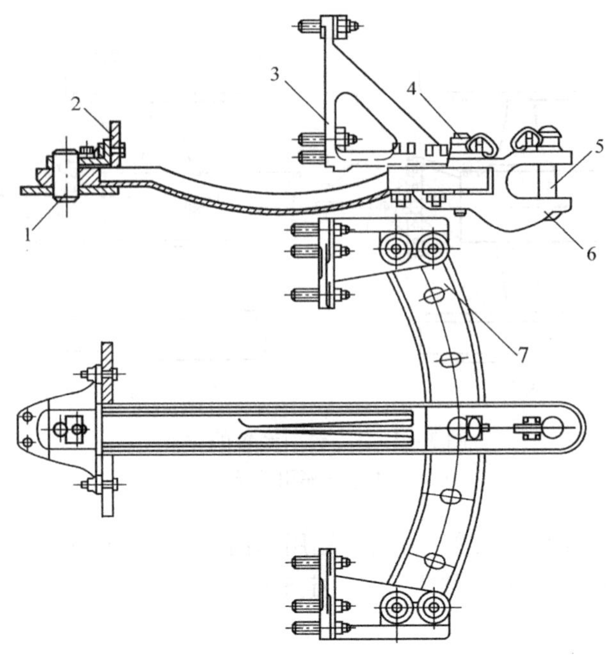

图 3－5－3　摆杆式牵引装置

1—轴销；2—前支架；3—后支架；

4—定位销；5—牵引销；6—牵引杆；7—牵引板

【任务实施】

（1）观察拖拉机工作装置，并描述其名称和功用，填写表 3－5－1。

表 3－5－1　拖拉机工作装置

装置名称	组成	功用
工作装置		

2. 通过学习，根据图 3－5－4 填写表 3－5－2。

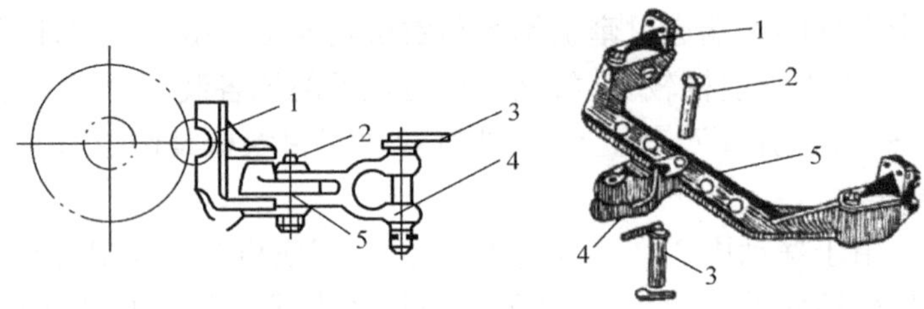

图 3－5－4　看图填表

表 3-5-2　拖拉机工作装置

牵引装置类型	序号	名称
	1	
	2	
	3	
	4	
	5	

任务 2　动力输出装置检修

【任务描述】

一拖拉机出现动力输出轴不转的故障现象，查阅使用维修说明书，并对工作装置进行拆检。

【任务目标】

(1)了解动力输出装置的构造和类型特点。

(2)掌握动力输出装置常见故障的检修方法。

【任务所需设备、工具和材料】

(1)标准转速式动力输出轴、同步式动力输出轴实物。

(2)拆装工具。

(3)维修手册、图片视频等与本任务相关的教学资料。

【任务相关知识】

一、动力输出装置的功用

动力输出装置是将拖拉机发动机的部分或全部旋转机械能进行转化，为作业机具提供动力的工作装置。如旋耕机、施肥机和播种机等农机具都是由拖拉机牵引行走，并依靠拖拉机输出动力来完成作业的；而脱粒机、排灌机、发电机等机具都是由拖拉机直接带动或通过带轮传动来驱动进行固定式作业的。

动力输出装置包括动力输出轴和动力输出带轮。

二、动力输出装置的形式

1. 动力输出轴

根据动力输出轴的转速，可将动力输出轴分为标准转速式动力输出轴和同步转速式动力输出轴。标准转速式动力输出轴的转速和拖拉机的使用挡位无关，轴上的动力由发动机(或经离合器)直接传递；同步转速式动力输出轴和拖拉机行驶速度“同步”(呈正比)，轴上的动力由变速箱第二轴传出，其转速与使用挡位有关。

1）标准转速式动力输出轴

标准转速式动力输出轴的转速有1～2种固定的标准值，如（540±10）r/min或（1 000±25）r/min。动力传动齿轮均位于变速箱第二轴的前面，如图3－5－5所示。因此，该轴输出的转速只取决于拖拉机发动机的转速，与拖拉机的行驶速度无关。

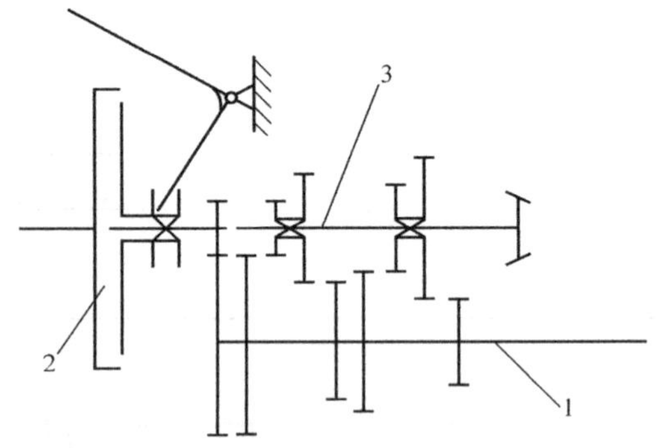

图3－5－5　标准转速式动力输出轴

1—动力输出轴；2—主离合器；3—变速箱第二轴

标准转速式动力输出轴均在变速箱第二轴之前引出动力，其操纵方式既可由主离合器控制，也可以另设独立的操纵机构。根据标准转速式动力输出轴的操纵方式，又可将其分为非独立式、半独立式和独立式动力输出轴三种。

（1）非独立式动力输出轴没有单独的操纵机构，它的传动和操纵都通过主离合器实现。主离合器接合或分离时，动力输出轴相应地旋转或停转。这种输出轴的结构简单，但在拖拉机起步时，须同时克服拖拉机起步和农机具开始工作两方面的工作阻力，发动机负荷大。另外，拖拉机停车换挡时，农机具也随之停止工作。

（2）半独立式动力输出轴的传动和操纵由双作用离合器中的动力输出轴离合器控制，但操纵机构仍与主离合器共用，如图3－5－6所示。在操纵离合器踏板时，动力输出轴离合器比主离合器后分离、先接合。这样既可达到分离主离合器时不停止动力输出轴输出动力的要求，又可改善拖拉机起步时发动机负荷过大的现象。但这种方式仍不能单独停止动力输出轴的工作。

（3）独立式动力输出轴的传动和操纵都由单独的机构来完成，与主离合器的工作不发生关系，如图3－5－7所示。在采用独立式动力输出轴的拖拉机上，装有一个主、副离合器布置在一起的双联离合器，用两套操纵机构分别操纵主、副离合器。而副离合器即为专用的动力输出轴离合器。这种形式的动力输出轴使用方便，既可改善拖拉机发动机因起步而导致的负荷过大，又能广泛满足不同农机具作业的要求，只是双联离合器的结构较为复杂。

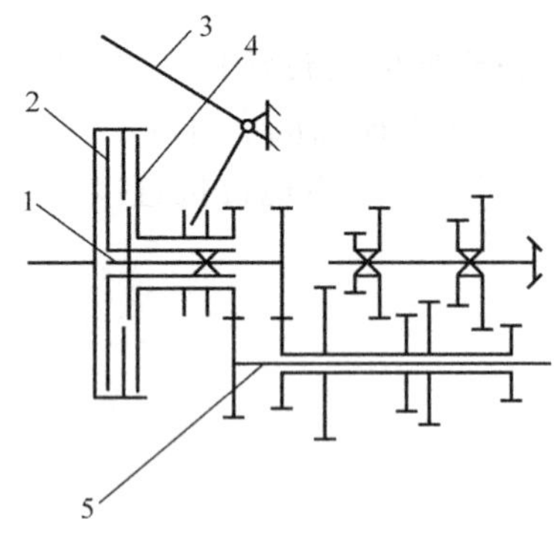

图3－5－6　半独立式动力输出轴

1—变速箱第一轴；2—变速箱第一轴摩擦片；3—离合器踏板；4—输出轴摩擦片；5—动力输出轴

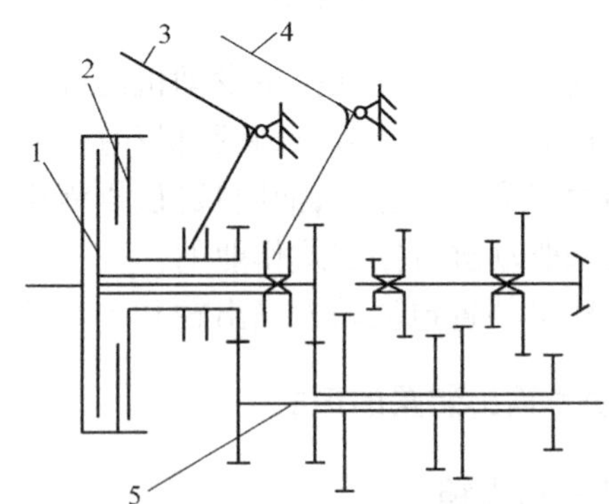

图3－5－7　独立式动力输出轴

1—主离合器摩擦片；2—副离合器摩擦片；3—副离合器踏板；4—主离合器踏板；5—动力输出轴

2）同步转速式动力输出轴

同步转速式动力输出轴，如图 3－5－8 所示。无论变速箱挂入哪一个挡位，动力输出轴的转速总是与驱动轮“同步”。它用来驱动那些工作转速需适应拖拉机行驶速度的农机具，如播种机和施肥机等，以使播量均匀。

由于同步转速式动力输出轴由变速箱第二轴后引出动力，所以变速箱以任何挡位工作时，同步转速式动力输出轴便随之工作，即同步转速式动力输出轴的操纵仅由主离合器控制。

有些拖拉机上只设有标准转速式动力输出轴或同步转速式动力输出轴。有些拖拉机上的动力输出轴则既可输出标准转速，也可输出同步转速。标准转速兼同步转速动力输出轴原理，如图 3－5－9 所示。当利用接合手柄 4 将滑动齿轮 2 右移并与固定齿轮 3 啮合时，可以得到同步转速动力输出；当滑动齿轮 2 与固定齿轮 3 在接合手柄 4 的作用下脱开啮合，并与接合套 1 接合时，便可以获得标准转速动力输出。

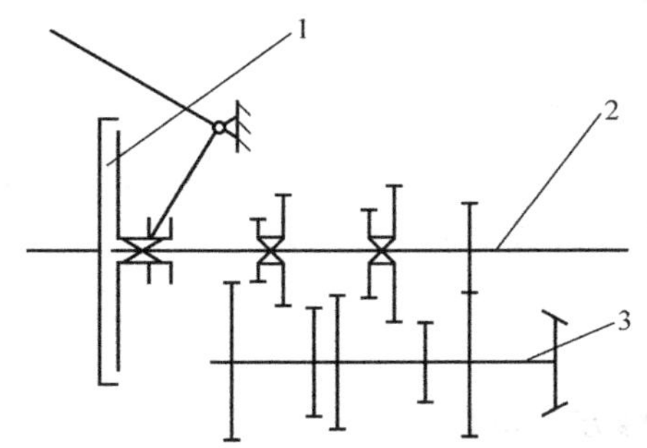

图 3－5－8　同步转速式动力输出轴

1—主离合器；2—动力输出轴；
3—变速箱第二轴

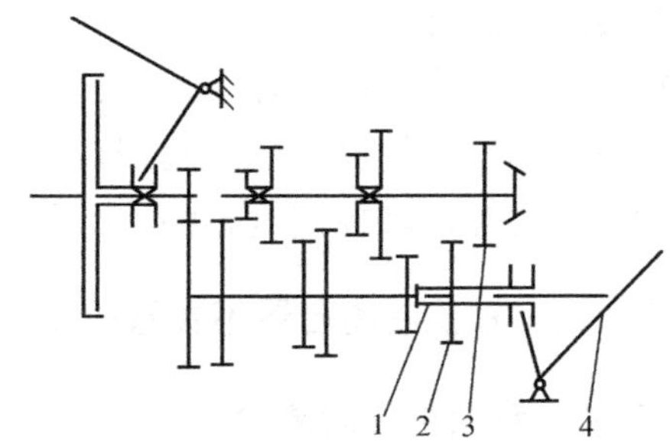

图 3－5－9　标准转速兼同步转速动力输出轴

1—接合套；2—滑动齿轮；
3—固定齿轮；4—接合手柄

动力输出轴的转动，一般要靠拖拉机上的离合手柄操控，即不需要动力输出时，动力输出轴可不转动，需要动力输出轴输出动力时，再将接合手柄接合。

一般不用动力输出轴时，可用防护罩将其输出端罩起来，以免损坏或由于误操作等造成不必要的损失。另外，动力输出轴和所驱动的农机具之间一般用万向节传动，使用时应将两端连接处锁紧。

2. 动力输出带轮

动力输出带轮以带驱动的方式驱动固定式农机具，以完成如脱谷、抽水等固定作业。

动力输出带轮通常设计成一套独立的总成，并作为拖拉机的附件。需要传动带输出动力或以传动带输出进行某些固定作业时，才安装在拖拉机上。

大多数拖拉机的动力输出带轮布置在拖拉机的后面，也有布置在侧面的。无论怎样布置，动力输出带轮的轴必须与拖拉机驱动轮轴平行，以便借助前后移动拖拉机来调整动力输出带轮的张紧度。这样，对大多数后置式动力输出带轮来说，其总成都采用圆锥齿轮传动。

如图 3－5－10 所示，动力输出带轮的壳体固定在拖拉机后方，用接合套 2 使动力输出带轮的主动轴 3 与动力输出轴 1 相连，主动锥齿轮 4 与主动轴 3 制成一体，从动锥齿轮 6 与从动轴7也制成一体，这样安装在从动轴7上的动力输出带轮8即随动力输出轴的转动而转动，通过传动带就可驱动农机具工作。

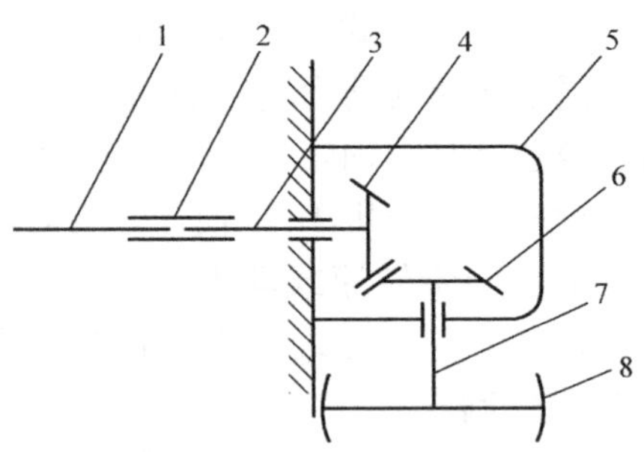

图3－5－10　动力输出带轮

1—动力输出轴；2—接合套；3—主动轴；4—主动锥齿轮；5—动力输出带轮壳体；6—从动锥齿轮；7—从动轴；8—动力输出带轮

【任务实施】

一、动力输出轴不工作故障检修

拖拉机动力输出轴不工作故障检修方法如下。

(1)检查变速箱油位，若过低，则加到标准油位。

(2)检查液压泵，若损坏，需修理或更换。

(3)检查液压油过滤网，若堵塞，则清洁或更换。

(4)检查管路和控制堵塞油封，若漏油而使油压降低，则更换损坏油封。

(5)检查动力输出轴接合开关，若失效，则更换控制开关。

(6)检查动力输出轴制动电磁阀，若电压不足，则重新配置电器接头，更换失效零件。

(7)检查动力输出轴控制电磁阀，若不分离，则修理或更换电磁阀。

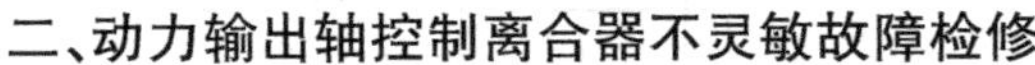

二、动力输出轴控制离合器不灵敏故障检修

拖拉机动力输出轴控制离合器不灵敏故障检修方法如下。

(1)检查制动器接合开关，若失效，则更换制动器接合开关。

(2)检查动力输出轴制动器，若磨损，则调整或更换制动器。

(3)检查制动电磁阀，若不分离，处于关闭状态，则修理或更换制动电磁阀。

(4)检查动力输出轴制动电磁阀，若电压不足，则重新配置电器接头，更换失效零件。

任务3　液压悬挂装置检修

【任务描述】

拖拉机液压装置不提升或提升困难，要求查找实际故障的原因，并确定故障在液压装置的准确部位。

【任务目标】

(1)掌握拖拉机液压系统不提升故障的诊断方法。

(2)掌握拖拉机液压系统主要零部件的拆解、检修、装配过程。

(3)培养学生从个案中分析找到共性并总结规律的能力，不断积累专业知识，提高维修水平。

【任务所需设备、工具和材料】

(1)拖拉机液压实验台。

(2)游标卡尺、直尺等维修常用工具。

(3)拖拉机维修手册、教材等。

【任务相关知识】

用来悬挂农机具和提升农机具的一整套设备称为悬挂装置,通常其采用液压力作为动力,因此称为液压悬挂装置。液压悬挂装置的功用有两个。

(1)用液压力作为动力,提升农机具,并操作农机具的升降。

(2)用液压力自动控制或调节农机具的耕作深度(或离地高度)。

液压悬挂装置由悬挂机构、液压系统和操纵机构三大部分组成。

一、悬挂机构

悬挂机构是把农机具连接到拖拉机上的一套杆件机构,用来传递拖拉机对农机具的升降力和牵引力。

1. 悬挂机构的配置方式、组成与类型

根据悬挂机构在拖拉机上的布置位置,悬挂机构的配置方式有后悬挂、前悬挂、中间悬挂和侧悬挂四种。后悬挂能满足大多数农业作业的要求,故在拖拉机上广泛采用,本部分内容主要介绍后悬挂;前悬挂适用于推土、收获等作业;中间悬挂主要用于自动底盘式拖拉机;侧悬挂则常用于割草或收获等作业。

在后悬挂式悬挂机构中,根据悬挂机构与拖拉机的连接点数,可分为三点悬挂和两点悬挂。

(1)三点悬挂如图 3 - 5 - 11 所示,其中悬挂机构以三个铰接点与拖拉机机体相连。采用三点悬挂时,农机具在工作过程中相对于拖拉机不可能有太大的偏摆。因此,农机具随拖拉机的直线行驶性好。但当拖拉机一旦偏离预计方向,而农机具已入土工作,要校正拖拉机机组的行驶方向比较困难。所以,三点悬挂的悬挂装置仅应用于中、小功率的拖拉机上。

(2)两点悬挂如图 3 - 5 - 12 所示,其中悬挂机构仅由两个铰接点与拖拉机机体相连。采用两点悬挂时,农机具相对于拖拉机可做较大的偏摆,在大功率拖拉机上悬挂重型或宽幅农机具作业时,能较轻易地校正行驶方向。所以,在大功率拖拉机上,常备有两点悬挂机构,以便配备重型、宽幅农机具进行作业。

实际上,在大、中型拖拉机上,下拉杆的铰接点处有一下轴,平时可将两根下拉杆铰接在下轴的两端,形成三点悬挂;必要时,可再将左、右下拉杆固定在下轴的一个共同铰接点上,形成两点悬挂。

不管是三点悬挂还是两点悬挂,其组成都是基本相同的,都是由提升轴、提升臂、上拉杆、提升杆和下拉杆等组成。当然,在两点悬挂中,为了实现三点悬挂,还有一个下轴。另外,在左、右下拉杆上设有限位链,用以防止悬挂农机具左、右摆动时碰撞驱动轮或履带板。

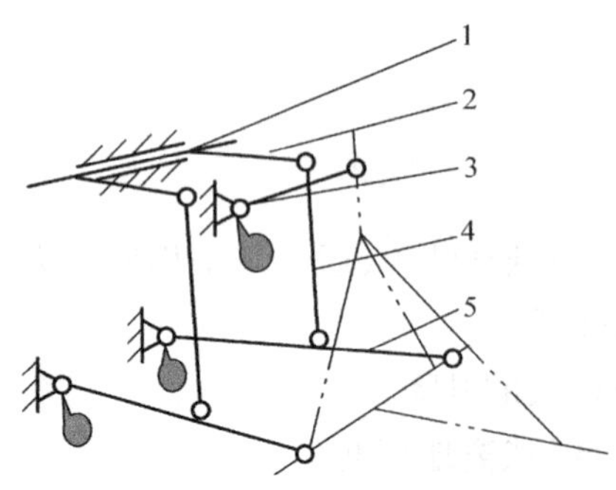

图 3-5-11　三点悬挂
1—提升轴;2—提升臂;
3—上拉杆;4—提升杆;5—下拉杆

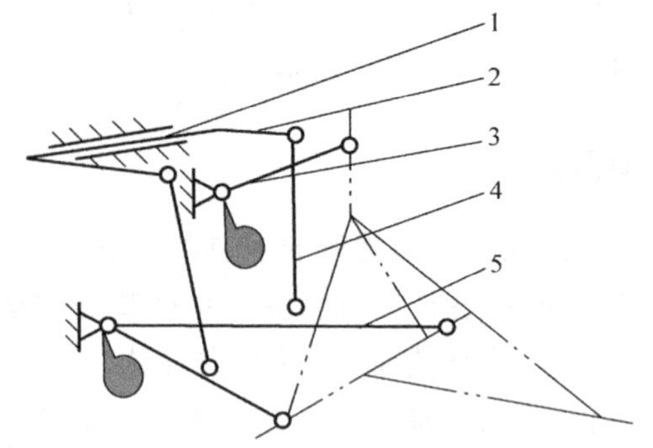

图 3-5-12　两点悬挂
1—提升轴;2—提升臂;
3—上拉杆;4—提升杆;5—下拉杆

2. 悬挂机构的结构

悬挂机构由一些杆件组成。但为了改善悬挂机构的工作性能,结构上主要应保证这些杆件能进行调节。为满足农机具入土性能的要求和前后工作部件工作深度一致性的调整需要,上拉杆的长度可根据需要进行调节。如图 3-5-13 所示,上拉杆由两段具有左、右螺纹的调节螺杆和将它们连接起来的调节螺管组成。拧转调节螺管即可同时伸缩具有左、右螺纹的调节螺杆,上拉杆总成便获得不同的需要长度。另外,悬挂农机具运输时,为提高整机的通过性,也应将上拉杆调短。为了使挂接方便,同时适应农机具的摆动,上、下拉杆两端铰接处都采用球形接头。

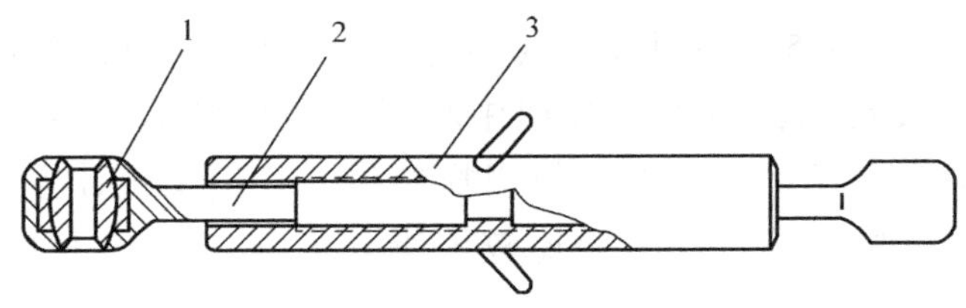

图 3-5-13　上拉杆总成
1—球形接头;2—调节螺杆;3—调节螺管

为了限制农机具的摆动量,尤其限制在运输状态下的左、右摆动量,限位链的长度也是可以调整的。当农机具被提升为运输状态时,限位链应调紧;当农机具下降进行作业时,限位链应放松。此外,为了减轻劳动强度,提高劳动生产率,有的悬挂机构上还有快速挂接机构。

二、液压系统

液压系统是一套进行机械能与液压能转换的机构,是液压悬挂装置的动力和控制部分。其以密封工作容器内的液体作为工作介质,产生并传递液压能,然后把液压能转换成机械能,从而驱动农机具完成各种动作。

1. 液压系统的组成

拖拉机上的液压系统的组成如图 3-5-14 所示,包括油泵 4、油缸 1、分配器 2 和辅助装置(如油箱6、油管3、滤清器5等)。以上零部件共同组成一个循环的液压油路,并由操纵机构控制液压油的流向,以使整个系统处于各种不同的状态,满足各种不同的动作要求。

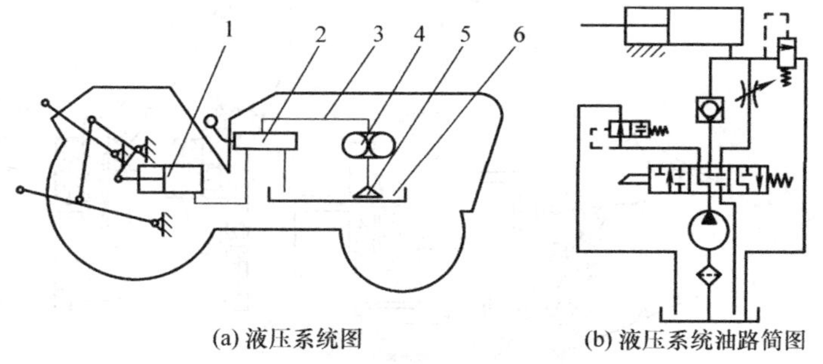

(a) 液压系统图　　(b) 液压系统油路简图

图3-5-14　液压系统的组成

1—油缸;2—分配器;3—油管;4—油泵;5—滤清器;6—油箱

油泵是液压系统的动力元件,它能将油泵中机械元件的机械能转换为油液的液压能,向液压系统提供具有一定压力和流量的油液,常用的有齿轮泵和柱塞泵等。

分配器也叫分配阀或操纵阀,是液压系统的主要控制阀门,用于变换油液的流动方向和路线,它由操纵机构直接操纵。常用的分配器是滑阀式分配器。

油缸的作用是把油泵供给的液压能转变为提升轴(见悬挂机构)转动的机械能,从而带动提升臂及悬挂机构使农机具升降。油缸有单作用油缸和双作用油缸两种类型。

2. 液压系统的分类

我国的传统习惯是按照液压系统中油泵、油缸和分配器等主要组成元件在拖拉机上的布置情况,把液压系统分为分置式、半分置式和整体式三种,如图3-5-15所示。

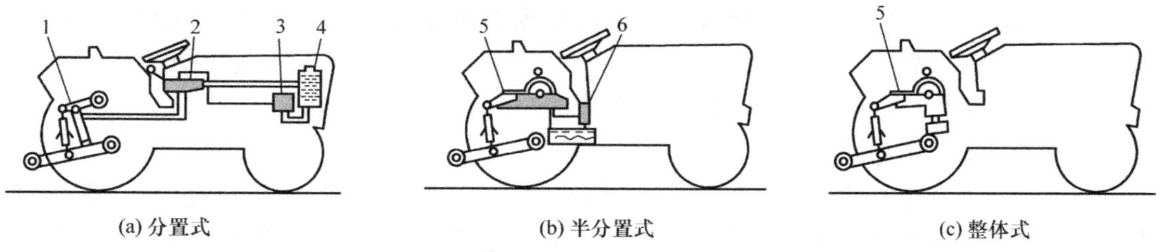

(a) 分置式　　(b) 半分置式　　(c) 整体式

图3-5-15　液压系统类型

1—油缸;2—分配器;3—油泵;4—油箱;5—提升器;6—油泵

1)分置式液压系统

分置式液压系统的油泵、油缸和分配器等分别布置在拖拉机的不同部位,相互间用油管连接。东方红-75、铁牛-55和东方红-28等型号的拖拉机均采用这种形式。液压元件标准化、系列化、通用化程度较高,拆装比较方便,可根据不同情况和要求,将油缸布置在拖拉机的有关部位,组成后悬挂、前悬挂或侧悬挂等形式。但由于布置分散、管路较长、防尘和防漏等比较困难,力调节和位调节的传感机构较难布置。下面以东方红-75型拖拉机上采用的分置式液压系统工作过程为例,进行说明。

(1)提升过程。如图3-5-16(a)所示,操纵手柄被扳到“提升”位置,主控制阀被推向最下位置。油泵来油经油道B和油管进入双作用油缸2的下腔,推动活塞上升,使农机具提升。同时，油缸 2 上腔的油液经分配器壳体的油道 A 返回油箱。

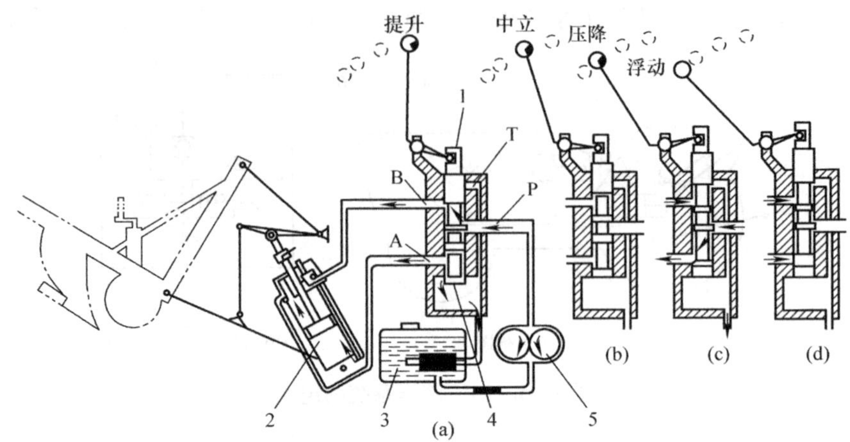

图 3－5－16　东方红－75 型拖拉机的液压悬挂装置作用原理

1—滑阀；2—双作用油缸；3—油箱；4—分配器；5—油泵

(2)中立过程。如图 3－5－16(b)所示，扳动操纵手柄到“中立”位置或由分配器内的自动回位机构使主控制阀维持在中立位置，分配器壳体上的油道 A、B 均被堵死，活塞在油缸内不能移动，农机具不升不降。回油阀工作，油泵来油经回油口(T)等流回油箱。

(3)压降过程。如图 3－5－16(c)所示，将操纵手柄由“中立”位置向下移动一挡到“压降”位置，即主控制阀向上提升一挡。油泵来油经分配器壳体上的油道 A 及油管进入油缸 2 上腔，推动活塞下移，农机具被强迫下降或入土。同时，油缸下腔的油液则经分配器壳体上的油道 B 流回油箱。

(4)浮动状态。如图 3－5－16(d)所示，将操纵手柄扳到“浮动”位置，相应地主控制滑阀被提升到最高位置，油道 A、B 均打开，油缸中的活塞不受约束，农机具可在外力作用下自由升降，即实现高度调节。回油阀打开，油泵采油经回油阀等流回油箱。

2)半分置式液压系统

半分置式液压系统的油泵单独布置，其他元件(如油缸、分配器和操纵机构等)都布置在一个称为提升器的总成中。提升器固定在传动箱上部，其壳体即构成传动箱上盖。东风－50、东方红－20 和东方红－40 等型号的拖拉机采用半分置式液压系统。半分置式液压系统的油缸、分配器、力调节和位调节的传感机构等都布置得集中、紧凑，油泵可以标准化、系列化和通用化，并实现独立驱动；但在总体布置上，这种液压系统常常受到拖拉机结构的限制。

半分置式液压系统在拖拉机上应用较多，其工作原理和结构基本相同。半分置式液压系统除了能利用液压动力提升农机具，进行位、力调节外，还有控制农机具降落速度和液压输出等功能。

3)整体式液压系统

在这种液压系统中，全部元件及操纵机构都布置在一个结构紧凑的提升器壳体内。其优点是结构紧凑，油路集中，密封性好，力、位调节的传感机构比较容易布置；但元件的标准化、系列化和通用化程度不高，拆装也较困难。丰收－35、上海－50 型拖拉机上采用整体式液压系统。

三、悬挂农机具耕作深度的调节

拖拉机悬挂农机具工作时，为保证作业质量和提高生产率，首先要求耕深均匀，其次要使柴油机负荷波动不大。但在实际耕作过程中，由于田间土壤比阻变化和地面不平等原因，常常会使耕深发生变化，并使柴油机负荷波动，影响耕作质量和机组生产率。因此，必须有合适的调节装置，以适应土壤比阻和地面形状的变化，使耕深基本均匀，柴油机负荷亦平稳。目前，控制耕深的方法有高度调节、力调节和位调节三种。

1. 高度调节

采用高度调节时，油缸处于浮动状态，即农机具的耕作深度不受液压系统的控制，完全靠农机具上的地轮对地面的仿形来维持一定的耕深，类似于牵引式机组。如图 3－5－17 所示，只有通过改变地轮与农机具工作部件底平面之间的相对位置才可改变耕深。当土壤比阻一致时，用此法可得到均匀的耕深。若土质不均匀，则地轮在松软土壤上下陷较深，耕深也增加。

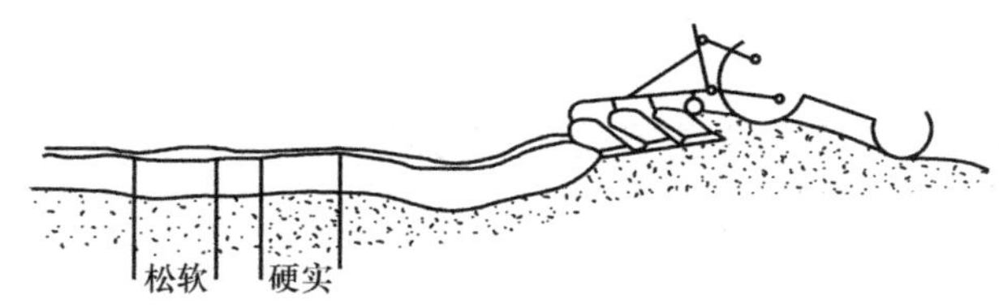

图 3－5－17　耕深的高度调节

2. 力调节

如图 3－5－18 所示，根据农机具工作阻力来调节耕深称为力调节。力调节时，油缸中有油压，农机具靠液压系统维持在某一工作状态，并有相应的牵引阻力。牵引阻力的变化可通过力调节传感机构迅速反馈到液压系统，使农机具适时升、降，维持牵引阻力的相对稳定。这就使柴油机的负荷不会有大的波动。当阻力变化主要是由地面起伏而引起时，力调节可使耕深比较均匀；而当阻力变化主要是由土壤比阻变化而引起时，则会造成耕深不均匀。

另外，采用力调节时，农机具不用地轮，减小了农机具的阻力，并且由于悬挂农机具的一部分质量由拖拉机承担，所以对驱动轮有增重作用，可以提高拖拉机的牵引附着性能。

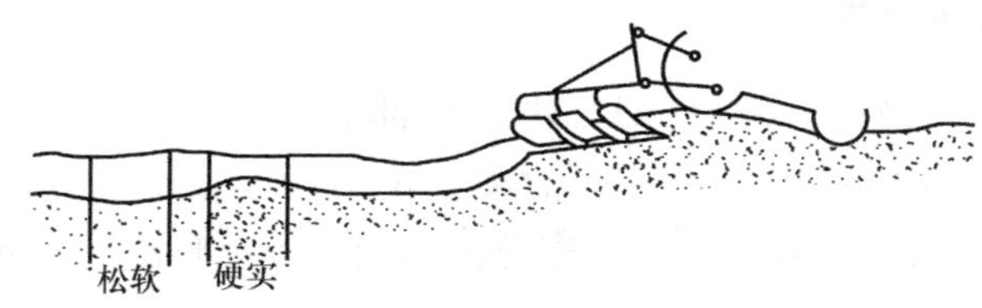

图 3－5－18　耕深的力调节

3. 位调节

位调节是靠液压系统将农机具固定悬置在某一固定位置上，而这个位置可由操作者移动操纵手柄任意选定。在工作过程中，农机具相对于拖拉机的位置是固定不变的。假如该相对位置由于受某些因素（如油缸泄漏）的影响发生变化时，位调节控制机构能自动将农机具提升或下降，以恢复预定的耕作深度。因此，在整个工作过程中，液压系统都参与工作。同样，采用位调节时也有对驱动轮的增重作用。

采用位调节时，只要地势平坦，则可保证耕深均匀一致，只是当土质变化时，由于牵引阻力的变化，会使柴油机负荷产生波动。若地面起伏不平，则农机具会随着拖拉机的倾斜起伏，造成耕深很不均匀，如图3－5－19所示。这种方法一般适用于在平整土壤上的轻负荷作业，如耙、旋耕、中耕等，也适用于要求农机具悬离地面一定高度的作业，如收割等。这种方法不适用于耕地等作业。

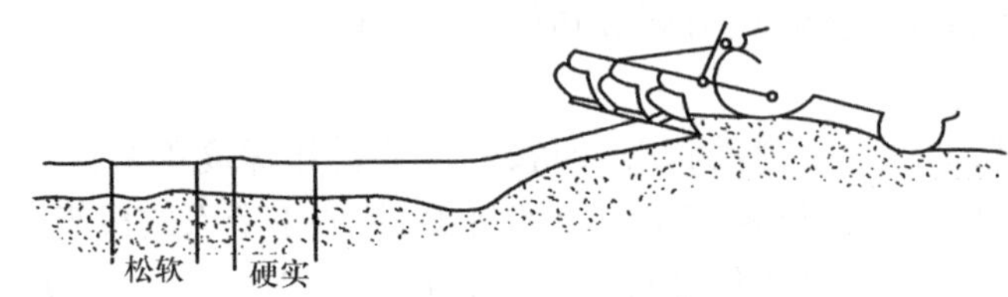

图3－5－19　耕深的位调节

【任务实施】

发动机工作时，扳动操纵手柄至提升位置，悬挂杆没有“提升”动作，此时应首先进行外部检查。

一、外部检查

(1)液压油泵传动机构是否接合。

(2)液压油箱的油面高度是否正确。

(3)是否有因油管破裂和接头松动而造成液压油大量泄漏。

(4)油缸定位阀与定位挡板之间10～15 mm的间隙是否保证。

(5)悬挂农机具的质量是否超过额定承载质量。

(6)自封接头的压紧螺母是否松动，若松动会使封闭阀关闭，液压油不从分配器进入油缸工作。

一般情况下，外部原因发现后可立即排除。

二、内部故障的分析判断

在进行外部检查，并确认正常后，即可进行内部故障检查。液压系统的液压元件(油泵、分配器、油缸等)都在密封状态下工作，故障部位不能直接观察到。可以采取以分配器为中心，通过变换分配手柄的不同位置，观察分配器及周围反映出的不同现象，进行分析、判断，分段检查，排除故障。

发动机运转后，将分配器操纵手柄置于不同的位置，会出现以下几种现象。

(1)分配器手柄放在“提升”工作位置后，手柄立即“咔”的一声跳回“中立”位置，农机具不能提升。若强制手柄停留在“提升”位置，同时分配器发现尖锐“嘎嘎”响声(安全阀开启声)，发动机运转声变得沉重，负荷显著增加，通往油缸下腔的油管发生抖动现象，此故障表明油泵和分配器工作均正常，而通往油缸的油路被堵塞，多数情况下是因定位阀在关闭位置卡死或缓冲阀被脏物堵塞而引起。

(2)分配器手柄置于“提升”位置后,农机具不提升,手柄又不跳位,发动机负荷无变化。这表明液压系统内部有泄漏现象,使油液不能建立起高压,故障可能发生在油泵、分配器或油缸,需进一步检查。

(3)先按下油缸上的定位阀,堵死压降的回油路,再将分配器手柄置于“压降”位置,用于固定。这时会出现两种情况:第一种情况是分配器发出尖锐“嘎嘎”响声,发动机声音沉重,负荷增加,这表明油泵、分配器工作均正常,而故障发生在油缸;第二种情况是分配器无响声,发动机负荷没有变化,这表明故障发生在分配器或油泵,应先检查分配器,后检查油泵。

根据实践经验,分配器的故障在大多数情况下发生在回油阀处。由于回油阀在开启位置时在导向套内卡住或回油阀锥面与阀座密封不严,使油泵泵出的油不能通往油缸而从回油阀处泄漏,直接流回油箱。出现这种故障,可用小木锤在分配器安装回油阀处轻轻敲击,使回油阀因振动而落回阀座,或者拆下回油阀,使阀在导向套孔内灵活移动,用柴油清洗装回。在特殊情况下,必须将导向套连同回油阀取下,在柴油中清洗并检查阀体尾部在导向套中是否能灵活移动,如有卡住现象,用机油配对研磨,直到阀能在导向套孔内灵活移动为止,再清洗装回原位。

模块四　拖拉机电气设备的结构与检修

项目一　拖拉机电源系统结构与检修

任务1　蓄电池维护

【任务描述】

进行蓄电池的检测与充电。

【任务目标】

(1)掌握蓄电池的检测方法和充电方法。

(2)通过实训掌握对拖拉机电气系统及零部件进行拆装、检测、维修和故障判断的实际操作技能和分析判断能力。

【任务所需设备、工具和材料】

(1)工具和材料:万用表、电解液密度计、温度计、高率放电计、钢丝刷、玻璃棒及管、盛水容器;适量凡士林、润滑脂、蒸馏水、密度为1.835 g/cm^3的纯硫酸。

(2)设备:蓄电池一个,发动机一台,充电机一台。

(3)教具:挂图。

【任务相关知识】

一、蓄电池的功用、分类和型号

1. 蓄电池的功用

蓄电池也称电瓶,是电气设备的主要电源之一。其作用如下。

(1)在发动机起动时,供给起动电动机电能。

(2)在发动机不工作或怠速运转时,供电给所有用电设备。

(3)当发电机的电压高于蓄电池电压时,蓄电池可将发电机输出的电能转变为化学能贮存起来。

2. 蓄电池的分类

蓄电池分为酸性和碱性两种。酸性蓄电池也称铅蓄电池,碱性蓄电池也称铁－镍蓄电池或镍镉蓄电池,在柴油机上一般多采用酸性蓄电池。蓄电池分为 6 V 和 12 V 两种,其分别由三个和六个单格电池串联而成。

3. 蓄电池的构造和型号

1)蓄电池的构造

酸性蓄电池的构造如图 4 - 1 - 1 所示,它主要由外壳、极板、隔板、电解液及加液口盖组成。

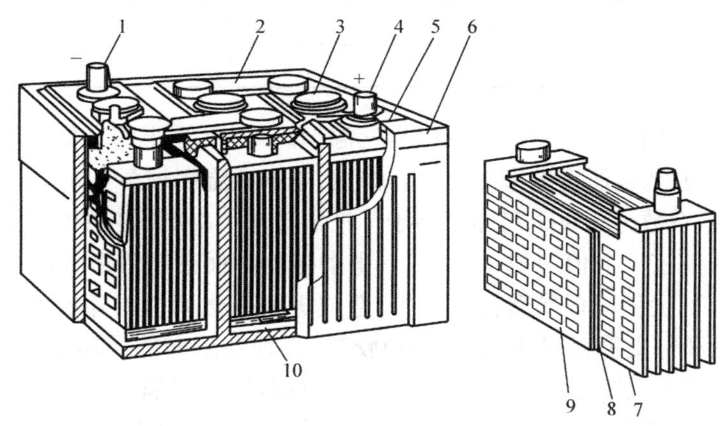

图 4 - 1 - 1　蓄电池

1—负极柱;2—连接板;3—加液口盖;4—正极柱;5—盖;
6—外壳;7—正极板;8—隔板;9—负极板;10—筋条。

(1)外壳。外壳是整个蓄电池的容器,它是由耐酸塑料或硬橡胶制成。壳内有隔壁,将其分成三个或六个互不相通的单格。壳底部分有筋条,用以搁置极板组,筋条之间的槽用以沉积从极板上脱落下来的活性物质,以防极板短路。每个单格上有盖,盖上有加液口及加液口盖,加液口盖上有通气孔,以保持蓄电池内部与大气相通。

(2)极板和隔板。极板分正极板(阳极板)和负极板(阴极板),均由栅架和活性物质组成。活性物质是铅的氧化物——红丹或黄丹和硫酸等调和而成。观察制好的极板,正极板材质为二氧化铅(棕色),负极板材质为海绵状纯铅(青灰色)。为了增加蓄电池的容量,每格电池中的正、负极板的数量自几片到二十几片不等。正、负极板交错重叠,且正、负极板各自焊在带有极柱的铅质横板上组成极板组,装在蓄电池内只留出正、负极柱并分别在极柱上刻有"+""-"标记。在每单格电池中,负极板的数量总是比正极板的数量多一片,使每片正极板都处在两个负极板之间,以避免正极板因放电而发生拱曲。

为防止正、负极板互相接触而短路,在它们中间装有隔板。隔板分为木质、细孔橡胶、细孔塑料、玻璃纤维等多种。隔板必须有较好的渗透性且多为波纹形。隔板的一面带凹槽,用以引导正极板上脱落下来的活性物质沉于壳底,因此安装时带凹槽的一面应朝向正极板。

(3)电解液。电解液是纯硫酸和蒸馏水按照一定比例调配而成的溶液,其浓度用密度来反映。电解液密度的大小,对蓄电池的工作有显著的影响。密度大时,可使电压稍有增高,并可降低电解液的结冰温度。但密度过大,则会造成隔板加速腐蚀且极板易于硫化,使蓄电池寿命大大缩短。电解液密度是根据不同地区的气候条件来选择的,见表 4 - 1 - 1。

表 4－1－1　蓄电池电解液密度表

气候条件	完全充电的蓄电池在 15 ℃时的电解液密度（g/cm^3）	
	冬季	夏季
冬季温度在－40 ℃以下的地区	1.31	1.27
冬季温度在－40～－30 ℃的地区	1.29	1.25
冬季温度在－30～－20 ℃的地区	1.28	1.25
冬季温度在－20～0 ℃以上的地区	1.27	1.24
冬季温度在 0 ℃以上的地区（如海南省）	1.24	1.24

电解液的密度是用电解液密度计在标准气温（15 ℃）下测定的。如气温或电解液温度高于或低于 15 ℃，其测量所得的密度要进行修正，电解液温度每高于或低于标准温度 1 ℃，其密度－温度误差系数为 0.000 7，即每高于标准温度 1 ℃，其密度数值应加 0.000 7；每低于标准温度 1 ℃，其密度数值应减 0.000 7。电解液的液面在每单格电池中，应高出极板 9～15 mm，液面过低，会使极板暴露在空气中，造成极板硫化而失去存放电效果。在配制电解液时，应戴眼镜和橡皮手套，穿橡皮围裙和胶鞋，必须在耐酸的容器中（玻璃缸、瓷缸等）进行，而且只允许将硫酸慢慢地倒入蒸馏水中，同时用玻璃棒轻轻搅拌，在任何情况下都不允许将蒸馏水倒入硫酸中，以免引起爆炸和烧伤事故。当电解液滴到皮肤或衣服上时，须立即用清水、苏打水或氨水冲洗。配制好的电解液，应等其温度降至 30 ℃以下时，才能加入蓄电池中。

2）蓄电池的型号

以上海－50 型拖拉机配用的“3－Q－150”型电池为例，其中“3”表示蓄电池的单格电池数；“Q”表示蓄电池类别，国产蓄电池一律用“Q”代表起动用蓄电池；“150”表示蓄电池的容量（A·h）。

二、蓄电池的使用与充电

1. 蓄电池的充电

1）初充电

新蓄电池或修复后的蓄电池在使用之前的首次充电，称为初充电。初充电的目的是恢复蓄电池在存放期间，极板上部分活性物质缓慢硫化和自放电而失去的电量。初充电的特点是充电电流小、充电时间长。对于修复后的蓄电池，注入电解液后应静置 3～6 h，并在充电时将充电电流减半。

2）补充充电

补充充电一般每月进行一次，或当电解液相对密度降到 1.15 以下时进行。冬天放电超过 25%，夏天放电超过 50%，灯光比平时暗淡时，均要进行补充充电，充电总时间为 13～16 h。

3）预防硫化过充电

用平时充电电流将蓄电池充足，中断充电；再用 50% 的电流值充至“沸腾”；重复几次，直至刚接入就“沸腾”。

4）锻炼循环充电

每3月进行一次锻炼循环充电。在蓄电池正常充足后，用20 h放电率将电放完后，再正常充电后送出使用。

5）去硫充电

极板硫化严重时须进行去硫充电，步骤如下。

（1）倒出电解液。

（2）用蒸馏水冲洗数次。

（3）加入蒸馏水，使液面高出极板15 mm。

（4）补充充电。

（5）当相对密度升到1.15以上时，可用蒸馏水冲洗、充电、放电。

（6）重复多次，使电解液相对密度恢复至规定值，然后进行初充电。

（7）用20 h放电率检查额定容量（应 > 80%）。

6）均衡充电

先用正常充电方法充电，待电压稳定后，停充1 h，改用20 h充电率充电，再充2 h，停1 h，反复3次。

2. 充电设备

（1）电动机－发电机组：由一台三相交流电动机驱动一台直流发电机。

（2）整流充电设备：整流元件（三相交流电/单相交流电→直流电）、硅整流充电机、可控硅充电机。

3. 充电方法

通常的充电方法有定流充电、定压充电。此外，还包括近年来用的"快速充电"（脉冲充电）。

1）定流充电

充电电流保持一定的充电方法，不论6 V、12 V的电池，其都可串联在一起充电。

2）定压充电

电源电压保持不变的充电方法。充电开始时，电流很大，然后逐渐减小；充电终了，电压自动降为0。其特点是充电时间短，不能调整充电电流的大小。

【任务实施】

一、蓄电池的检测

1. 外部检查

（1）检查蓄电池的封胶有无开裂和损坏，极柱有无破损，壳体有无泄漏，如有，应修复或更换。

（2）用温水清洗蓄电池外部的灰尘、泥污，再用碱水清洗外部。

（3）疏通加液口盖通气孔；用钢丝刷或极柱接头清洗器除去极柱和接头的氧化物，之后在其上涂一层薄薄的工业凡士林或润滑脂。

2. 静止电动势（开路电压）检测

若蓄电池刚充过电或车辆刚行驶过，应接通前照灯远光30 s，消除"表面充电"现象，然后熄灭前照灯，切断所有负载，用万用表测量蓄电池的开路电压，判断其放电程度。

3. 电解液液面高度检测

用内径为4 ~6 mm、长度约150 mm的玻璃管检测电解液的液面高度。要求液面高出极板上沿10 ~15 mm。对于半透明式蓄电池,液面应位于最高和最低液面标记之间。液面过低时,应补加蒸馏水;液面过高时,应用密度计吸出部分电解液。

4. 电解液相对密度检测

用密度计测量电解液的相对密度,以便判断放电程度。对于免维护蓄电池,其多数均设有内装式密度计(充电状态指示器),根据指示器的颜色判定蓄电池状态。例如,绿色表示电充足;黑色和深绿色表示存电不足,应予以充电;浅黄色或者无色透明表示必须更换蓄电池。

5. 负荷试验检测

1)高率放电计测试

对于只能检测单格电池电压的普通高率放电计,测量时将两个放电针紧压在单格电池的正、负极柱上,若电压稳定,则可判断放电程度;若在5 s内电压迅速下降,或某一单格电池的电压比其他单格电池电压低0.1 V以上,则表示有故障。

对于新式12 V高率放电计,将两个放电针分别压在蓄电池正、负极柱上,保持15 s,若电压稳定,根据说明书判断放电程度;若电压迅速下降,说明蓄电池已损坏。

2)车上起动测试

拔下分电器中央线并搭铁,将万用表的正、负表笔接在蓄电池正、负极柱上,接通起动机15 s,电压应不低于9.6 V。

二、蓄电池的充电

1. 蓄电池的初充电

对于干荷蓄电池的初次使用,只需按规定加足电解液后,静放20 ~30 min即可装车使用。

2. 蓄电池的补充充电

(1)清洁蓄电池外部的脏污以及极柱上的氧化物,疏通通气小孔并拧下加液口盖。

(2)连接充电机的正、负极到蓄电池的正、负极,准备充电。

(3)补充充电常采用改进恒流充电法,其步骤如下:①检查电解液液面高度,若不足应补加蒸馏水;②选择充电电流数值为蓄电池额定容量数值的1/10,充至单格电池电压达2.3 ~2.4 V;③使充电电流减半,即数值为蓄电池额定容量数值的1/20,充至单格电池电压达2.5 ~2.7 V。

三、技术标准和要求

(1)电解液密度见表4 -1 -2。

表 4-1-2　电解液密度　　单位：g/cm^3

气温	充足电时电解液密度	放电时电解液密度			
		放电 25%	放电 50%	放电 75%	全放电
冬季气温低于 -40 ℃地区	1.31	1.27	1.23	1.19	1.15
冬季气温为 -40 ~ -20 ℃地区	1.29	1.25	1.21	1.17	1.13
冬季气温为 -20 ~ 0 ℃地区	1.27	1.23	1.19	1.15	1.11
冬季气温高于 0 ℃地区	1.24	1.20	1.16	1.12	1.09

表 4-2-1 中的电解液密度值是指温度为 25 ℃时的值，环境温度每升高 1 ℃，应在测得的密度数值上加 0.000 7，每降低 1 ℃则减 0.000 7。即，实测密度 ρ 与 25 ℃时的密度 ρ_{25} 之间的关系是

$$\rho_{25} = \rho + \beta(T - 25)$$

式中　T——实测电解液温度（℃）；

β——密度 - 温度误差系数，$\beta = 0.000\ 7$。

（2）蓄电池电压与放电程度见表 4-1-3。

表 4-1-3　蓄电池电压与放电程度对照表

蓄电池开路端电压（V）	≥12.6	12.4	12.2	12.0	≤11.7
高率放电计检测蓄电池电压（V）	11.6 ~ 10.6	9.6 ~ 10.6		≤9.6	
高率放电计（100 A）检测单格电池电压（V）	1.7 ~ 1.8	1.6 ~ 1.7	1.5 ~ 1.6	1.4 ~ 1.5	1.3 ~ 1.4
放电程度（%）	0	25	50	75	100

四、注意事项

（1）无蒸馏水时，不得向蓄电池中添加自来水、井水、河水等。

（2）蓄电池大电流放电和添加蒸馏水后，不应马上测量其电解液密度。

（3）充电时，蓄电池上部有易爆气体，不得在附近吸烟、使用明火或制造火花。

任务 2　交流发电机检修

【任务描述】

对交流发电机进行检修。

【任务目标】

（1）掌握交流发电机的拆解及装复。

（2）掌握交流发电机各零部件及总成的检查。

（3）正确进行交流发电机的检测。

【任务所需设备、工具和材料】

（1）工具和材料：一字和十字起子大、小各一把；开口、梅花扳手各一套；万用表、弹簧秤、游标卡尺或钢板尺、拉器、百分表；V 形铁一对；油盆、毛刷；适量清洗剂、润滑脂；“00”号砂布。

(2)设备:发动机实验台架或拖拉机,硅整流交流发电机,台钳及平台,蓄电池。

(3)教具:挂图。

【任务相关知识】

一、交流发电机

交流发电机主要由定子、转子、电刷、整流器、端盖、风扇及带轮等组成,如图 4 - 1 - 2 所示。

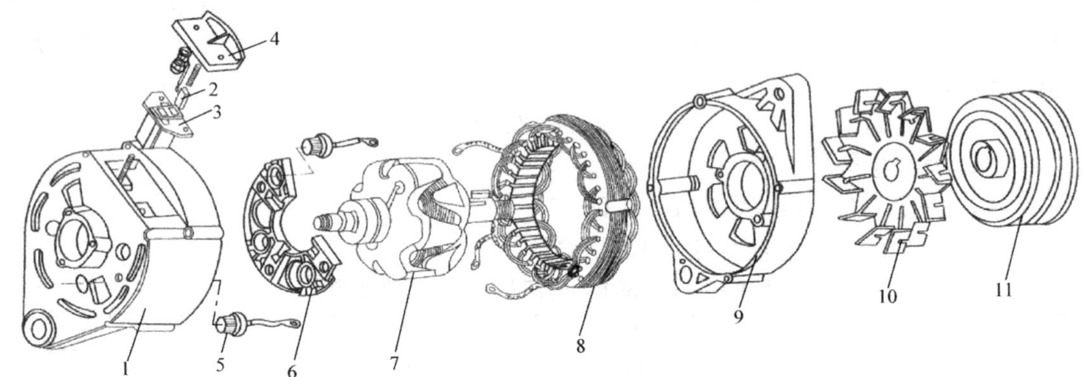

图 4 - 1 - 2　JF132 型交流发电机的组成

1—后端盖;2—电刷架;3—电刷;4—电刷弹簧压盖;5—硅二极管;
6—散热板;7—转子;8—锭子总成;9—前端盖;10—风扇;11—带轮

1. 转子

如图 4 - 1 - 3 所示,转子是发电机的转动部分,它主要由两块磁爪、磁场绕组、滑环及轴等组成。交流发电机的励磁方式必须包括他励和自励两种方式。当发电机输出电压低于蓄电池端电压时,发电机的励磁电流由蓄电池供给,称为他励;当发电机输出电压达到蓄电池电压时,发电机的励磁电流由自己供给,称为自励。

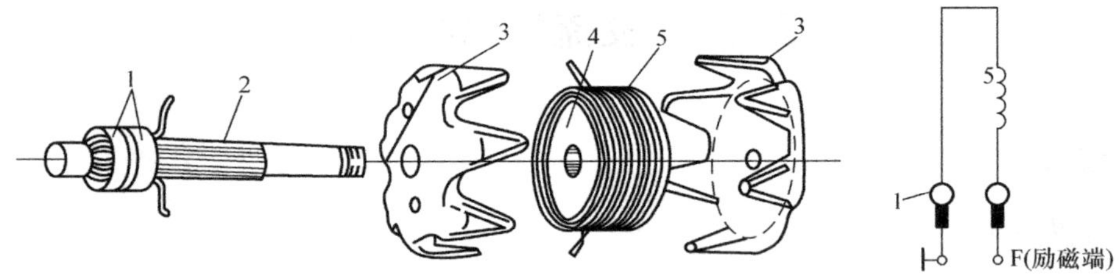

图 4 - 1 - 3　交流发电机转子

1—滑环;2—转子轴;3—磁爪;4—磁轭;5—磁场绕组

按发电机励磁电流的控制形式,发电机可分为内搭铁式、外搭铁式两种。

(1)内搭铁式发电机,连接发电机电刷组件的两个磁场接线柱中,有一个直接搭铁,另一个接调节器,由调节器控制励磁电流的火线,如图 4 - 1 - 4(a)所示。

(2)外搭铁式发电机,连接发电机电刷组件的两个磁场接线柱均与发电机外壳绝缘,并且有一个通过开关接电源,另一个接调节器,由调节器控制励磁电流的搭铁,如图 4 - 1 - 4(b)所示。

发电机的搭铁形式必须与调节器的搭铁形式相一致。拖拉机的电源系统一般采用内搭铁式发电机和内搭铁式调节器。

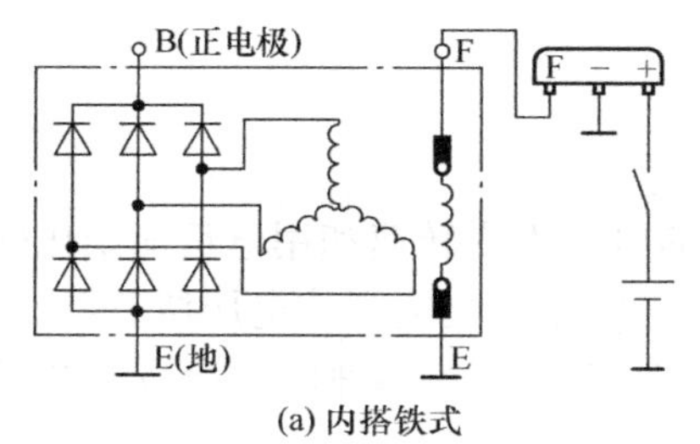

(a) 内搭铁式

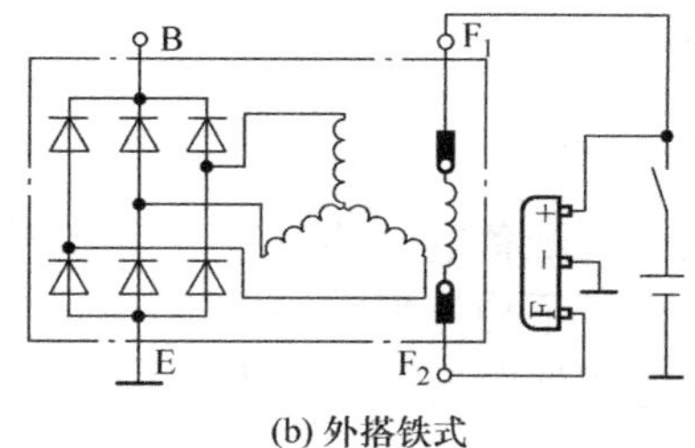

(b) 外搭铁式

图 4－1－4　发电机励磁电流控制形式

2. 定子

定子是产生和输出交流电的部件,又叫电枢,由定子铁芯和定子绕组组成。定子槽内置有三相对称绕组,三相绕组大多数采用 Y 形(星形)连接,也有的采用三角形连接。

定子绕组应遵循的原则:每相绕组的线圈个数、每个线圈的匝数和每个线圈的节距都必须完全相等;三相绕组的起端 A、B、C(或末端 X、Y、Z)在定子槽内的排列必须相隔 120°。

3. 整流器

交流发电机的整流器大多由 6 只硅二极管组成,如图 4－1－5 所示。外壳为正极、中心引线为负极的二极管,称为负极管,管壳底上注有黑色标记;外壳为负极、中心引线为正极的二极管,称为正极管,管壳底上注有红色标记。安装有 3 只正极管的整流板(装在外侧)称为正整流板;安装有 3 只负极管的整流板(装在内侧)称为负整流板。

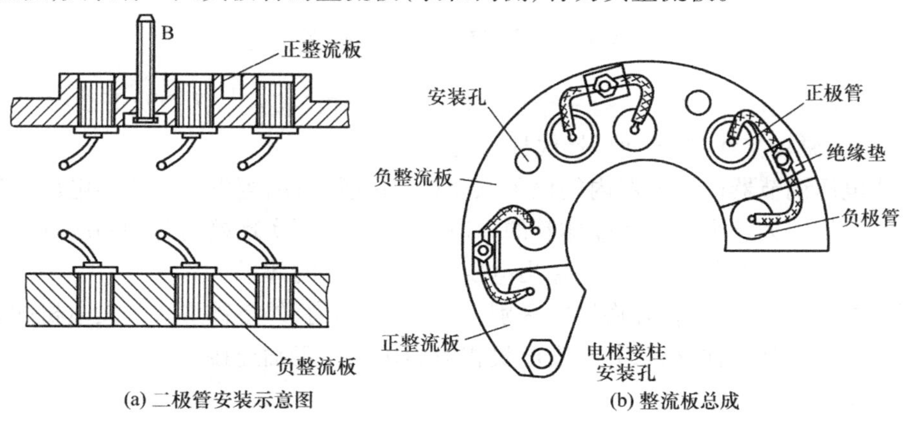

(a) 二极管安装示意图　　(b) 整流板总成

图 4－1－5　整流板及二极管的安装

4. 电刷与电刷架

电刷的作用是通过转子上的集电环给磁场绕组提供励磁电流。电刷装在电刷架内,通过弹簧与集电环(滑环)紧密接触,如图4－1－6所示。根据发电机的结构类型,电刷架按其安装位置分为内装式和外装式两种。外装式电刷架安装在发电机的后端盖上,便于电刷的维护与更换;内装式电刷架与整流器安装在一起,维护或更换电刷时,需将发电机后端盖上

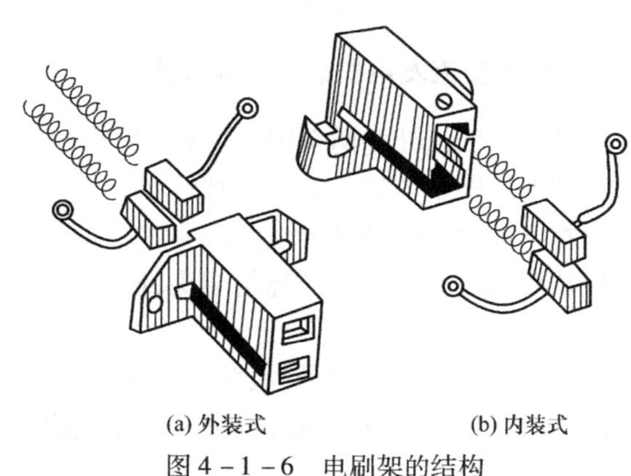
(a) 外装式　　(b) 内装式

图 4－1－6　电刷架的结构

的防护罩拆下。

二、电压调节器

发电机必须配备电压调节器，保证其输出端的电压不受转速和用电负荷变化的影响，使其输出端的电压平均值恒定，满足用电设备的需要，常用的是电子式电压调节器。

电子式电压调节器一般是由 2 ~4 个三极管、1 ~2 个稳压管和一些电阻、电容、二极管等组成，如图 4 －1 －7 所示。

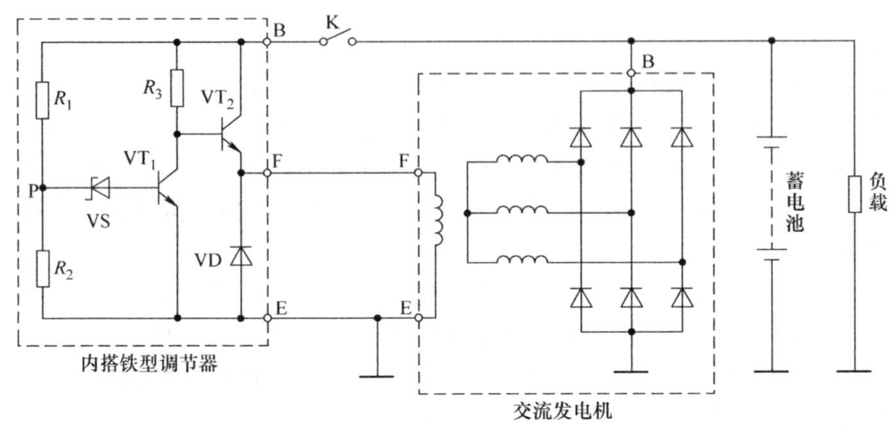

图 4 －1 －7　电子式电压调节器

电子式电压调节器的外壳上有三个接线柱：B（正电极）接线柱为点火开关接线柱；F（励磁端）接线柱为磁场接线柱；E（地）接线柱为搭铁接线柱。

电子式电压调节器以调节器内的稳压二极管为敏感元件，当发电机输出电压变化时，通过稳压二极管控制大功率开关型晶体管的导通与截止，从而实现接通与切断励磁电路，并改变励磁电流平均值，达到调节发电机输出电压平均值恒定的效果。

电子式电压调节器有内、外搭铁的区别，需与相应的内、外搭铁形式的发电机配套使用。使用前一定要判断其搭铁形式，并与发电机相应的接线柱正确连接。

【任务实施】

交流发电机的拆解、检测和装配。

一、硅整流交流发电机的拆解及清洗

（1）拧下电刷组件的两个固定螺钉，取下电刷组件。

（2）拧下后轴承盖的三个固定螺钉，取下后轴承防尘盖，再拧下后轴承处的紧固螺母。

（3）拧下前、后端盖的连接螺栓，分别轻敲前、后端盖，使前、后端盖分离。

（4）从后端盖上拆下定子绕组端头，使定子总成与后端盖分离。

（5）拆下整流器总成。

（6）拆下皮带轮固定螺母，从转子上取下皮带轮、半圆键、风扇和前端盖。

（7）用布或棉纱蘸适量清洗剂擦洗转子绕组、定子绕组、电刷及其他机件。

二、硅整流交流发电机的检修

1. 转子检修

1）转子绕组检修

（1）如图4－1－8所示，用万用表$R\times1$挡检测两集电环之间的电阻，阻值应与标准相符。若阻值为"∞"，说明断路；若阻值过小，说明短路。

（2）如图4－1－9所示，用万用表电阻最大挡检测集电环与铁芯（或转子轴）之间的电阻，应为"∞"，否则为集电环搭铁。

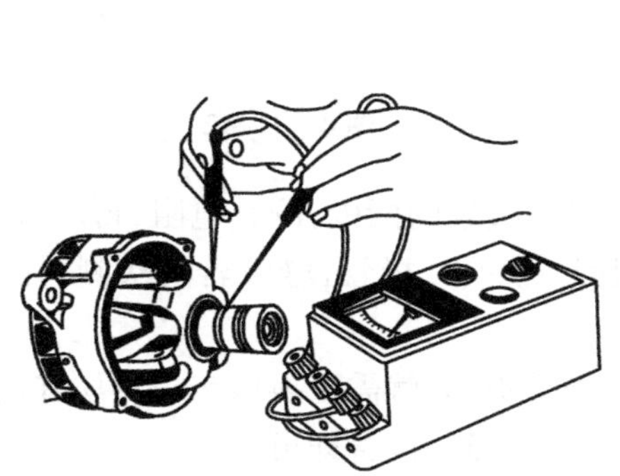

图4－1－8　检测两集电环之间的电阻

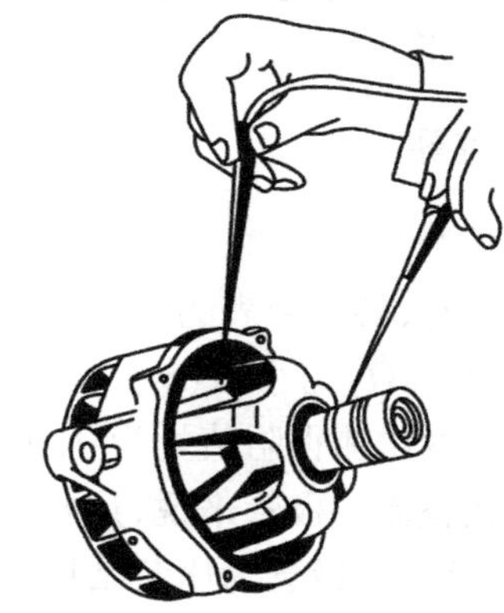

图4－1－9　检测集电环与铁芯之间的电阻

（3）断路应焊修或更换转子总成，短路和搭铁应更换转子总成。

2）集电环检修

（1）集电环表面应平整光滑，若有轻微烧蚀，用"00"号砂布打磨；若烧蚀严重，应在车床上精车加工。

（2）用直尺测量集电环的厚度，应与规定相符，否则应更换。

（3）用千分尺测量集电环的圆柱度，应与规定相符，否则应精车加工。

3）转子轴检修

如图4－1－10所示，用百分表测量转子轴的摆差，摆差值应与规定相符，否则应校正。

2. 定子检修

1）定子绕组短路检修

通过实验台架检测发电机的输出功率或通过示波器测其输出电压波形，进而进行判断。各种故障的输出电压波形如图4－1－11所示。若发现短路，应更换定子绕组或定子总成。

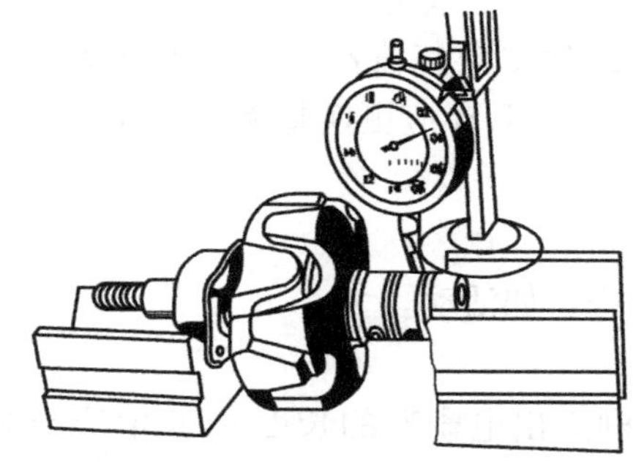

图4－1－10　测量转子轴的摆差

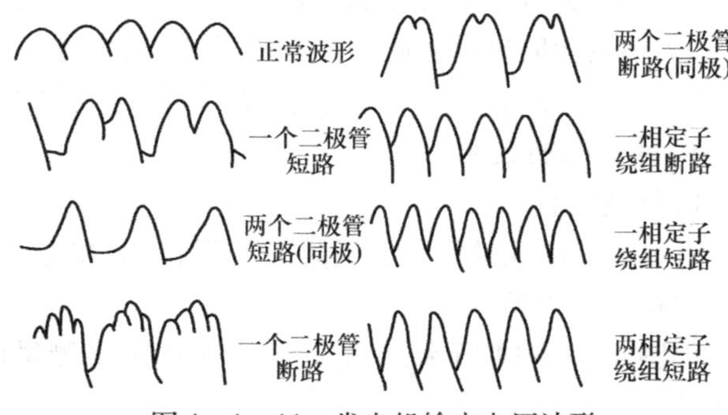

图4－1－11　发电机输出电压波形

2)定子绕组断路检修

如图4-1-12所示,用万用表$R \times 1$挡检测定子绕组的三个接线端,两两检测,阻值应小于1 Ω,若阻值为∞,说明断路。断路故障可用35 W、220 V的电烙铁焊接修复,若不能修复,应更换定子绕组或定子总成。

3)定子绕组搭铁检修

用万用表电阻最大挡检测定子绕组接线端与定子铁芯间的电阻,应为∞,否则说明有绕组搭铁故障。如发现绕组搭铁故障,应更换定子绕组或定子总成。

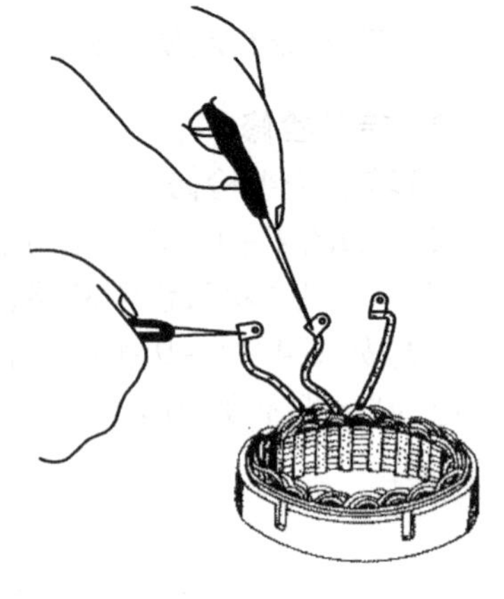

图4-1-12 定子绕组断路检测

3. 检查整流器

1)二极管检测

检测二极管时,将万用表的两个表笔分别接于二极管的两极,测其电阻,再反接测一次。若电阻值大值(10 kΩ)与小值(8~10 Ω)差异很大,说明二极管良好;若两次测得阻值均为∞,则为断路;若两次测得阻值均为0,则为短路。

对于焊接式整流二极管来说,只要有一只二极管损坏,就需更换该二极管所在的正或负整流板总成;若整流二极管为压装结构,则只需更换故障二极管即可。

2)二极管的极性判别

常用的万用表有机械式和电子式两种。基于机械式万用表的检测方法:将万用表的正极表笔(红色)接二极管引出极,负极表笔(黑色)接二极管的另一极,测其电阻。若阻值大于10 kΩ,则该二极管为正极管;若阻值为8~10 Ω,则该二极管为负极管。

3)整体式整流器的检查

整体式交流发电机,如图4-1-13所示。当检测其负极管时,先将万用表($R \times 1$挡)的正极表笔接E端,将负极表笔分别接P_1、P_2、P_3、P_4点,万用表均应显示导通。如不通,说明该负极管断路,应更换整流器总成。再调换两表笔检测,万用表应显示不导通,如导通,说明该负极管短路,亦应更换整流器总成。

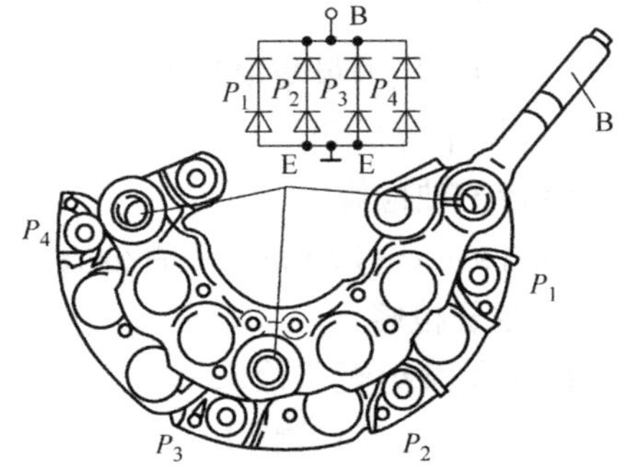

图4-1-13 整体式交流发电机原理

当检测正极管时,先将万用表的正极表笔接整流器端子B;负极表笔分别接P_1、P_2、P_3、P_4点进行检测,万用表均应显示导通。如不通,说明该正极管断路,应更换整流器总成。再调换两表笔检测,此时万用表应显示不导通,如导通,说明该正极管短路,亦应更换整流器总成。

4. 检查电刷组件

1)外观检查

电刷表面应无油污、无破损、无变形,且能在电刷架中自如活动。

2)电刷长度测量

如图4-1-14所示,用游标卡尺或钢板尺测量电刷露出电刷架的长度d,其值应与规定相符。

3)弹簧压力测量

如图 4－1－15 所示,用秤检测电刷弹簧的压力,其值应与规定相符。

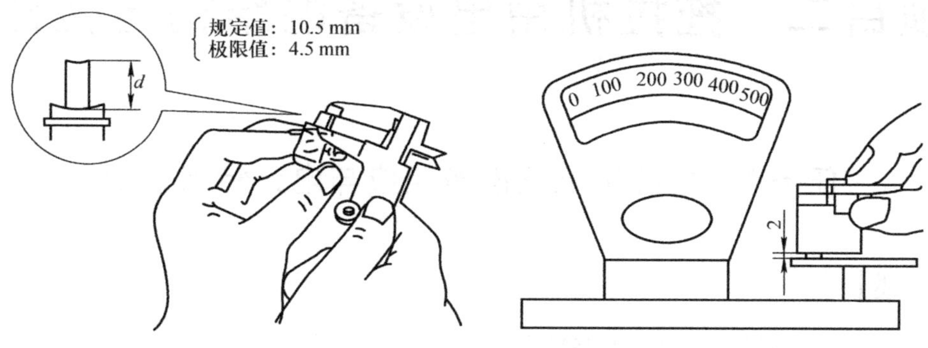

图 4－1－14　电刷长度测量　　　图 4－1－15　电刷弹簧压力测量

5. 其他零件检查

检查发电机各接线柱的绝缘情况,如发现搭铁故障,应拆检;检查轴承的轴向和径向间隙,其值均应不大于 0.20 mm;检查轴承情况,滚珠、滚道应无斑点,轴承无转动异响;检查前后端盖、皮带轮等,应无裂损且绝缘垫完好。

三、硅整流交流发电机的装复

向轴承中填充 2/3 的润滑脂,再按拆解的反顺序装复。

(1)将前端盖、风扇、半圆键和传动带轮依次装到转子轴上,并用螺母紧固。

(2)将整流板、定子绕组依次装入后端盖。

(3)将两端盖装合在一起,并拧紧连接螺栓。

(4)拧紧后端盖上的轴承紧固螺母,装好轴承盖。

(5)安装电刷组件。

(6)装复后,转动传动带轮,转子应转动平顺,无摩擦及碰击声。

项目二　拖拉机用电设备的结构与检修

任务1　拖拉机电气设备组成与电路特点认知

【任务描述】

了解拖拉机电气设备组成与电路特点。

【任务目标】

(1)熟悉拖拉机电气设备的组成和功能。

(2)正确识别拖拉机电气设备。

【任务所需设备、工具和材料】

(1)大、中型拖拉机电气设备教具。

(2)与本任务相关的图片、视频。

(3)与本任务相关的其他教学资料。

【任务相关知识】

一、拖拉机电气设备

拖拉机电气设备主要由电源系统、用电设备和配电装置三部分组成。

1. 电源系统

拖拉机电源系统由蓄电池、发电机及电压调节器组成。蓄电池在发动机起动时为起动机供电,在起动后储存发电机发出的多余电能,且当拖拉机上用电需求较大时,协助发电机向外供电。发电机是拖拉机的主要电源,其作用是在拖拉机运行中向用电设备供电,并向蓄电池充电。发电机必须配备电压调节器,以使其输出电压在某一允许的范围之内保持稳定。

2. 用电设备

拖拉机用电设备主要由以下几部分组成。

1)起动系统

起动系统主要由起动机、起动继电器和起动开关组成,其功用是将电能转变为机械能带动发动机运转、起动发动机。起动系统在完成起动后应立即停止工作。

2)照明装置

照明装置主要由前照灯、后照灯、灯光总开关等组成,其功用是确保拖拉机在夜间或驾驶员视线不良时能正常工作。

3）信号装置

常见的信号装置有转向信号灯、制动信号灯、电喇叭等，其功用是确保拖拉机在各种运行条件下的人机安全。

4）仪表装置

仪表装置主要由电流表、机油压力表、冷却液温度表、燃油表、车速里程表等组成，其功用是指示发动机与拖拉机的工作情况，显示拖拉机的运行参数，提高拖拉机行驶的安全性、经济性。

5）刮水装置

刮水装置主要由电动机、减速机构、自动复位器、刮水器开关和联动机构及刮片组成，其功用是及时刮去挡风玻璃上的雨滴、雾气和灰尘，保证驾驶员有良好的视线。

6）空调系统

空调系统主要由采暖系统、制冷系统和通风换气系统组成，其功用是调整驾驶室内的温度、湿度、清洁度，给驾驶员提供舒适的驾驶环境。

7）其他电气设备

其他电气设备主要包括音响设备、高压共轨柴油机、提升器、传动系统、悬浮式前桥的电子控制系统等。

3. 配电装置

拖拉机的配电装置由导线、开关、保险装置和继电器等组成。

1）导线

拖拉机常用的导线一般为铜质多丝软线，其截面面积主要根据用电设备的工作电流进行选择。为保证导线的机械强度，电气系统中所用导线的截面面积一般不小于 0.5 mm^2。为了便于识别、安装、检修，拖拉机采用的低压导线以不同颜色标记，并在总线电路图中用英文字母代号表示。

2）开关

拖拉机电路中常见的开关有点火开关、推拉式开关和板柄式开关。点火开关是各条电路的控制枢纽，是一个多挡、多接线柱、旋转式开关，其主要功用是接通点火线圈和其他电汽电路，如通电挡（ON 或 IG）、起动挡（ST 或 START）、预热挡（HEAT）、附件挡（ACC，用于接通电动刮水器）。推拉式开关常用于控制灯光，其常见形式有一挡式、二挡式、三挡式。通常用于控制灯光的推拉式开关还带有玻璃管式熔断器。板柄式开关常用于控制转向信号灯，其下端盖有三个接线柱，中间接线柱接电源，两侧接线柱接左、右两侧的转向灯。

3）保险装置

保险装置的功用是防止电路中的电流过大时烧坏用电设备，或防止电源因过载而损坏。常用的保险装置有熔断器（丝）和双金属电路断电器。

（1）熔断器（丝）的常见形式有插片式、玻璃管式和熔丝式三种。熔断器（丝）一般集中安装于熔断器（丝）盒内。当电流超过允许值时，熔断器（丝）会自身熔断，以保护设备。熔断器（丝）为一次性用品，一旦损坏，需要换相同规格的新品。

（2）双金属电路断电器是利用双金属片受热弯曲变形的特点工作的，当负载电流超过限定值时，双金属片受热变形，使触点分开，切断电路。双金属电路断电器按其能否自动复位，分为一次作用式和多次作用式两种。

4)继电器

继电器可实现自动接通或切断一对或多对触点,实现小电流控制大电流,减小通过控制开关的电流,有效保护控制开关,延长其使用寿命。例如,拖拉机上有喇叭继电器、起动继电器,以及用于转向信号灯的闪光继电器等。

二、拖拉机电路的特点

(1)采用低压(12 V)直流电。

(2)拖拉机的电气线路都是按"单线制"连接的。所谓"单线制",就是各用电器的一端与电源一个极连接,另一端通过机体与电源另一极连接,通常把电极与机体连接的方式称为"搭铁"。负极搭铁就是拖拉机电路中的"正常搭铁"。但是,发电机与电压调节器之间、双线电喇叭等仍然采用双线制连接方式,以提高其灵敏度。

(3)负极搭铁,同一台拖拉机上的所有电气设备的搭铁极性是一致的。

(4)电源设备(蓄电池、发电机)与用电设备之间采用并联连接。

(5)整车电路由几个相对独立的分支电路组成,它们包括电源电路、起动电路、照明与信号电路、仪表与显示电路、辅助装置电路等。

【任务实施】

观察拖拉机电气设备的组成,描述其名称和功用,填写表 4-2-1。

表 4-2-1　拖拉机电气设备组成

电气设备	组成名称	功用
电源系统		
用电设备		
配电装置		

任务2　起动机检修

【任务描述】

针对拖拉机出现的起动机不运转问题，进行起动机检修。

【任务目标】

（1）掌握起动机的拆解、检测及装配步骤。

（2）熟练掌握起动机不工作故障的诊断方法。

（3）遵守安全规章，确保不发生人身意外伤害；按照安全规范、操作规范进行操作；完成教学任务，并保证维修质量。

【任务所需设备、工具和材料】

（1）梅花、平口起子各一把，常用工具，弹簧秤。

（2）QD1211 型起动机，有关挂图。

（3）起动机、拖拉机维修手册、维修资料光盘、学习软件等。

【任务相关知识】

一、起动系

大、中型拖拉机的发动机多通过起动机起动。起动系统主要由起动机、蓄电池、导线、起动开关和起动机继电器等组成，如图 4－2－1 所示。

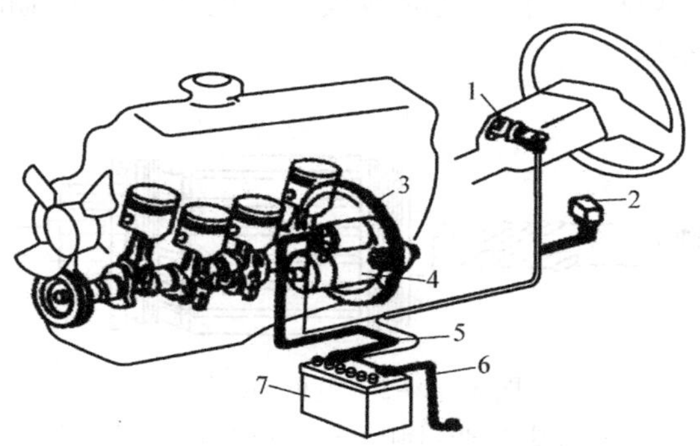

图 4－2－1　起动系的组成

1—起动开关；2—起动机继电器；3—飞轮；4—起动机；5—起动机导线；6—搭铁导线；7—蓄电池

二、起动机

起动机一般由串励式直流电动机、传动机构和操纵机构三部分组成，如图 4－2－2 所示。

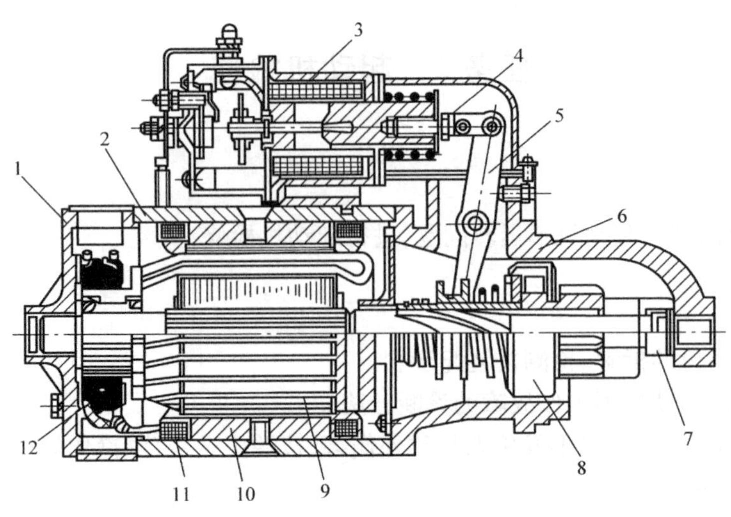

图 4－2－2　起动机的结构

1—前端盖；2—机壳；3—电磁开关；4—调整螺母；5—拨叉；6—后端盖；
7—限位螺母；8—单向离合器；9—电枢；10—磁极；11—磁场绕组；12—电刷

1. 串励式直流电动机

串励式直流电动机的作用是将蓄电池的电能转换为机械能，产生电磁转矩。串励式直流电动机由电枢、磁极、电刷和壳体等部件构成。

1）电枢

电枢是直流电动机的旋转部分，主要由电枢轴、换向器、电枢铁芯、电枢绕组等部分组成，如图 4－2－3 所示。换向器由铜质换向片和云母片叠压而成，且云母片的高度略低于铜质换向片 0.5 mm。换向电枢绕组各线圈的端头均焊接在换向器片上，通过换向器和电刷将来自蓄电池的电流传递给电枢绕组，并适时地改变电枢绕组中电流的流向。电枢绕组一般采用较粗的矩形裸铜线绕制而成。

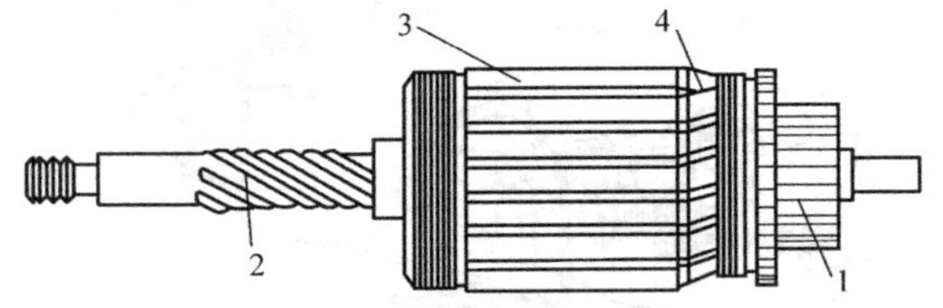

图 4－2－3　电枢的结构

1—换向器；2—电枢轴；3—电枢铁芯；4—电枢绕组

2）磁极

磁极用来产生电动机运转所必需的磁场，主要由铁芯、磁场绕组和外壳组成，如图 4－2－4所示。4 个磁场绕组可互相串联后再与电枢绕组串联；也可两两串联后并联，再与电枢绕组串联。

3）电刷

电刷置于电刷架中，2 个正电刷与励磁绕组的末端相连，2 个负电刷通过负极刷架搭铁。电刷由铜粉与石墨粉压制而成，呈棕红色。电刷架上装有弹性较好的盘形弹簧。电刷架一般为框式结构，其中正极电刷架与端盖绝缘，负极电刷架通过机壳直接搭铁。

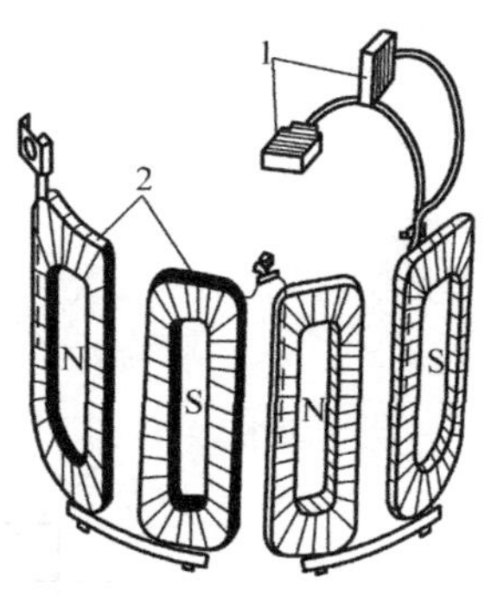

图 4－2－4　磁极和电刷

1—电刷；2—磁场绕组

2. 传动机构

传动机构主要由单向离合器、电枢轴的螺旋部分和驱动齿轮等组成。单向离合器主要由十字块、滚柱、压帽、弹簧、驱动齿轮等组成，如图 4－2－5 所示。

发动机起动时，拨叉将单向离合器沿电枢花键轴推出，驱动齿轮啮入发动机飞轮齿圈。十字块处于主动状态，其随电动机电枢一起旋转，促使 4 个滚柱进入楔形槽的窄端，将十字块与外壳挤紧，于是电动机电枢的转矩就可由十字块经滚柱、外壳传给驱动齿轮，驱动发动机飞轮齿圈旋转，带动发动机运转。

发动机起动后，飞轮齿圈的转速高于驱动齿轮，十字块处于被动状态，外壳与滚柱的摩擦力使滚柱进入楔形槽的宽端而自由滚动，只有驱动齿轮及外壳随飞轮齿圈高速旋转，而起动机空转（起动电路并未及时断开）。这种单向离合器的打滑功能，可以防止电枢超速飞散的危险。

发动机起动完毕，由于拨叉回位弹簧的作用，拨叉经拨环使单向离合器退回，驱动齿轮完全脱离飞轮齿圈。

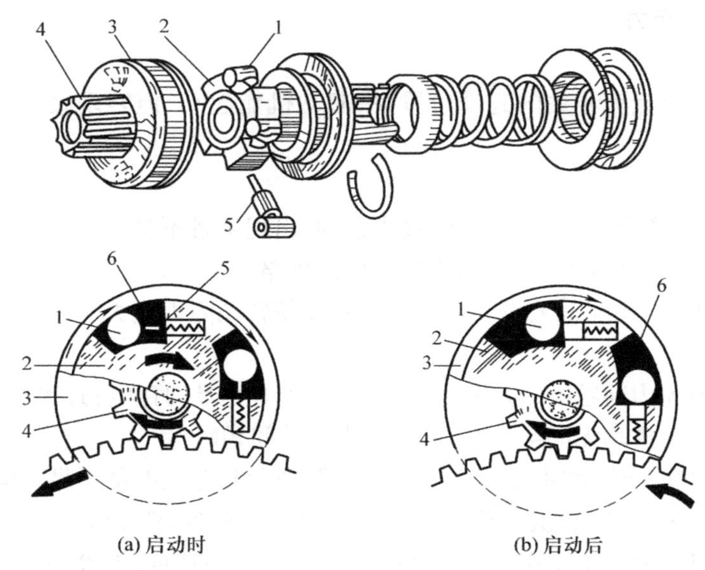

图 4－2－5　滚柱式单向离合器的结构

1—滚柱；2—十字块；3—外壳；4—驱动齿轮；5—压帽与弹簧；6—楔形槽

3. 操纵机构

操纵机构的作用是通过控制起动电磁开关及杠杆机构，实现起动机传动机构与飞轮齿圈的啮合与分离，并接通和断开电动机与蓄电池之间的电路。它主要由电磁开关、拨叉、操纵元件和回位弹簧等组成，如图 4－2－6 所示。

起动机工作时，直流电动机受电磁开关的控制。如果电磁开关直接受点火开关的控制，

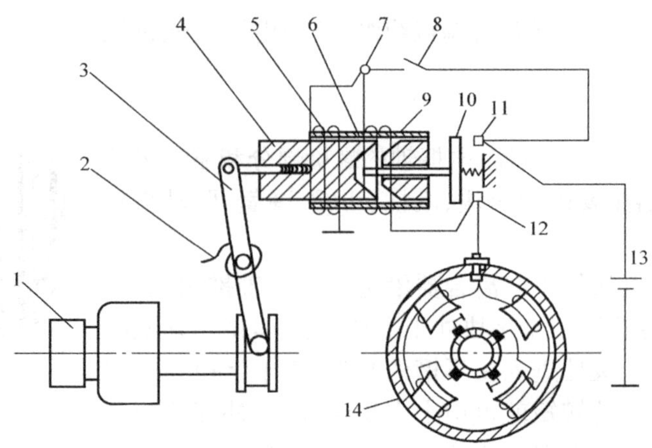

图 4-2-6 操纵机构

1—驱动齿轮；2—回位弹簧；3—拨叉；4—活动铁芯；5—保持线圈；6—吸引线圈；7—电磁开关接线；8—起动开关；9—铁芯套筒；10—接触盘；11、12—接线柱；13—蓄电池；14—电动机

则称为直接控制式电磁开关；如果在电磁开关的控制回路中加入继电器控制回路，则称为带起动机继电器式电磁开关。

三、起动机常见故障的诊断与排除

1. 起动机运转无力

1）故障现象

将点火钥匙旋至点火开关的起动位置时，起动机能起动，但转动缓慢、无力，带不动发动机。

2）故障原因

（1）蓄电池存电不足；起动电路导线接头松动，出现接触不良。

（2）电刷与换向器接触不良，电动机绕组局部短路。

（3）起动机轴转动不灵活或发动机装配过紧而使转动阻力过大。

3）故障诊断

在起动机出现无力问题时，首先检查蓄电池是否有充足的存电；其次检查线路中有无接触不良部位。如果上述均无问题，则是起动机本身的问题。

在起动前开大灯，当起动时大灯灯光骤然变暗，则为蓄电池电量不足。检验时，用试灯直接接在蓄电池正、负极柱上，再次起动，如果此时试灯亮度骤然变暗，则为蓄电池电量不足。

电路接触不良一般是由于接触点与连接点松动或锈蚀造成的，使电路之间产生较大的接触电阻。起动时，起动电流通过接触电阻产生较大的电压降，使实际加在起动机上的电压远远低于额定值，导致起动机转速低、运转无力。该问题可用测量电压的方法进行判断。在起动时，测量一下起动机主开关电源接柱与发动机壳体间的电压，再测一下蓄电池正、负极柱间的端电压，正常时两者应相等。如果第二次测量时前者比后者低很多，说明电路中存在较大的接触电阻。假如身边无电压表，也可用试灯并按如上方法进行两次检查，正常时试灯亮度应无变化。一般此故障多发生于搭铁支路上，为使电路工作可靠，最好将蓄电池搭铁线直接接在发动机壳体上；此外，在蓄电池极柱上形成的结晶物也会使极柱与导线间产生较大的接触电阻。

起动时，测量起动机主开关电源接柱与发动机壳体间的电压，如果电压在10 V左右，起动机转速低、运转无力，则表明起动机内部有故障。

2. 起动机空转

1）故障现象

接通点火开关后，起动机只是高速空转，而不能带动发动机运转。

2）故障原因

（1）单向离合器打滑或损坏。

（2）拨叉变形或拨叉联动机构松脱。

（3）起动机驱动齿轮与发动机齿环行程调整不当，或驱动轮不能自由滑动。

3）故障诊断

起动机空转时的转速很高，可听到“嗡嗡”的高速旋转声，一般为单向离合器打滑或损坏。可先用手正、反向转动驱动齿轮，若均能转动，则证明是单向离合器失效。为了进一步确认，可检查单向离合器的锁止力矩。滚柱式单向离合器打滑，多因楔形槽和滚柱磨损过大。弹簧式单向离合器打滑，多因弹簧折断或弹簧首末圈的紧缩量消除。摩擦片式单向离合器打滑，原因一般为外接合鼓定位卡簧脱落，使摩擦片与接合鼓脱开；花键套前端的特殊螺母松动；弹簧圈破裂；从动片表面磨损，减小了与主动片接合的摩擦力；飞轮将变速器或曲轴箱窜入的机油甩入摩擦片间等。

若起动时伴有撞击声，应检查：拨叉的联动机构是否松脱；起动机固定螺丝是否松动；驱动齿轮的行程是否合适。

3. 起动机运转不停

1）故障现象

当发动机起动后，关闭点火开关，起动机仍然不能停止运转，并发出尖叫声。

2）故障原因

（1）单向离合器卡死。

（2）起动机驱动齿轮缓冲弹簧复位力过小或折断。

（3）起动机继电器触点或电磁开关触点烧结焊死。

3）故障诊断

出现这种故障应立即切断电源，否则会损坏起动机。在断电熄火后，先检查起动机继电器触点和电磁开关触点是否烧结焊死，以排除电路不能断开的故障；再检查单向离合器是否卡死、缓冲弹簧是否折断或过软等机械故障，这类故障会使驱动齿轮不能退出啮合位置而被飞轮反拖。

4. 起动机异响

1）故障现象

起动机在起动瞬间出现异常的撞击声。

2）故障原因

（1）齿顶缺损，不能正常啮合。

（2）起动机安装不当，齿侧间隙过小。

（3）缓冲弹簧过软或折断。

3）故障诊断

按下起动机开关有撞击声，则说明起动机驱动小齿轮啮入困难。这时用手摇把将曲轴转一个角度，再按下起动机开关。如果此时撞击声消失并能起动发动机，则为飞轮齿圈部分齿轮啮入端打坏；若曲轴转过任何角度，撞击声仍会出现，驱动小齿轮始终不能啮入，则就有可能是起动机拨叉行程或电磁开关行程过短，导致驱动小齿轮尚未啮入即开始高速旋转。此外，起动机固定螺栓或离合器固定螺栓松动，也可导致出现撞击声。鉴别该故障时，可在接通起动机开关时观察起动机壳体是否抖动。

起动机在起动时经常发生金属摩擦声和撞击声，容易被认为是起动机驱动齿轮与飞轮发出的，易将这两种声音误判为是打齿。起动机打滑时发出的金属摩擦声与打齿撞击声很相似，如没有实际诊断经验，很难准确地做出判断。现将起动机打滑声和打齿声的判别方法介绍如下。

（1）冷车时，起动机驱动小齿轮发生打滑的次数较多，特别是在冬季；而热车时，很少发生或不发生。而打齿无论是热车和冷车时均会发生，但有时稍转动发动机的曲轴，此现象会暂时消失。

（2）在起动机起动的一瞬间，若起动机打滑，则水泵风扇叶片会出现微动现象，而打齿则无此现象。

（3）起动机打滑时，只有起动机旋转发出驱动齿轮离合器的金属摩擦声，声音虽响但不强烈，而打齿时发出的金属摩擦声，既响又强烈。

（4）从车上拆下起动机检查时，会发现打滑的齿轮齿牙前端边缘没有金属磨损痕迹；而打齿的齿轮齿牙和飞轮牙的前端边缘都有明显的金属磨损痕迹。

【任务实施】

1. 起动机的拆卸

（1）旋出防尘盖固定螺钉，取下防尘盖，用专用钢丝钩取出电刷；拆下电枢轴上止推圈处的弹簧。

（2）用扳手旋出两紧固穿心螺栓，取下前端盖，抽出电枢。

（3）拆下电磁开关主接线柱与电动机接线柱间的导电片；旋出后端盖上的电磁开关紧固螺钉，使电磁开关后端盖与中间壳体分离。

（4）从后端盖上旋下中间支承板紧固螺钉，取下中间支承板，旋出拨叉轴销钉，抽出拨叉，取出离合器。

（5）将已解体的机械部分浸入清洗液中清洗，电气部分用棉纱醮少量汽油擦拭干净。有必要时，可分解电磁开关，其步骤：①拆下电磁开关前端盖固定螺钉，取下前端盖；②取下接触盘锁片、触盘、弹簧，抽出引铁；③取下固定铁芯卡簧及固定铁芯，抽出铜套及吸引和保持线圈。

2. 观察

仔细观察各组成部分的结构，注意它们之间的装配关系。

3. 起动机主要部件的检修与维护

1）直流发电机的检修

（1）定子（磁场部分）的检查。用万用表测量磁场绕组的电阻，如图 4－2－7 和

图4－2－8所示。若电阻与图中所示不符，说明磁场绕组有故障。

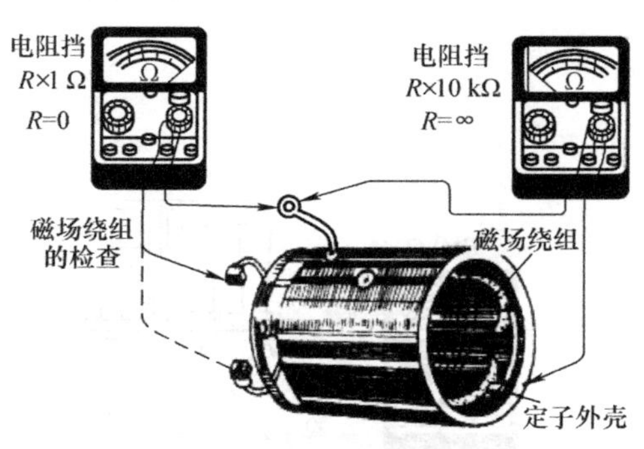

图4－2－7 磁场绕组及其外壳的检查

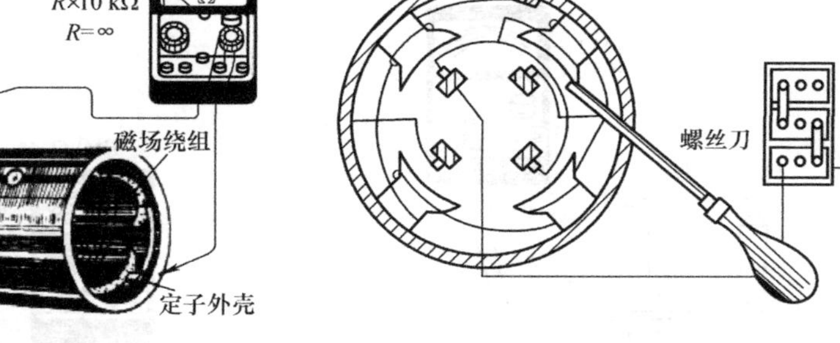

图4－2－8 磁场绕组有无匝间短路的检查

（2）转子（电枢部分）的检查。用万用表检查转子绕组与转子轴之间的电阻，检查转子绕组的电阻，电阻值应符合要求。

（3）电刷架及电刷弹簧的检查。

2）传动机构的检修

（1）单向离合器总成的安装与检查，如图4－2－9所示。将单向离合器及驱动齿轮的总成装到电枢轴上，握住电枢，当转动单向离合器外座圈时，驱动齿轮总成应能沿电枢轴自如滑动。在确保驱动齿轮无损坏的情况下，握住外座圈，正向转动驱动齿轮，应能自由转动；反转时，则不应转动，否则就有故障，则应更换单向离合器。

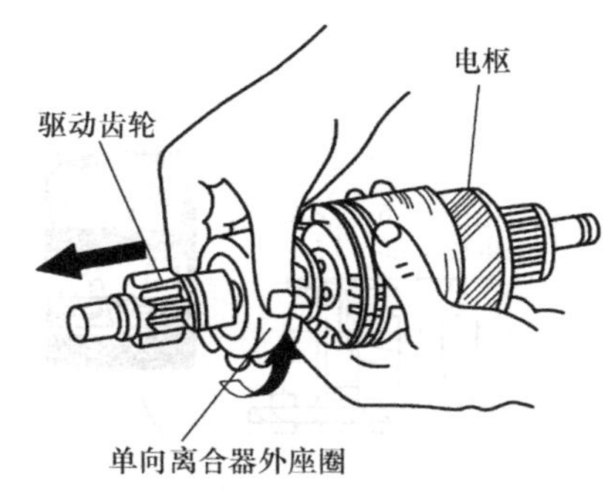

图4－2－9 单向离合器总成的安装与检查

（2）驱动齿轮极限位置的调整，如图4－2－10所示。将驱动齿轮推到离电枢最远的位置上，检查驱动齿轮与驱动端盖内端面的间隙，该间隙应为0.3～2.5 mm。若达不到，则应调整电磁开关的滑动阀上的调整螺母或增减电磁开关与驱动端盖之间的垫圈。

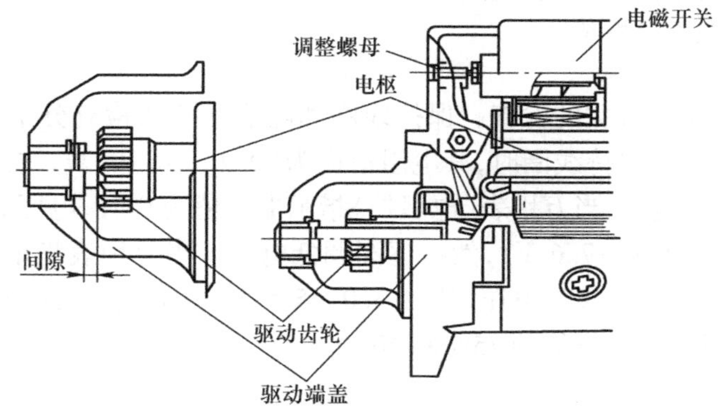

图4－2－10 驱动齿轮极限位置的调整

3）控制装置的检修

(1)起动继电器的检查,如图 4 -2 -11、图 4 -2 -12 和图 4 -2 -13 所示。

(2)换向器失圆的检查,如图 4 -2 -14 所示。检查时,换向器的失圆(跳动量)不应超过 0. 03 mm。

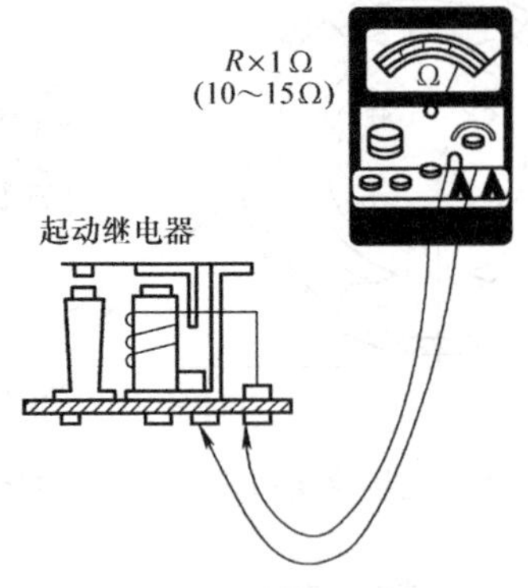

图 4 -2 -11　起动继电器线圈电阻的检查

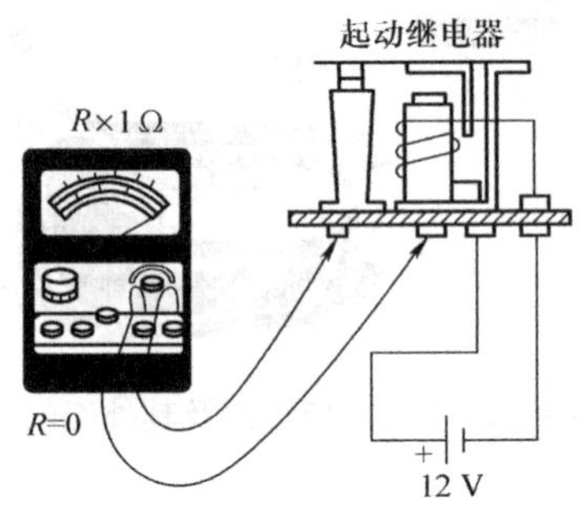

图 4 -2 -12　起动继电器触点电阻的检查

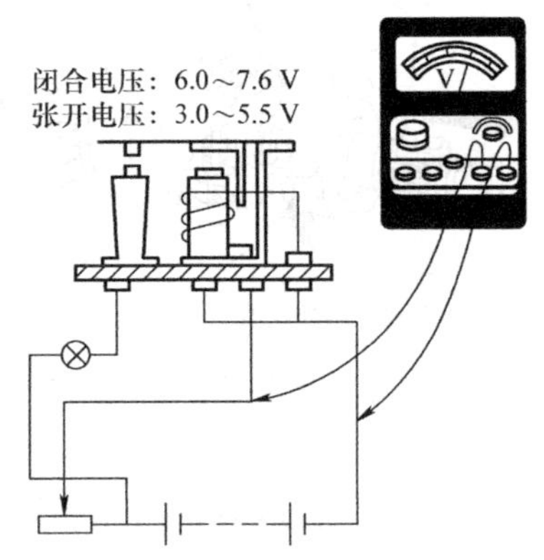

图 4 -2 -13　起动继电器触点闭合电压和张开电压的检查

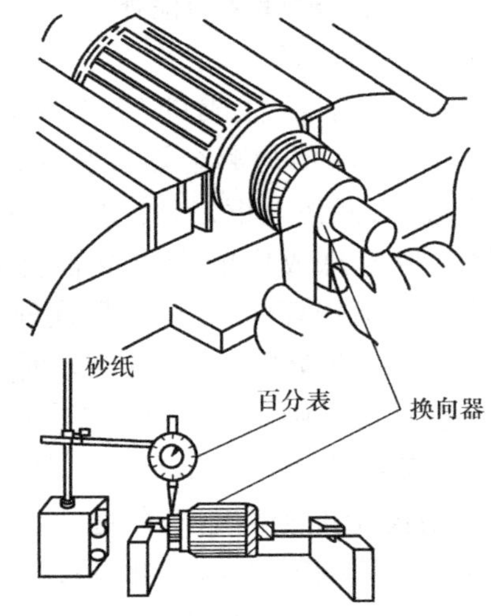

图 4 -2 -14　换向器失圆(跳动)的检查

(3)保持线圈和电磁开关的检查。保持线圈和电磁开关的检查分别如图 4 -2 -15 和图 4 -2 -16 所示。检查保持线圈时,其电阻值应为(0. 97 ±0. 10)Ω。检查电磁开关时,先将开关接通,逐渐调高电压,当万用表(电阻挡)指示电阻值为 0 时,电压表的指示值即为开关的吸合电压(正常为 6. 0 ~7. 6 V),然后逐渐调低电压。当万用表指示的电阻值为∞时,电压表的指示值则为开关的释放电压(应为 3. 0 ~5. 5 V)。电磁开关的吸合电压和释放电压值分别不应大于其额定电压值的 75% 和 40% 。

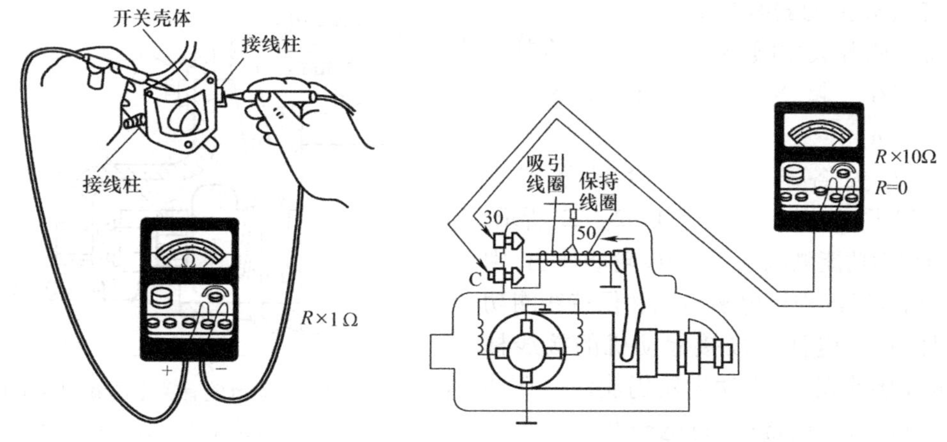

图 4 - 2 - 15　保持线圈电阻的检查　　图 4 - 2 - 16　电动机开关接触电阻的检查

(4)点火线圈(热敏)附加电阻短路开关的检查和急救分别如图 4 - 2 - 17 和图 4 - 2 - 18所示。检查时,如开关接通,指示灯应点亮。

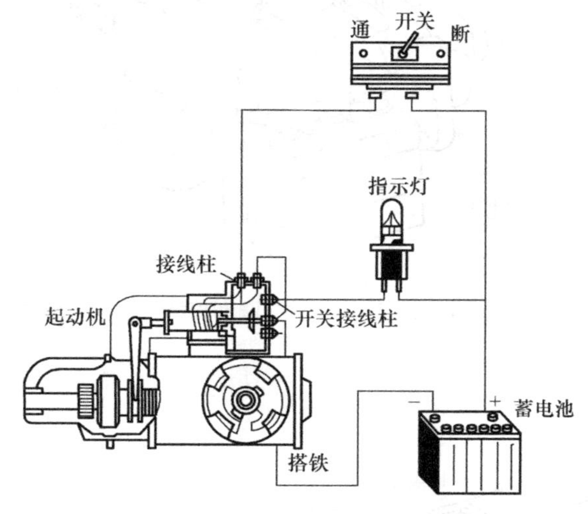

图 4 - 2 - 17　点火线圈(热敏)附加电阻短路开关的检查

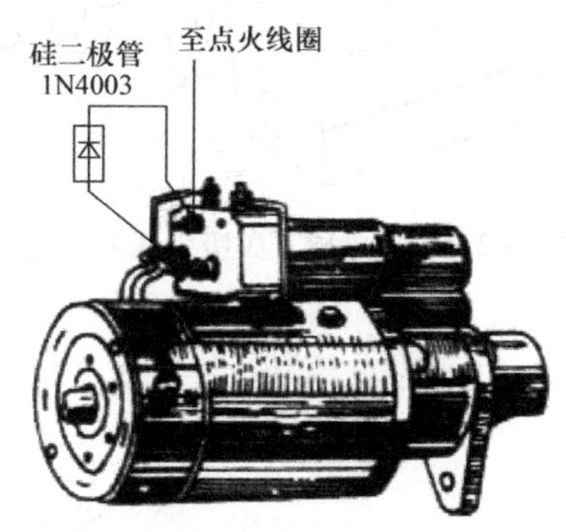

图 4 - 2 - 18　点火线圈(热敏)附加电阻短路开关损坏后的急救

4. 起动机有关间隙的调整

1)驱动齿轮前端面与端盖凸缘间距离的调整

驱动齿轮前端面与端盖凸缘间距离 A 的调整,如图 4 - 2 - 19 所示。如果该距离不符合规定,可利用锁紧螺母 4 和调整(限位)螺钉 5 进行调整。

2)驱动齿轮最前端面(与飞轮啮合时)与挡圈间的间隙调整

驱动齿轮最前端面(与飞轮啮合时)与挡圈间的间隙 B 的调整,如图 4 - 2 - 19 所示。若该间隙不符合规定,可利用固定螺母 1 和连接杆 2 进行调整,直至符合要求为止。

5. 电磁开关的安装与试验

先将电磁开关用倾斜的角度装入，将其滑动组件与拨叉装在一起，然后拧紧螺栓（拧紧力矩为7～8 N·m）。

电磁开关各部件功能检测分别如图4－2－20、图4－2－21和图4－2－22所示。进行吸引线圈功能测试时，驱动齿轮能伸出，则表明其功能正常；进行电磁线圈和保持线圈功能测试时，将蓄电池正极接起动机的接线柱（50），负极接外壳，若驱动齿轮仍能保留在伸出位置，则其功能正常；进行电磁开关铁芯复位功能测试时，拆下蓄电池负极接外壳线夹，齿轮如能迅速返回原始位置，即为正常。

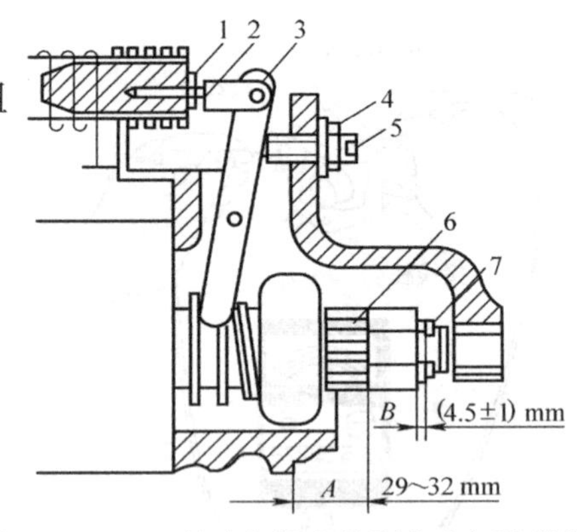

图4－2－19　驱动齿轮有关距离和间隙的调整

1—固定螺母；2—连接杆；3—销钉；4—锁紧螺母；5—调整（限位）螺钉；6—驱动齿轮；7—挡圈

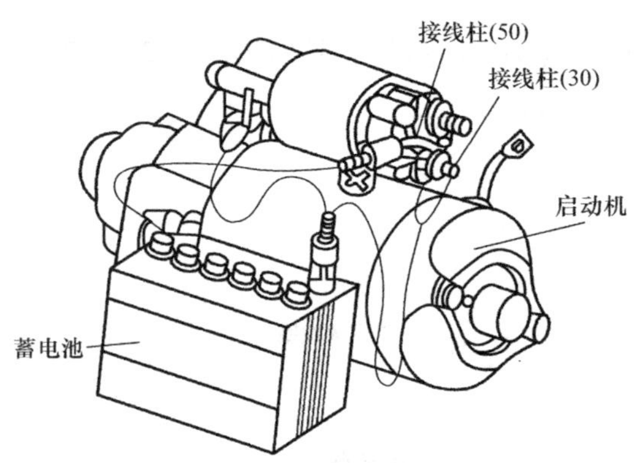

图4－2－20　电磁开关吸引线圈功能测试

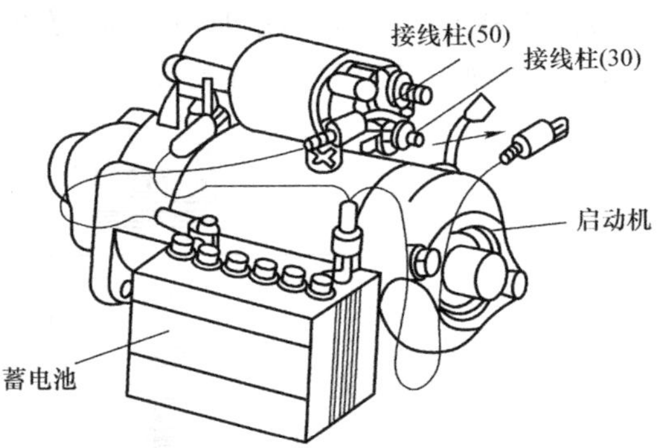

图4－2－21　电磁线圈和保持线圈功能测试

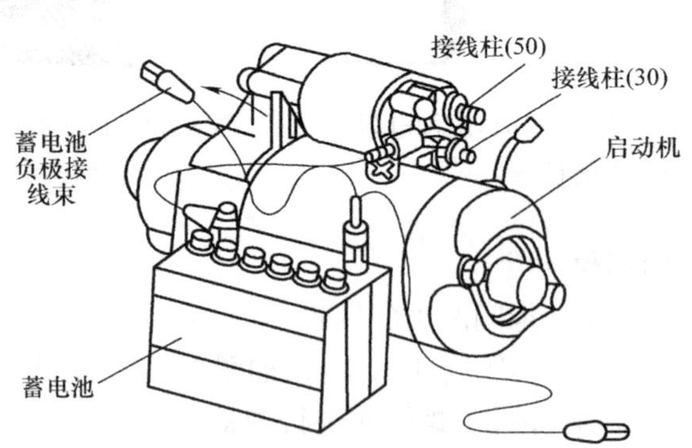

图4－2－22　电磁开关铁芯复位功能测试

任务3　起动电路检修

【任务描述】

进行起动电路常见故障的检修。

【任务目标】

(1)熟悉两种起动电路、三种起动预热装置的组成和工作过程。

(2)学会对起动电路常见故障进行检修。

【任务所需设备、工具和材料】

(1)大中型拖拉机、起动继电器、点火开关。

(2)万用表、常用工具。

(3)与本任务相关的图片、视频。

(4)与本任务相关的其他教学资料。

【任务相关知识】

拖拉机常见的起动系控制电路包括开关控制和起动继电器控制两种。

一、开关控制电路

开关控制电路是由点火开关或起动按钮直接控制起动机,如图4－2－23所示。功率较小的小型拖拉机常用这种形式。

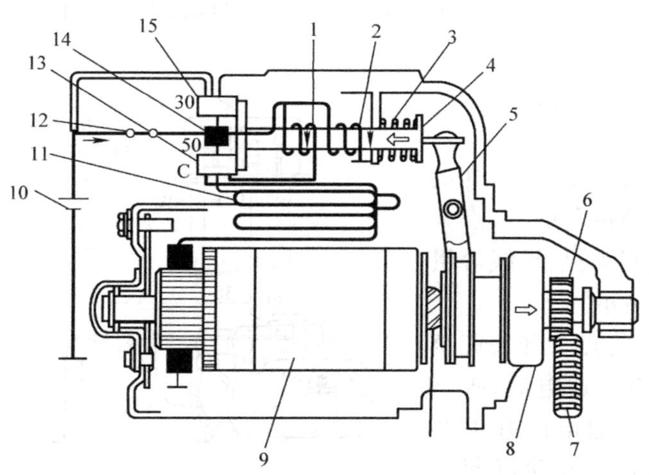

图4－2－23　直接起动式开关控制电路

1—吸引线圈;2—保持线圈;3—复位弹簧;4—活动铁芯;5—拨叉;6—驱动齿轮;7—飞轮齿圈;8—离合器;9—电枢;10—蓄电池;11—励磁线圈;12—点火开关;13—接线柱C;14—接线柱(50);15—接线柱(30)

开关控制电路的工作过程如下。

起动时，将点火开关旋转至起动挡，接通2条电流回路，起动机实现2个动作。

回路1：蓄电池正极→点火开关→接线柱(50)→吸拉线圈→接线柱C→起动机励磁绕组→电枢→搭铁→蓄电池负极。

回路2：蓄电池正极→点火开关→接线柱(50)→保持线圈→搭铁→蓄电池负极。

动作1：流经励磁绕组与电枢绕组中的小电流使起动机缓慢转动，保证驱动轮与飞轮齿圈能顺利啮入。

动作2：磁场铁芯在吸拉线圈与保持线圈所产生的磁场共同作用下向左移动，并同时通过拨叉推动起动机驱动齿轮向右移动，与飞轮齿圈啮合。

磁场铁芯向左移动，致使导电盘接通电磁开关上的接线柱(30)与接线柱C，此时短路了回路1(吸拉线圈的两端均被加上蓄电池的端电压而被短路不工作，磁场铁芯依靠回路2中的保持线圈所产生的磁场，继续保持导电盘将接线柱(30)与接线柱C接通)，并接通了新的回路3，同时产生了新的动作3。

回路3：蓄电池正极→接线柱(30)→导电盘→接线柱C→起动机励磁组→电枢→搭铁→蓄电池负极。

动作3：回路3中流经励磁绕组与电枢绕组中的大电流使起动机产生大转矩，经起动机的传动机构驱动飞轮齿圈使曲轴旋转，用来起动发动机。

发动机起动后，松开点火开关，接线柱(50)断电，由于机械惯性，在松开点火开关的瞬间，导电盘仍将接线柱(30)与接线柱C接通。瞬间构成一个新的回路：蓄电池正极→接线柱(30)→导电盘→吸拉线圈→保持线圈→搭铁→蓄电池负极。此时，吸拉线圈与保持线圈产生相反方向的磁场而使有效磁场大大削弱，磁场铁芯因失去磁场力而在吸拉弹簧的作用下迅速回位，导电盘、接线柱C与接线柱(30)分开，回路3被断开，同时驱动齿轮通过拨叉被拉回位，起动完毕。

在上述3条回路中，将回路1和回路2作为一条回路，即开关电路；而将回路3称为主电路。

二、起动继电器控制电路

大功率拖拉机都采用起动继电器控制电路。该电路由蓄电池、点火开关、起动继电器、起动机、导线等组成，如图4-2-24所示。

起动柴油机时，将点火开关旋至起动挡位，起动继电器通电后，吸下衔铁使触点闭合，接通电磁开关回路，起动机开始工作。发动机起动后，松开点火开关，点火开关自动转回到工作挡位，起动继电器线圈断电而触点被断开，电磁开关回路也随即断开，起动机停止工作。

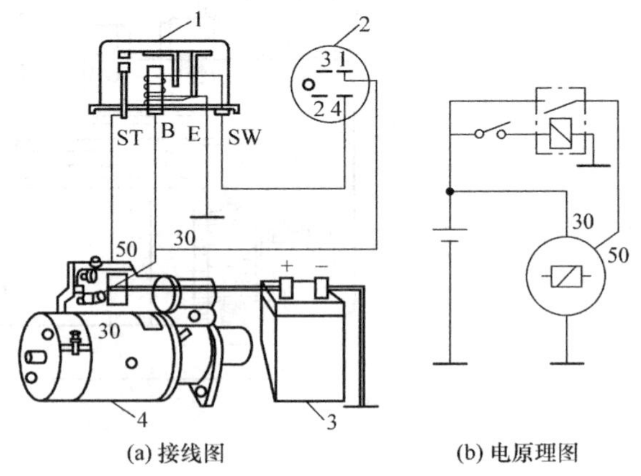

图4-2-24 起动继电器控制电路

1—继电器；2—点火开关；3—蓄电池；4—起动机

起动继电器控制电路主要特点:实现小电流控制大电流,对点火开关的起动挡位起保护作用,避免开关内的触片、触点的烧蚀,延长点火开关的使用寿命。该电路实现了由点火开关控制起动继电器,继电器控制起动机电磁开关,电磁开关控制直流电动机的三级控制。

【任务实施】

拖拉机起动机不运转故障的检修。

一、故障原因

拖拉机不能起动的故障原因有很多,其主要原因是起动电动机本身不良、蓄电池的性能不良或连接线路存在问题。检修时,应先确定故障的大致部位。

起动电动机不转一般是电路不通导致的,如蓄电池接线柱脏污、电磁总开关损坏、熔丝烧断、起动开关线路不良、起动电动机烧毁等。

二、检修技巧

1. 起动电动机不转

按下起动开关,起动电动机不转,且灯光亮度不变,或按扬声器不响,说明电路不通,按下列方法检修。

(1)检查蓄电池与起动电动机之间的连接导线是否折断、松脱,若折断,应重新连接导线,若插件松脱应重新插牢。

(2)检查电刷是否磨损过多、弹簧是否老化、弹力是否不足,若存在,应更换电刷或弹簧,使电刷与换向器接触良好。

(3)检查励磁绕组是否断路、电枢绕组端头与换向片是否脱焊,若存在,应更换励磁绕组,重新焊接换向片。

(4)检查电磁开关的线圈是否短路、触点和导流片是否烧坏,若存在,应修复触点或更换电磁开关。

2. 飞轮不转

按下起动开关,有离合器齿轮与飞轮齿圈啮合的接合声,但飞轮不转,且灯光变暗,按下列方法检修。

(1)检查蓄电池的电量是否充足,如不足,应对蓄电池充电或更换新的蓄电池。

(2)检查起动电路中的导线连接处及电刷与换向器接触是否良好,如接触不良,应紧固导线连接处,调整弹簧和电刷,使之与换向器紧密接合;若弹簧弹力不够,应予以更换。

(3)检查转子轴的衬套是否磨损严重,若严重磨损,应更换衬套。

(4)检查起动电动机的电磁绕组或电枢绕组是否存在短路现象,若有短路,则应进行修复或重新绕制绕组。

3. 有打齿声

按下起动开关有打齿响声,拖拉机不能起动。此种现象可能是离合器齿轮与飞轮齿圈啮合不良,不能带动飞轮转动导致的,应按以下方法进行检修。

(1)检查离合器的外圈及滚柱是否磨损,若严重磨损,应予以更换。

(2)检查分离弹簧是否损坏或弹力是否太弱,若弹簧故障,则应更换新弹簧。

(3)检查离合器齿轮的飞轮齿圈是否磨损严重或有“卷边”现象，如发现问题，则应分情况进行更换或修理。

起动电动机转动无力一般是蓄电池充电不足、起动线路接触不良、单向离合器打滑、驱动齿轮损坏、飞轮齿圈松动、电枢轴弯曲或轴承磨损过多等造成的。

任务4 照明装置检修

【任务描述】

进行拖拉机照明装置的检测与调整。

【任务目标】

(1)熟悉前照灯构造及防眩目措施。

(2)能对照明装置进行检测与调整。

【任务所需设备、工具和材料】

(1)大、中型拖拉机。

(2)常用工具。

(3)与本任务相关的图片视频及教学资料。

【任务相关知识】

拖拉机的照明装置主要有前照灯、后照灯、牌照灯、内部照明灯和辅助灯等。

一、前照灯

前照灯主要由灯泡、反射镜和配光镜等组成，如图4－2－25所示。

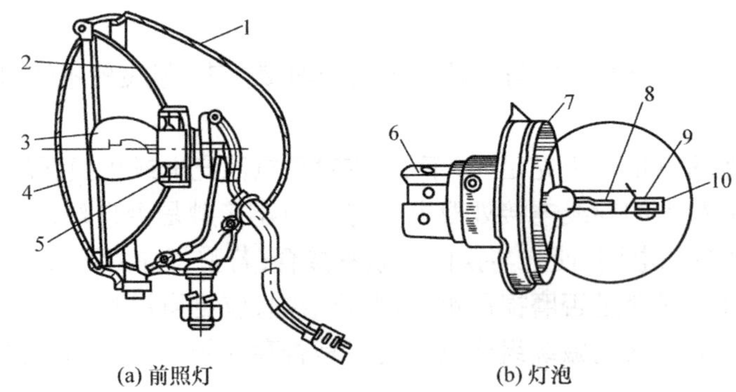

图4－2－25 前照灯与灯泡

1—灯壳；2—反射镜；3—灯泡；4—配光镜；5—插座；6—引脚；7—对焦盘；8—远光灯丝；9—近光灯丝；10—配光屏

1. 灯泡

按灯泡内灯丝数量，分为单灯丝灯泡和双灯丝灯泡；按灯泡内有无充入卤族元素气体，分为卤素灯泡和白炽灯泡。白炽灯泡是从玻璃泡中抽出空气,再充入氩和氮的混合惰性气体制成的灯泡。卤素灯泡是在充入的惰性气体中掺入某种卤族元素气体。卤素灯泡具有尺寸小、耐热性好、机械强度高、亮度高、寿命长等优点,现被广泛应用。卤素灯泡从外形上常分为 H1、H3、H4、H7 四种,其中 H4 为双灯丝,其余为单灯丝。

2. 反射镜

反射镜的作用是将灯泡的光线聚合后导向前方。反射镜面为抛物面,内表面镀银、铝或铬,再抛光。前照光灯泡的远光灯丝安装在抛物面的焦点上,灯光经反射镜聚合而射向前方。近光灯丝安装在抛物面的焦点上方或前方,灯光经反射镜后,照亮拖拉机前 30 m 的路面。

3. 配光镜(又称为散光玻璃)

配光镜由透镜和棱镜组成,外形一般为圆形和方形,其作用是将光线折射向路面,使拖拉机前方的路面有良好均匀的照明。

前照灯的防眩目措施主要有远近光变换、近光灯丝下方设置配光屏、近光采用 E 型非对称式配光等。前照灯由车灯开关控制,远光与近光的变换由变光开关控制,若作为超车信号,由超车灯开关控制。当变光开关变换为近光挡时,近光灯光线经反射镜后,只照亮本车前约 50 m 的路面,夜晚会车时,使用近光灯有一定的防眩目作用。配光屏在近光灯丝下方,遮住反射镜下半部分光线,避免近光灯束向斜上方照射。E 型非对称式配光是在近光灯丝下方安装配光屏时,将配光屏偏转一个角度,使近光的光形分布不对称,达到防止眩目的目的。

二、后照灯

后照灯安装于拖拉机后轮翼子板上,其构造与前照灯相同,灯泡采用单灯丝灯泡。其作用是便于拖拉机夜间作业或作倒车指示。

三、牌照灯

牌照灯用来照明车牌照,并作为后面的灯光信号,由控制停车灯和前照灯电路的开关控制。

四、内部照明灯

现代拖拉机的内部有各种各样的内部照明灯,用于一般照明和指示,仪表灯装在仪表盘上,用来照明仪表;车顶灯装于驾驶室内顶部,用来照明驾驶室。

五、辅助灯

为满足夜间检修时照明和拖车用灯需要,拖拉机上常设有工作灯插座及工作灯。

【任务实施】

拖拉机照明装置的检测和调整。

一、灯不亮

1. 故障现象

灯不亮的故障现象表现:接通电源,打开开关,而相应的灯具不发光。

2. 故障原因

灯不亮,可能由下述几个原因造成。

(1)蓄电池无电,且发电机不发电。

(2)电源及灯的保险丝烧损。

(3)电闸、电门锁、灯开关损坏断路。

(4)导线折断,接线柱、接插件松脱。

(5)灯泡或灯泡插座损坏。

(6)前照灯继电器损坏。

(7)转向灯闪光继电器损坏。

(8)线路有正极搭铁现象。

3. 故障检查与排除

打开有关灯的开关,用电流表检查电路,根据指针变化情况进行修理。

(1)电流表指针有变化,灯不亮,保险丝烧坏。说明线路有局部短路现象,可用局部断路法检查线路、开关、灯具何处短路,而后修补或更换。

(2)电流表指针无变化,灯不亮。先目测灯泡有无损坏,如损坏则更换灯泡;若灯泡完好,则说明灯光系统开路。再检查保险丝有无烧损,线缆接插件、接线柱、灯泡插座有无松动。如仍不能排除故障,则可用导线或螺丝刀用局部短路法依次检测局部的开关、断电器以及线缆等。假如灯光发亮,则认为短路处有损坏的零件,应予换修。

二、灯光暗淡

1. 故障现象

灯光暗淡的故障现象为灯光虽亮,但光照强度不够。

2. 故障原因

灯光暗淡的故障原因可能有以下几方面。

(1)蓄电池严重亏电或损坏,发电机不发电。

(2)线路接触不良。

(3)灯开关、继电器、闪光继电器触点严重氧化。

(4)灯泡老化发黑。

(5)灯泡额定电压不对。

3. 故障检查与排除

按下喇叭按钮,如果喇叭声音正常,可排除蓄电池和发电机故障;否则应对蓄电池和发电机进行检查。之后检查灯泡有无发黑老化、灯泡额定电压是否和线路电压一致,接插件、接线柱有无接触不良。若仍不能排除故障,可用局部短路法短接有关零件(如开关、继电器等),直到找到故障。

任务5　信号装置检修

【任务描述】

进行拖拉机常见信号装置的检修。

【任务目标】

(1)了解常见信号装置的种类和电路组成。

(2)会对转向信号灯电路、喇叭电路的常见故障进行检修。

【任务所需设备、工具和材料】

(1)大中型拖拉机、闪光器、制动开关、倒车开关、电喇叭、喇叭继电器。

(2)万用表、常用工具。

(3)与本任务相关的图片视频及教学资料。

【任务相关知识】

一、拖拉机信号装置的组成

拖拉机信号装置的主要作用是通过声、光信号向环境(如人、车辆)发出警告信号、示意信号,以引起有关人员注意,确保车辆的行驶安全。信号装置包括灯光信号装置和声音信号装置两部分。

1. 灯光信号装置

灯光信号装置主要包括示廓灯、转向信号灯、危险报警灯、制动灯和倒车灯。

(1)示廓灯。用于在夜间给其他车辆标示拖拉机的位置与宽度,保证夜间行驶的安全。示廓灯有4个,分别安装在拖拉机前部翼子板上和车厢尾部。前示廓灯为琥珀色,后示廓灯1为红色。一般前方的示廓灯称为示宽灯,后方的称为尾灯。两灯均为低强度灯。

(2)转向信号灯。用于警示前后左右的车辆,表明车辆正在转向或改换车道。一般安装在拖拉机前部和车厢尾部两侧。转向信号灯每分钟闪烁60~120次。两转向信号灯一起同时闪烁时,作为危险报警灯。

(3)危险报警灯。当车辆出现故障且停在路面上时,应按下危险报警开关,此时全部转向灯同时闪亮。危险报警灯与转向信号灯共用。

(4)制动灯。用于在拖拉机制动时警示其他车辆,以免与其他车辆发生碰撞。它安装在车辆尾部,光色为红色。

(5)倒车灯。用于照亮车后的路面,并警示车后的车辆和行人,表示拖拉机正在倒车。它装于拖拉机、挂车的尾部,光色为白色。

2. 声音信号装置

常见的声音信号装置有电喇叭、倒车蜂鸣器等。

二、主要装置的介绍

1. 转向灯及闪光器

转向信号灯电路由转向信号灯、闪光继电器和转向开关等组成。转向灯的光色为橙色，闪光频率一般为60～120次/分。常见闪光器有电热式、电容式和电子式三种。

1）电热式闪光器

如图4－2－26所示，电热式闪光器通过热胀条通、断电时的热胀冷缩现象，使翼片产生变形动作，从而控制触点开闭，使转向信号灯闪烁。该闪光器有“B”“L”两个接线柱，分别接电源正极和转向灯开关。

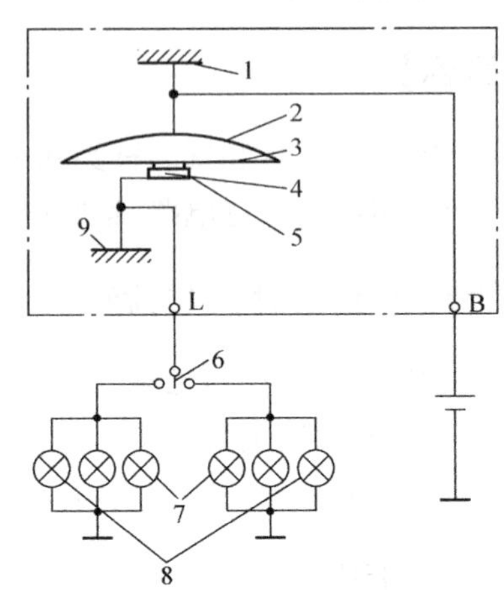

图4－2－26　电热式闪光器

1、9—支承；2—翼片；3—热胀条；4—活动触点；5—固定触点；6—转向灯开关；7—转向指示灯；8—转向灯

2）电容式闪光器

电容式闪光器主要由继电器和电容组成，如图4－2－27所示。电容式闪光器具有监视功能，当一侧转向灯有一只以上灯泡烧断或接触不良时，该侧闪光灯只亮不闪，提示转向灯电路异常。该闪光器由“B”“L”两个接线柱，分别接电源正极和转向灯开关。

3）有触点式晶体管闪光器

有触点式晶体管闪光器利用电容的充放电特性，使晶体管不断地导通与截止，控制继电器触点反复断开、接合，使转向灯闪烁。该闪光器的“B”“L”“E”接线柱，分别接电源正极、转向灯开关和蓄电池负极（搭铁），如图4－2－28所示。

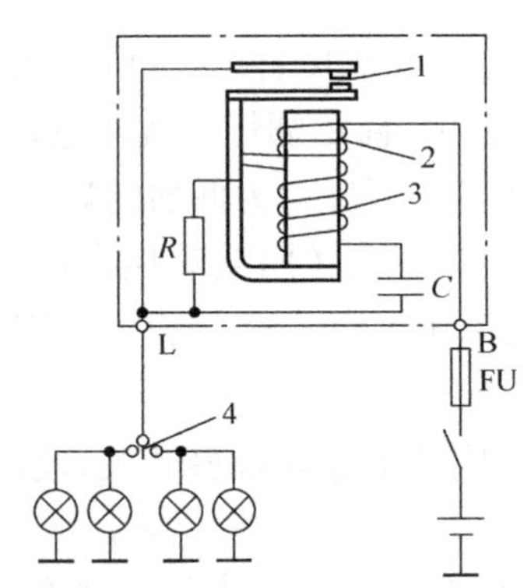

图4－2－27　电容式闪光器

1—触点；2—串联线圈；3—并联线圈；4—开关

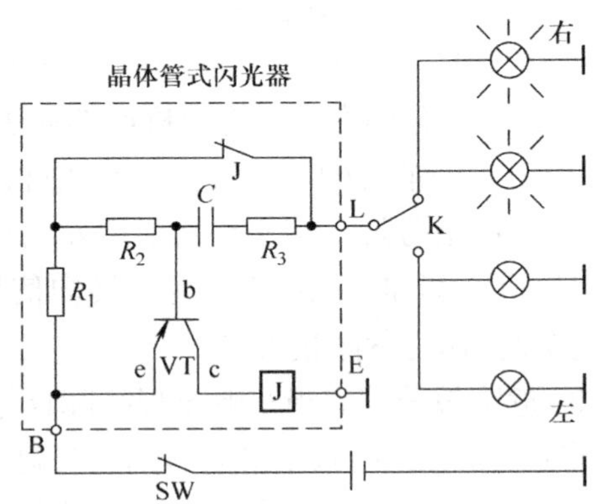

图4－2－28　有触点式晶体管闪光器

2. 制动灯电路

制动灯电路主要由制动信号灯、制动开关等组成。制动信号灯由制动开关控制，制动开

关有气压式、液压式和机械式。气压式和液压式制动开关一般装在制动管路中，利用管路中的气压或液压使开关中两接线柱连接，从而导通制动信号灯的电路。机械式制动开关一般安装在制动踏板的下方，当踩下制动踏板时，制动开关内的活动触点使两个接线柱接通，制动灯亮；松开制动踏板后，断开制动灯电路。

3. 倒车灯电路

倒车灯电路主要由倒车开关、倒车灯、倒车蜂鸣器等部件组成，如图 4 -2 -29 所示。当变速杆挂入倒挡时，在拨叉轴的作用下，倒挡开关接通倒车报警器和倒车灯电路，倒车灯亮，同时倒车蜂鸣器发出声响信号。

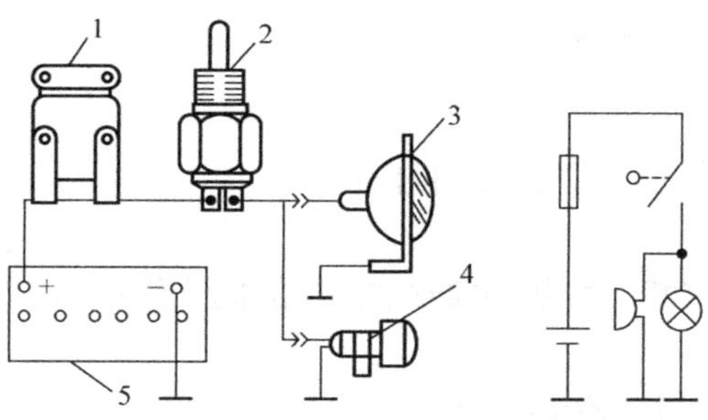

图 4 -2 -29 倒车灯电路

1—插片式保险；2—倒车灯开关；3—倒车灯；4—倒车蜂鸣器；5—蓄电池

4. 喇叭电路

拖拉机上一般采用盆形普通电喇叭，它具有结构简单、使用维修方便、体积小、声音悦耳等优点。

1）盆形电喇叭

盆形电喇叭由磁环线圈、活动铁芯、膜片、共鸣板、振动块和外壳等组成，如图 4 -2 -30 所示。当按下喇叭按钮时，喇叭线圈的供电路径：蓄电池正极→喇叭线圈→触点→喇叭按钮→搭铁→蓄电池负极。喇叭线圈通电后产生电磁吸力，吸动上芯轴及衔铁下移，带动膜片向下变形，同时衔铁下移将触点打开，线圈断电，电磁力消失，上芯轴及衔铁在膜片弹力的带动下复位，触点再次闭合。上述过程不断重复，使膜片与共鸣板产生共鸣发声。

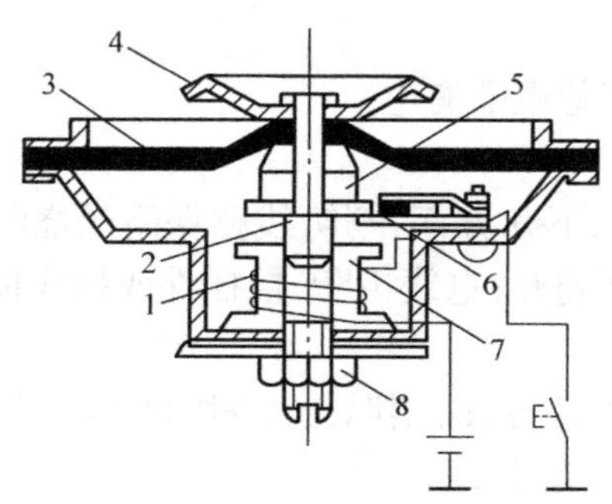

图 4 -2 -30 盆形电喇叭构造

1—线圈；2—芯轴；3—膜片；4—共鸣器；

5—衔铁；6—触点；7—铁芯；8—紧固螺母

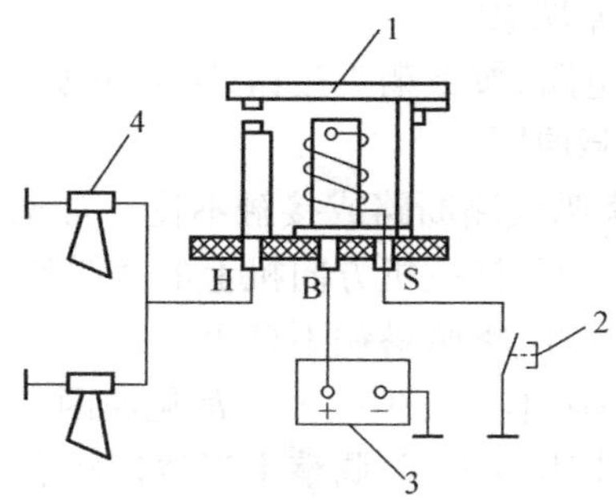

图 4 -2 -31 喇叭继电器控制电路

1—喇叭继电器；2—按钮开关；

3—蓄电池；4—电喇叭

2）喇叭继电器

拖拉机上常装有两个不同音频的喇叭，其耗用的电流较大（15～20 A），若用按钮直接控制，按钮容易被烧坏，故常采用喇叭继电器对喇叭进行控制，如图4－2－31所示。喇叭继电器由一个磁化线圈和一对常开的触点构成。当按下喇叭按钮时，喇叭继电器线圈通电产生电磁力，触点闭合，大电流通过触点臂、触点流入喇叭线圈，喇叭发音。由于喇叭继电器线圈的电阻较大，因而通过喇叭按钮的电流很小，故可起到保护按钮的作用。

【任务实施】

一、转向信号灯不亮故障检修

1. 故障现象

打开点火开关，接通转向灯开关，转向灯都不亮。

2. 故障原因

引起该故障的原因有熔断器熔断、电源线路断路、闪光继电器损坏和转向灯开关损坏等。

3. 故障检查与排除

（1）检查熔断器是否熔断。若熔断，可在断路的熔断器两端串上一只试灯，再将转向灯开关的电源线拆下。若此时熔断器上串联的试灯亮，则为熔断器熔断，排除故障；若试灯熄灭，则应接好拆下的导线，并拨动转向灯开关，若拨到一侧试灯变暗，说明此侧正常，若拨到另一侧试灯亮度不变，说明该侧短路故障，应进一步找出短路部位，更换同规格熔断器后排除故障。

（2）检查中熔断器未熔断，一般是线路中有断路。应首先用导线或螺丝刀短接闪光继电器的B与L接线柱，接通转向信号灯开关，此时如转向灯亮，则为闪光继电器损坏，应更换。如出现一边转向灯亮，而另一边不但不亮，而且当短接上述两接线柱时，出现强火花，这表明不亮的一边转向灯线路中某处短路，必须先排除短路故障，再换上新的继电器。

（3）若在短接闪光器两接线柱，接通转向信号灯开关时，转向信号灯仍全不亮，可接通危险报警灯开关。若转向信号灯全亮，则说明转向开关或转向开关到闪光器的接线有故障，应检查并排除。

二、喇叭故障检修

1）故障现象

接通电路，按下喇叭按钮，喇叭不发出音响，其他电器有电。

2）故障原因

（1）喇叭线路断路或接触不良。常见原因有以下几方面：喇叭线路保险丝烧断、按钮触点烧损或断开、拖拉机方向机上的喇叭滑簧和滑环翘开；电线折断、接插件或接线柱松动、喇叭继电器损坏、喇叭搭铁不良等。

（2）喇叭本身发生故障。常见原因可能有以下几方面：喇叭触点间的绝缘垫损坏、触点电容器或电阻被击穿，调整不当致使触点不能张开或闭合。

3）故障检查与排除

喇叭不响的故障，可利用电流表或其他一些诊断仪表、辅助器具进行检查和判断。

（1）按下喇叭按钮，电流表指针无变化或变化很小，可断定故障原因为线路断路或接触不良，以及喇叭本身调整不当。排除此类故障时，应先从保险丝起开始检查，一般用局部短路法查找断路部位,若怀疑按钮损坏,可用导线或螺丝刀短接按钮接线柱,依次逐个查找。

(2)按下喇叭按钮,电流表指针变化很大,但喇叭不响,可断定为喇叭本身故障,用工具调整或更换损坏零件。

(3)对于未装备电流表的拖拉机,可利用导线将喇叭火线接线柱对机架进行短路火花检查。有较大火花,说明喇叭本身故障;火花较小,说明线路或电器零件接触不良;无火花,说明线路断路。

任务6 仪表装置检修

【任务描述】

进行拖拉机常见仪表的检修。

【任务目标】

(1)了解拖拉机常见仪表电路的组成和特点。

(2)对常见仪表电路的常见故障进行检修。

【任务所需设备、工具和材料】

(1)大中型拖拉机、机油压力表、冷却液温度表、燃油表、电流表、制动压力表、发动机转速表、车速里程表及传感器套件。

(2)万用表、常用工具。

(3)与本任务相关的图片视频及教学资料。

【任务相关知识】

拖拉机仪表的作用是显示拖拉机的工作状况,便于驾驶员及时发现和排除故障,确保人机安全。仪表装置主要由仪表和传感器组成,按其结构形式,分为独立式和组合式两种。

独立式仪表指各种仪表都有各自的壳体,并单独安装在仪表板上。常用的有电流表、燃油表、发动机冷却液温度表、机油表、压力表和车速里程表等。采用气压制动的拖拉机还装有气压表,许多拖拉机上还装有发动机转速表。

组合式仪表指全部仪表、指示灯、报警灯都装在一个硬塑料盒内,具有功能强、美观、安装和维修方便等特点。

一、电流表

电流表的作用是指示蓄电池充、放电电流值,监视电源系统的工作情况,如图4-2-32所示。电流表的后盖上有两个标有"+"和"-"的接线柱,分别与发动机的"+/B"接线柱、蓄电池的"+"接线柱连接。当电流表中

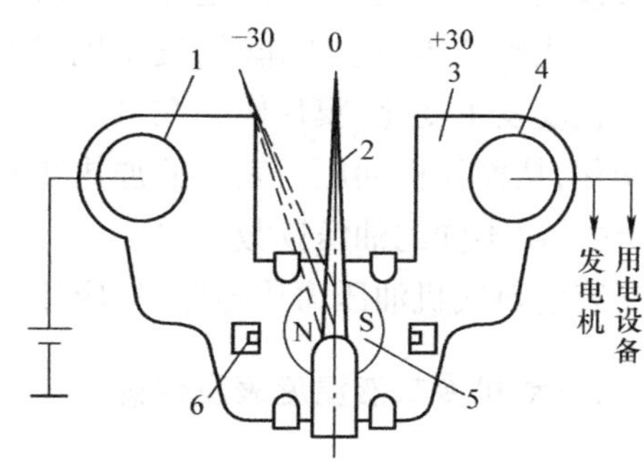

图4-2-32 电流表

1、4—接线柱;2—指针;3—黄铜板条;5—软钢转子;6—磁铁

无电流通过时，指针停在中间“0”标度上。蓄电池放电时，电流通过黄铜片，产生的磁场与永久磁铁的磁场形成逆时针偏转的合成磁场。该合成磁场使软钢转子逆时针偏转，指针向“－”方向摆动。发动机向蓄电池充电时，电流通过黄铜片，产生的磁场与永久磁铁的磁场形成顺时针偏转的合成磁场，使软钢转子顺时针偏转，指针向“＋”方向摆动。

二、机油压力表及传感器

机油压力表用于显示发动机主油道中的机油压力，监视发动机润滑系统的工作情况。

常用的机油压力表有电热式、电磁式和动磁式三种，电热式机油压力表应用最为广泛，如图 4－2－33 所示。

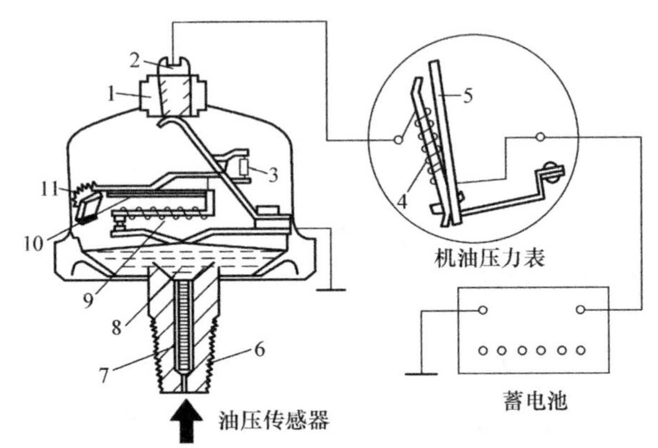

图 4－2－33　电热式机油压力表及传感器

1—绝缘层；2—接线柱；3—校正电阻；4—双金属片；5—指针；6—固定螺口；
7—发动机润滑油；8—膜片；9—加热线圈；10—双金属片；11—调节齿轮

油压传感器内有膜片，膜片的上部顶着弓形弹簧片，弹簧片的一端与外壳固定搭铁，另一端焊接的触点与双金属片触点接触。双金属片上绕有加热线圈，加热线圈通过接触片与外接线柱连接，电阻与加热线圈并联。膜片下方油腔与发动机主油道相通，机油压力可直接作用在膜片上。机油压力表内有特殊形状的双金属片，双金属片上绕有加热线圈，两线端分别与两接线柱连接，它一端固定在调节齿扇上，另一端与指针相连。

电热式机油压力表工作时，发动机机油压力的变化作用在传感器内膜片上，使膜片向上的拱起程度发生变化，膜片作用在触点上的压力随之发生变化，导致触点打开、闭合的时间发生变化，从而使机油压力表内的加热线圈的平均电流值大小发生变化，造成指针偏转角度不同，显示出不同的油压读数。

安装电热式机油压力传感器时，应注意传感器上的箭头，箭头标记应垂直向上。

三、发动机冷却液温度表及传感器

1. 电热式冷却液温度表及电热式传感器

电热式冷却液温度表的构造与工作原理与电热式机油压力表基本相同，指示刻度方式与油压表相反。

电热式冷却液温度传感器安装在发动机冷却水套某处，与冷却液温度表串联。当冷却液温度高时，传感器内的触点变形，触点断开的时间长、闭合的时间短，电路中的平均电流小，冷却液温度表内的双金属片变形量小，指示的冷却液温度高；反之，指示的温度低。

2. 电磁式冷却液温度表及热敏电阻式传感器

热敏电阻式传感器由外壳、接线端子、负温度系数热敏电阻组成。冷却液温度表由塑料支架、两个电磁线圈、带指针的衔铁组成，如图4－2－34所示。

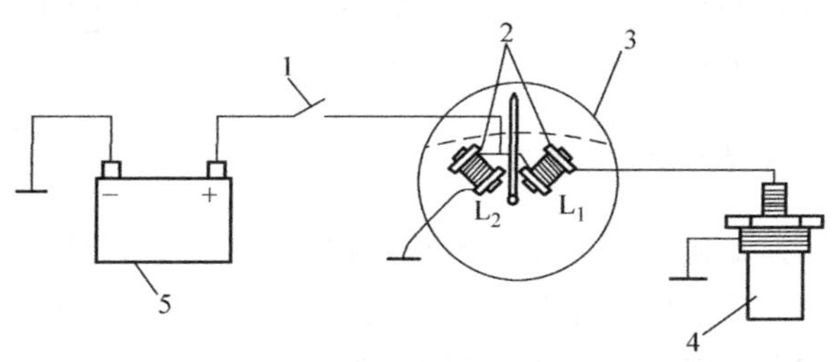

图4－2－34　电磁式冷却液温度表及热敏电阻式传感器

1—点火开关；2—线圈；3—燃油表；4—热敏电阻传感器；5—蓄电池

点火开关接通后，电流通过水温指示表和传感器。当冷却液温度较低时，传感器内热敏电阻的阻值较大，流经线圈 L_1 的电流小，产生的磁场弱，流经线圈 L_2 的电流大，产生的磁场强，使衔铁带动指针向左偏转，指针指向低温度刻度。当冷却液温度升高时，热敏电阻的阻值减小，线圈 L_1 中的电流增大，电磁力也增大，使衔铁带动指针向右偏转，温度表的指针指向高温度刻度。

四、电磁式燃油表及可变电阻式燃油传感器

燃油表用于显示燃油箱内燃油的多少，它与装在油箱内的燃油传感器配套工作。燃油表分为电热式和电磁式两种。传感器一般为可变电阻式。电磁式燃油表由可变电阻式传感器和装在仪表板上的燃油指示表组成，如图4－2－35所示。

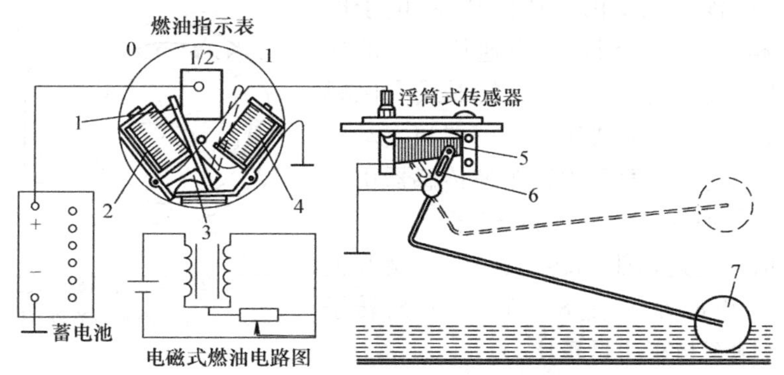

图4－2－35　电磁式燃油表及浮筒式传感器

1—指针；2—左线圈；3—铁转子；4—右线圈；5—可变电阻；6—滑片；7—浮子

可变电阻式传感器由可变电阻器、滑片、浮子组成。燃油表由两个绕在铁芯上的线圈、转子、指针等组成。

接通点火开关，电流通过电磁式燃油表和传感器。当油箱无油时，浮子下降到最低位置，可变电阻被短路，燃油表中的右线圈被短路，无电流通过，而左线圈承受电源的全部电压，通过的电流达到最大值，产生的电磁吸力最强，吸引转子，使指针指在“0”位上。随着油箱中油量的增加，浮子上升，可变电阻部分被接入，并与右线圈并联，同时又与左线圈串联，

使左线圈产生的电磁吸力减弱,而右线圈中有电流通过,产生磁场,使燃油表转子在两磁场的作用下向右偏转。当油箱中装满油时,浮子带动滑片移动到可变电阻的最左端,此时电阻全部接入,左线圈中的电流最小,右线圈中的电流最大,转子带着指针向右偏转角度最大,并指在“1”位上,表示油箱满油。传感器的可变电阻末端搭铁,可以避免滑片与可变电阻之间因接触不良而产生火花,以免引起火灾。

五、发动机转速表

发动机转速表主要由转速传感器、电子电路、转速表三部分组成,如图 4 - 2 - 36 所示。转速传感器的作用是产生与发动机曲轴转速呈正比的脉冲信号,并将该信号输入组合仪表内的电子电路。电子电路的作用是将转速传感器送来的电信号整形、触发,输出一个电流大小与转速呈正比的电流信号。转速表接收电子电路输出的与转速呈正比的电流信号,并驱动转速表指针偏转,指示相应的转速数值。

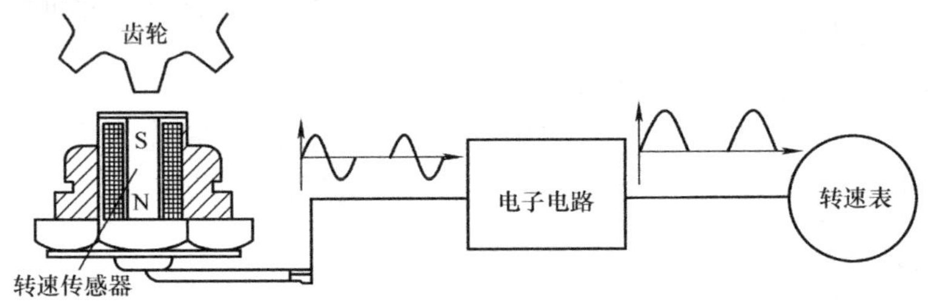

图 4 - 2 - 36　电磁式发动机转速表

六、车速里程表

电子式车速里程表主要由车速传感器、电子电路、车速表和里程表四部分组成。车速传感器的作用是产生正比于车速的电信号,常见的形式有磁感应式和舌簧开关式。磁感应式车速传感器与发动机转速传感器原理相同。舌簧开关式车速传感器由一个舌簧和一个含有 4 对磁极的转子组成,如图 4 - 2 - 37所示。变速器驱动转子旋转,舌簧开关中的触点接合、打开 8 次,产生 8 个脉冲信号,转子每转一周的信号频率与车速呈正比。

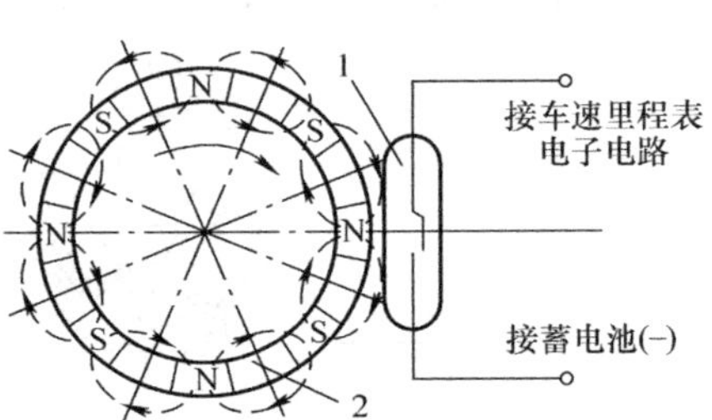

图 4 - 2 - 37　舌簧开关式车速传感器

1—舌簧开关;2—转子钉

车速表的作用、工作原理与转速表相同。车速传感器输出的频率信号,经分频、功率放大器放大到足够的功率,驱动步进电动机,带动车轮计数器转动,从而记录行驶的里程。里程表由一个步进电动机和有六位数字的十进位齿轮计数器组成。

【任务实施】

一、电流表常见故障检修

(1)指针转动不灵活。可取下罩壳清洗,然后在轴承处滴入润滑油,如轴承过紧,应加以调整。

(2)通电后,指针有时转动,有时停滞。此故障一般是由于接线柱螺钉的螺丝松动或导线插接器松动所造成,紧固螺母或插紧插接器即可排除。

(3)电流表不通。电流表本身故障,应更换电流表。

二、机油压力表电路常见故障检修

(1)机油压力表显示压力过低。可拆下传感器,并使发动机怠速运转,若连接传感器的孔没有机油流出,则说明故障在发动机。

(2)机油压力表失灵。拆下传感器导线,接通点火开关后,将导线瞬时接触机身搭铁部位,若指针走到上限,则说明机油压力表工作正常,传感器有故障,应更换传感器;否则应更换机油压力表。

三、冷却液温度表常见故障检修

(1)发动机工作时,温度表指针不动或指针总在低温处。故障检修时,应首先观察燃油表是否工作。若燃油表不工作,故障则在点火开关至蓄电池之间,应检查排除。若燃油表工作正常,故障则在温度表与温度传感器之间,可将传感器的导线插头拔出,做瞬时搭铁测试,如温度表指针有动作,则传感器有故障,应更换;如指针不动,则故障可能由温度表与传感器导线断路或水温表故障引起,应更换导线或水温表。

(2)当接通点火开关后,温度表指向最高温度。检修时,可拔出温度传感器上的导线插头,若指针退回低温处,说明传感器失效,应更换;如指针不能退回低温处,说明温度表与传感器导线搭铁或有局部短路现象,应检查排除。

参考文献

[1]李晓庆. 拖拉机构造[M]. 北京:机械工业出版社,2001.
[2]蒋双庆. 拖拉机汽车应用技术[M]. 北京:中国农业出版社,2002.
[3]曾小珍. 柴油机维修技术[M]. 北京:中国农业大学出版社,2010.
[4]惠东杰. 新型拖拉机构造、使用、调整一点通[M]. 北京:机械工业出版社,2012.
[5]智刚毅. 拖拉机构造与维修[M]. 北京:中国农业大学出版社,2015.
[6]王胜山. 拖拉机底盘构造与维修[M]. 北京:机械工业出版社,2014.
[7]许绮川. 汽车拖拉机学[M]. 北京:中国农业出版社,2006.
[8]李春明. 汽车电器与电路[M]. 北京:高等教育出版社,2003.